煤炭中等职业学校一体化课程改革教材

综采机械
（含工作页）

张秀娟　主编

应急管理出版社

·北　京·

图书在版编目（CIP）数据

综采机械：含工作页/张秀娟主编．－－北京：应急
管理出版社，2020

煤炭中等职业学校一体化课程改革教材

ISBN 978－7－5020－8308－3

Ⅰ．①综…　Ⅱ．①张…　Ⅲ．①采煤综合机组—中等专
业学校—教材　Ⅳ．①TD421.8

中国版本图书馆 CIP 数据核字（2020）第 181143 号

综采机械(含工作页)

（煤炭中等职业学校一体化课程改革教材）

主　　编	张秀娟
责任编辑	籍　磊
责任校对	邢蕾严
封面设计	罗针盘

出版发行	应急管理出版社（北京市朝阳区芍药居 35 号　100029）
电　　话	010－84657898（总编室）　010－84657880（读者服务部）
网　　址	www.cciph.com.cn
印　　刷	北京玥实印刷有限公司
经　　销	全国新华书店

开　　本	787mm×1092mm$^1/_{16}$　**印张** 19$^3/_4$　**字数** 465 千字
版　　次	2020 年 10 月第 1 版　2020 年 10 月第 1 次印刷
社内编号	20200452　　　　**定价** 58.00 元

前　　言

　　中职院校是系统培养技能人才的重要基地。多年来,煤炭中职院校始终紧紧围绕煤炭行业发展和劳动者就业,以满足经济社会发展和企业对技术工人的需求为办学宗旨,形成了鲜明的办学特色,为煤炭行业培养了大批生产一线高技能人才。为遵循技能人才成长规律,切实提高培养质量,进一步发挥中职院校在技能人才培养中的基础作用,从2009年开始,人社部在全国部分中职院校启动了一体化课程教学改革试点工作,推进以职业活动为导向、以校企合作为基础、以综合职业能力教育培养为核心,理论教学与技能操作融会贯通的一体化课程教学改革。在这一背景下,为满足煤炭行业技能人才需要,打造高素质、高技术水平的技能人才队伍,提高煤炭中职院校教学水平,山西焦煤技师学院组织一百余位煤炭工程技术人员、煤炭生产一线优秀技术骨干和学校骨干教师,历时近五年编写了这套供煤炭中等职业学校和煤炭企业参考使用的《煤炭中等职业学校一体化课程改革教材》。

　　《综采机械(含工作页)》是这套教材中的一种。本书详细介绍了综采工作面常用设备的结构、工作原理等知识。内容包括采煤机、掘进机、刮板输送机、带式输送机和桥式转载机的基本操作、使用与维护、安装与调试等。本书采用任务驱动构建内容体系,突出职业教育特色,注重实践能力的培养,以满足企业对技能型人才的要求;体现行业发展现状,突出教材的先进性;创新教材编写模式,利用图表、实物照片及操作案例辅助讲解,激发学生学习的兴趣。

　　本书由山西焦煤技师学院张秀娟老师担任主编,负责全书大纲的拟定和统稿工作,并编写了授课教材部分;工作页部分由山西焦煤技师学院胡红艳老师编写。本书在编写过程中,得到了山西焦煤技师学院领导和老师们的大力支持和帮助,在此表示衷心的感谢!

　　由于编者水平有限,书中难免有不妥之处,恳请有关专家和广大读者批评指正!

编　者

2020年4月

总 目 录

综 采 机 械

目　　录

绪　　论

煤炭工业是我国的重要能源工业，而采掘机械化又是煤矿生产机械化的中心环节。现行长壁式采煤方法包括落煤、装煤、运煤、支护和采空区处理五大主要工序。按机械化程度的不同，采煤方法分为炮采、普采和综采。炮采工艺机械化程度最低，只有运煤一项实现了机械化，其他几项均为人工作业。普采（包括高档普采）是利用采煤机或刨煤机落煤和装煤，工作面刮板输送机运煤，并用金属摩擦支柱（或单体液压支柱）及金属铰接顶梁支护顶板的采煤方法。普采使工作面采煤过程中的落煤、装煤、运煤实现了机械化，但支护顶板仍靠人工作业。综采是用大功率采煤机落煤和装煤，刮板输送机运煤，自移式液压支架支护顶板，从而使工作面采煤过程完全机械化的采煤方法。综采工作面的设备与工序之间密切联系、连续作业，从而达到高产高效和安全作业。

综采工作面的主要设备有采煤机、刮板输送机、转载机、带式输送机、液压支架和乳化液泵站等。如图 0 - 1 所示。

综采工作面的主要生产设备都是相对独立的，为了使它们发挥各自的作用，在采煤过程中协调工作，以满足生产需要，必须将它们正确、合理地布置、组合在一起。如图 0 - 2 所示。

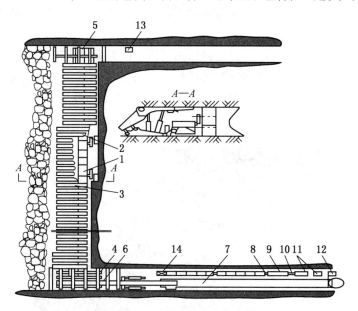

1—采煤机；2—刮板输送机；3—液压支架；4—下端头支架；5—上端头支架；
6—转载机；7—带式输送机；8—配电箱；9—浮化液泵站；10—设备列车；
11—移动变电站；12—喷雾泵站；13—安全绞车；14—集中控制台

图 0 - 1　综采工作面设备布置

1—滚筒采煤机；2—可弯曲刮板输送机；3—液压支架

图 0-2　综采工作面主要设备布置关系

随着综合机械化采煤的迅速发展，加快了回采工作面的推进速度，要求巷道掘进工作也要相应加快，保证采掘的比例关系，使矿井持续稳产高产。

目前，煤矿巷道掘进工艺有钻（眼）爆（破）法和掘进机法两种。

钻爆法首先在工作面钻凿有规律的炮眼，在炮眼内装上炸药进行爆破，然后用装载机械将爆破下来的煤、岩装入矿车运出工作面。这是我国巷道掘进的传统技术，在我国煤矿巷道掘进中仍占相当大的比重。钻凿炮眼常用凿岩机和凿岩台车，装载煤岩常用耙斗式装载机和铲斗式装载机。

掘进机法没有钻眼爆破工序，直接利用掘进机上的刀具破落工作面上的煤、岩石，形成所需断面形状的巷道，同时将破落下来的煤、岩装入矿车或运输机运走，实现落、装、运一体化，大大加快了巷道的掘进速度，生产率高，劳动强度低，是一种先进的掘进工艺。如图 0-3 所示。

图 0-3　综掘工作面快速掘进示意图

在煤矿生产中使用的采煤机、刮板输送机、液压支架、掘进机等，它们的组成结构是怎样的？在综采工作面采煤过程中有什么作用？在掘进过程中的作用又如何？又有哪些用途呢？

【看图填表（表0-1）】

表0-1 看图填表

图 例	名 称	作 用	设 备 布 置

【讨论分析】

通过填写上表，试结合实际生产中的应用，归纳总结：

1. 采煤机在综采工作面中的位置及作用如何？

2. 掘进机在综掘工作面中的位置及作用如何？

3. 刮板输送机在综采工作面中的位置及作用如何？

4. 带式输送机在综采工作面中的位置及作用如何？

5. 转载机在综采工作面中的位置及作用如何？

6. 调查研究实际生产中的采掘设备应用案例，通过调研等方式，归类分析，分组撰写调研报告。

学习任务一 采 煤 机

子任务1 采煤机的基本操作

【学习目标】

(1) 通过了解采煤机的操作，明确学习任务要求。

(2) 根据任务要求和实际情况，合理制定工作（学习）计划。

(3) 正确认识采煤机的类型、组成、型号及主要参数。

(4) 熟练掌握采煤机的具体操作。

(5) 正确理解采煤机的应用。

(6) 识别工作环境的安全标志。

(7) 严格遵守安全规章制度，规范穿戴工装和劳动防护用品。

(8) 主动获取有效信息、展示工作成果，对学习与工作进行总结反思。

(9) 能与他人合作，进行有效沟通。

【建议课时】

4课时。

【设备】

采煤机。

【学习任务】

矿山机械在煤炭生产中占有非常重要的地位。改革开放多年来，我国越来越多的矿山使用了综合机械化采煤设备，国有重点煤矿的机械化程度由改革开放初期的30%提高到80%以上，采煤机械化的迅速发展极大地改善了煤矿生产条件，降低了工人的劳动强度，提高了工作效率，大大降低了生产成本，为煤矿安全生产提供了必要的条件，对于迅速提高我国原煤产量，促进煤炭工业的整体发展起到了极其重要的作用。

学习活动1 明确工作任务

【学习目标】

(1) 通过了解采煤机的运行和操作，明确学习任务、课时等要求。

(2) 准确叙述采煤机的结构。

(3) 准确说出采煤机各组成部分的作用。

【建议学时】

2课时。

一、工作任务

综合机械化采煤工艺包括落煤、装煤、运输、支护、处理采空区。其中采煤机完成落煤和装煤两大工序，因此说采煤机是综采工作面的核心设备。要了解采煤机的落煤和装煤工序是如何完成的，就需要学习采煤机的操作过程。

采煤机的基本操作主要包括采煤机操作前的检查、启动操作、牵引操作、停机操作。

二、相关理论知识

采煤机是一个集机械、电气和液压为一体的大型复杂系统，随着煤炭工业的发展，采煤机的用途越来越多，它可以有效地减轻体力劳动，提高安全性，从而达到高产量、高效率、低消耗的目的。采煤机外形如图1-1所示。

图1-1　采煤机外形

（一）采煤机的特点

（1）采煤机的体积小，重量轻，在使用时噪声小，防尘效果好，使用安全可靠。

（2）采煤机的电气部分具有一定的防爆性能，电机的冷却方式一般为水冷。

（3）采煤机可以在很大程度上提高煤块率，从而节省开采时间。

（二）采煤机的分类

采煤机根据结构和工作原理分为滚筒式采煤机、刨煤机、链式截煤机。目前我国大多数煤矿使用的是滚筒式采煤机，故这里主要介绍滚筒式采煤机。滚筒式采煤机根据其滚筒的数量又分为单滚筒采煤机（主要用于薄煤层）和双滚筒采煤机（主要用于中厚煤层）。

（三）采煤机的型号和适用范围

1. 采煤机的型号举例

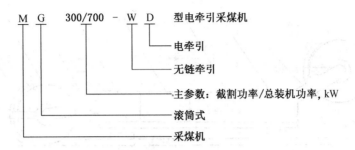

2．主要用途

MG300/700－WD 型交流电牵引采煤机采用多电动机驱动、横向布置的交流电牵引采煤机，总装机功率为 700 kW；供电电压为 1140 V；截割功率为 2×300 kW；行走功率为 2×40 kW，采用机载交流变频调速、销轨式牵引，适用于厚度 1.6～3.3 m、煤层倾角小于 16°的煤质中硬或硬的综采工作面。

3．适用范围

MG300/700－WD 型交流电牵引采煤机适用于周围空气中的甲烷、煤尘、硫化氢、二氧化碳等不超过《煤矿安全规定》中规定的安全含量的矿井。主要与工作面刮板输送机（以下简称"输送机"）、液压支架配套使用，组成采煤工作面综合机械化采煤设备，完成截煤、落煤、装煤作业。采煤机可在工作面内进行双向穿梭式采煤，并可按斜切方式自开缺口。

（四）采煤机的组成

1．单滚筒采煤机

单滚筒采煤机外形如图 1－2 所示，主要由电动机、截割部、牵引部、辅助装置四大部分组成。

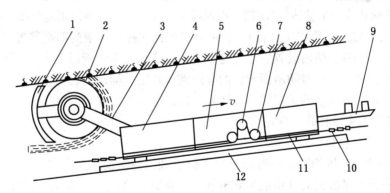

1—挡煤板；2—螺旋滚筒；3—摇臂减速器；4—固定减速器；5—牵引部减速器；6—主链轮；
7—辅助链轮；8—电动机；9—电缆架；10—锚链；11—底托架；12—输送机槽

图 1－2 单滚筒采煤机的组成

2．双滚筒采煤机

双滚筒采煤机外形如图 1－3 所示，也是由电动机、截割部、牵引部、辅助装置四大部分组成，不同的是它有两个截割部。

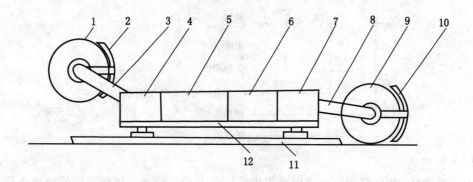

1、9—螺旋滚筒；2、10—挡煤板；3、8—摇臂减速器；4、7—固定减速器；5—牵引部；
6—电动机；11—输送机槽；12—底托架

图1-3 双滚筒采煤机的组成

各组成部分的作用如下：

（1）电气系统。电气系统包括电动机及其箱体和装有各种电气组件的中间箱、接线箱等。电气系统的主要作用是为采煤机提供动力，并对采煤机进行超载保护及控制其动作。

（2）牵引部。牵引部由牵引机构和牵引传动装置组成。牵引机构是移动采煤机的执行机构，分为有链牵引和无链牵引两类。牵引部的主要作用是控制采煤机行走，使其按要求沿工作面运行，并对采煤机进行必要的超载保护。

（3）截割部。截割部包括摇臂减速箱、固定减速箱（对整体调高采煤机来说、摇臂减速箱和机头减速箱为一个整体）、滚筒、挡煤板等。截割部的主要作用是落煤、碎煤和装煤。

（4）辅助装置（又称附属装置）。辅助装置包括底托架、滚筒调高装置、机身调斜装置、挡煤板翻转装置、防滑装置、电缆拖移装置、冷却喷雾装置以及为实现滚动升降、机身调斜、挡煤板翻转及机身防滑而设置的辅助液压系统。辅助装置的主要作用是同上述三大主要部分一起构成完整的采煤机功能体系，以满足高效、安全的要求。

（五）滚筒式采煤机的工作过程

1. 滚筒式采煤机的割煤方法

（1）单滚筒采煤机的滚筒一般位于采煤机下端，使滚筒割落下的煤不经机身下部运走，从而可降低采煤机机面（由底板到电动机上表面）高度。单滚筒采煤机上行工作时，如图1-4a所示，滚筒割顶部煤并把落下的煤装入刮板输送机，同时跟机悬挂铰接顶梁，割完工作面全长后，将弧形挡煤板翻转180°；接着，机器下行工作，如图1-4b所示，滚筒割底部煤及装煤，并随之推移工作面输送机。这种采煤机沿工作面往返一次进一刀的采煤法叫单向采煤法。

（2）双滚筒采煤机工作时，如图1-4c所示，前滚筒割顶部煤，后滚筒割底部煤。因此双滚筒采煤机沿工作面牵引一次，可以进一刀；返回时又可以进一刀，即采煤机往返一次进二刀，这种采煤法称为双向采煤法。

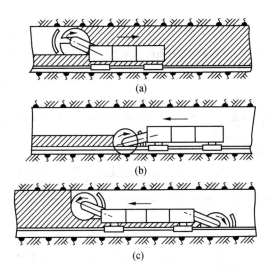

图1-4 滚筒采煤机的割煤原理

2. 滚筒的旋转方向

采煤机滚筒旋转方向的确定原则是有利于装煤和机器的稳定性。为了输送机方便运煤，滚筒的旋转方向必须与滚筒的螺旋线方向一致。对逆时针（站在采空区侧看滚筒）旋转的滚筒，叶片应为左旋；顺时针旋转的滚筒，叶片应为右旋。即符合"左转左旋，右转右旋"的规律。

1）单滚筒采煤机

对于单滚筒采煤机，使用在左工作面的滚筒，应顺时针旋转，使用右旋滚筒，如图1-5a所示（图中 B 表示煤流方向）。使用在右工作面的滚筒，应逆时针旋转，使用左旋滚筒，如图1-5b所示。

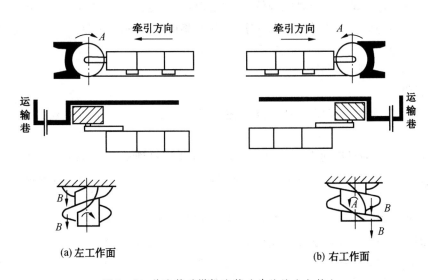

(a) 左工作面   (b) 右工作面

图1-5 单滚筒采煤机滚筒叶片的旋向与转向

2) 双滚筒采煤机

对于双滚筒采煤机，为了保证采煤机的工作稳定性，双滚筒采煤机两个滚筒的旋转方向应相反，以使两个滚筒受的截割阻力相互抵消。因此，两个滚筒必须具有不同的螺旋方向。

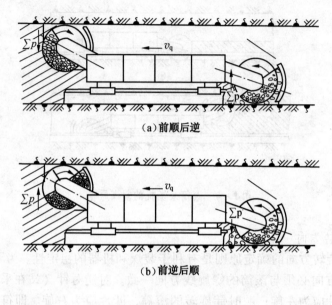

（a）前顺后逆

（b）前逆后顺

图 1-6 双滚筒采煤机的转向

两个转向相反的滚筒有两种布置方式：一是前顺后逆，如图 1-6a 所示。采用这种方式，采煤机的工作稳定性较好，但滚筒易将煤甩出打伤司机，且煤尘较大，影响司机正常操作。二是前逆后顺，如图 1-6b 所示。采用这种方式，采煤机的工作稳定性较差，易振动，但装煤效果好，煤尘少。对机身较重的采煤机，机器振动影响不大。因此，大部分采煤机都采用"前逆后顺"的方式，即左滚筒为左旋叶片，逆时针旋转；右滚筒为右旋叶片，顺时针旋转。

（六）采煤机的基本操作

1. 开机操作

（1）合上"急停"按钮。用压板压住"急停"按钮，接通动力载波接收机 127V 电源。

（2）合上"电动机换向手把"。将电动机换向手把打到正确运行位置。

（3）合上"截割部离合器手把"。点动电动机，待电动机即将停止运转时，合上截割部离合器。

（4）发出开机信号。按动信号按钮，发出开机信号。

（5）供水。打开冷却喷雾供水阀门。

（6）启动电动机。按动电动机启动按钮。

（7）调整滚筒高度。用调高换向手把调整滚筒高度至适合采煤的高度。

（8）牵引割煤。以适当的牵引速度牵引割煤。

2. 正常停机

正常停机操作的原则是先停牵引机构，后停电动机。

（1）停止牵引。将调速手把打回到零位，停止采煤机牵引。

（2）停止电动机。待滚筒排除余煤后，按主停按钮，停止电动机。

（3）脱开离合器。将截割部离合器打到开位，脱开离合器。

（4）切断电动机电源。将电动机换向手把打到停位。

（5）停水。关闭冷却喷雾供水阀门。

（6）发出停机信号。按动停机信号按钮，发出停机信号。

（7）打开"急停"。打开"急停"压板。

3. 紧急停机

一般情况下不允许操作急停开关或停止按钮直接停机，遇有下列情况之一时可以紧急停机：

（1）当采煤机负荷过大，电动机被憋住（闷车）时。

（2）采煤机附近片帮冒顶，危及安全时。

（3）出现重大人身事故时。

（4）采煤机本身发生异常，如内部发生异响、电缆拖移装置出槽卡住、采煤机掉道等。

注意：

① 长时间停机时，启动采煤机，应打开截割部离合器，在不供水的情况下，将牵引部空转 15 min，使油温升至 40 ℃左右，停止电动机，再按正常启动程序开机。② 长时间停机，要在滚筒余煤排净后，滚筒不转时降下摇臂，滚筒落地。

（七）操作注意事项

1. 开机前的准备

1）工作面的检查

司机开机前须对工作面进行全面检查，如顶板及支护状况、硫黄包、夹矸、断层、哑炮等是否提前处理完毕；工作面输送机是否平直；工作面信号装置是否正常；停止输送机的按钮是否可靠；观察煤层的变化情况、顶底板的起伏；注意采煤机周围有无障碍物、杂物及人员等。

2）采煤机的检查

（1）全部操作手把位置要正确，动作灵活，电气按钮要可靠。

（2）截齿要锐利、齐全、牢固可靠，安装方向正确。

（3）滚筒离合器手把应灵活可靠，并先将其置于脱开位置。

（4）各部润滑油量及润滑状态必须符合要求。

（5）各部螺栓应齐全、紧固。

（6）喷雾装置和水管要完好。

（7）电气系统有无故障，电缆有无损伤。

2. 安全操作注意事项

（1）未经专门培训或经过培训但未取得特种工作业人员操作资格证（含 IC 卡）的人员不得开机。

（2）应严格执行岗位责任制、操作规程、现场交接班制度、设备维修保养制度及《煤矿安全规程》中的有关规定。

（3）每班开机割煤前，牵引部应不供冷却水空转 10～15 min。

（4）操作时必须注意电动机换向开关及各种操作手把不能受阻，位置正确，截割部离合器手把必须固定在正确位置上。

（5）工作时要注意滚筒位置，防止割顶、割梁、割底或丢顶、漂顶等；不要盲目开快车，防止闷车；除了非正常停车外，禁止滚筒带负荷启动。

（6）滚筒升起割煤 1 h 左右应放下几分钟，然后再升起割煤，以保证滚筒轴上齿轮和轴承的润滑。

（7）开车前应向周围人员发出开车信号。

（8）操作截割部离合器须在电动机停电后将要停止运转时进行，以防打牙。

（9）割煤时，滚筒离合器手把不能自动脱开；换滚筒和检修滚筒、更换截齿时，必须先将调速手把回零，然后打开离合器、切断电源。

（10）牵引速度由小到大要逐渐增加，严禁一次转到最大位置，并应根据机组负荷情况随时进行调整。停车前，应先停止牵引。

（11）割煤时应随时注意电缆状态，电缆架上必须留有 3 圈电缆，以防拉脱。

（12）开机后，要随时观察油压、水压情况，注意各机械传动部的噪声、温升的变化，发现问题必须停机处理，正常后方可继续采煤。

（13）非意外情况，严禁使用"急停"按钮直接停机。

（14）在井下交接换班时，采煤机司机必须要把摇臂退出煤壁运行到顶板支护完好、无淋水的地点，牵引归零，停电动机，最后关闭喷雾泵电机，切断电源，关掉总水阀。

（15）当滚筒堵塞或整卡时不允许反复频繁启动电动机，以防造成电动机损坏。

（16）采煤机完成工作后，需将采煤机滚筒降至底板，将各手把、按钮回零，切断电源。

学习活动 2 工作前的准备

【学习目标】

（1）认真听讲解，做好笔记。

（2）通过熟悉采煤机的操作规范，掌握采煤机的工作过程。

（3）掌握采煤机的操作步骤与注意事项。

（4）牢记安全注意事项，认识安全警示标志。

（5）按要求穿戴好劳保用品，戴好安全帽。

（6）做好操作前的准备工作。

一、工具资料

采煤机说明书。

二、设备

（1）以 MLS3 – 170 型采煤机为例，讲述操作前的操作。

（2）采煤机实训设备。

学习活动3 现 场 施 工

【学习目标】

（1）熟练掌握安全知识，并能按照安全要求进行操作。

（2）正确操作采煤机，通过操作使学生对设备的组成和工作原理有初步认识。

（3）通过操作设备，锻炼动手能力和独立分析问题、解决问题的能力，培养团队合作精神。

【技能训练】

一、岗位描述

1. 自我状态描述

我叫×××，是本班采煤机司机，持有效证件上岗。本班共出勤××人，正在进行采煤工作。现将本工种手指口述进行演示。

2. 岗位职责描述

（1）负责采煤机安全操作，并对采煤机的运行状况进行检查，及时汇报采煤机在运行中出现的各种故障并协助检修人员处理问题。

（2）认真填写采煤机运转记录，搞好本岗位的安全生产等工作。

（3）忠于职守，尽职尽责，确保采煤机安全运转。

（4）采煤机司机必须具有一定的电工和机修知识，熟知"三大规程"。

（5）采煤机司机在工作中必须做到"三懂""四会"。"三懂"即懂性能，懂结构，懂原理；"四会"即会操作，会维护，会保养，会处理一般故障。

二、工作现场"手指口述"安全操作确认

（1）操作前检查内容。手指喷雾、冷却水、电气控制系统、各手把、按钮、调高系统、滚筒截齿、齿座、行走机构、各油标、压力表、有无漏油、拖移电缆、采煤机停溜闭锁、滚筒、采煤机信号口述：机组完好、网已吊好、喷雾开好、滚筒前后5 m范围内无其他人员、试运转正常、信号已确认，可以开机，确认完毕！

（2）操作中检查内容。手指采煤机前后有无人员、过中间巷及两端头、采煤机运行情况口述：前后无人，可以开机，确认完毕！

（3）离开时检查内容。（手指离合器、隔离开关）口述：机组离合器、隔离开关已打开，确认完毕！

三、采煤机的操作程序

1. 启动顺序

（1）合隔离，急停解锁。

（2）供水喷雾。

（3）按动电动机启动停止按钮，切断电源，待马达即将停转时，合上牵引部离合器。

（4）按动电动机启动停止按钮、切断电源、待电动机快要停转时，合上截割部离合器。

（5）启动电动机，使滚筒旋转，检查滚筒的旋向是否正确。

（6）调节滚筒高度。

（7）调整左、右挡煤板的位置。

（8）调整机身的倾斜程度。

（9）将选择开关转到接通位置约 1 min 后，再将其转到停用位置，然后把开关阀手把转到"开"位，并按需要的牵引方向和速度转动调速换向手把或操作增减速按钮，使采煤机牵引。

（10）若使用电动机功率调整器时，先把选择开关转到"→0"位置，并按需要的牵引方向把调速换向手把转到比需要的速度略大的位置上，再把开关阀手把转到"开"位置，然后把选择开关转到"接通"位置，采煤机就开始牵引并按电动机功率自动调速。

2. 停止顺序

（1）将开关阀手把转到"停位"，或把调速换向手把转到"零位"，或按下减速按钮，或把选择开关转到"→0"位置，均能停止牵引。

（2）待滚筒内余煤排净后，停止电动机并切断电动机电源。

（3）关闭水开关阀，停止冷却与喷雾。

四、实习（训）步骤

（1）操作前要对设备做全面的检查，确保设备供电系统安全无误后方可启动。

（2）按操作步骤依次完成合隔离开关、供水、合牵引部离合器、合截割部离合器、判断滚筒旋向、调整滚筒高度、调整挡煤板位置、调整机身的倾斜度、调节牵引速度等一系列操作。

（3）操作停机步骤依次完成停止牵引、停止电动机、切断电源、停止供水等操作。

（4）操作结束后，按要求做好必要的维护检查工作。

五、安全注意事项

（1）所有操作必须在教师在场的情况下完成，操作人员必须懂得采煤机安全操作规程及安全停送电程序。

（2）久停首次启动时，在切断冷却水的情况下让电动机空运转十几分钟，使液压系统中空气排出。

（3）运转中不得强行把开关阀手把固定在"开"位。

（4）油位不符合要求或无冷却水时，不得开电动机。

（5）挡煤板应始终处于浮动状态。

（6）每隔1 h应把升高的摇臂降低一次，以使润滑油流回行星减速箱内。

（7）长时间停止运转时，应把摇臂减速箱放平，并把隔离开关扳到断开位置。

子任务2 采煤机截割部的维护

【学习目标】

（1）通过了解采煤机截割部的操作和维护，明确学习任务要求。

（2）根据任务要求和实际情况，合理制定工作（学习）计划。

（3）正确认识采煤机截割部的各组成部分及其主要作用。

（4）正确操作和维护采煤机截割部。

（5）正确理解采煤机截割部的维护方法。

（6）识别工作环境的安全标志。

（7）严格遵守安全规章制度，规范穿戴工装和劳动防护用品。

（8）主动获取有效信息、展示工作成果，对学习和工作进行总结与反思。

（9）能与他人合作，进行有效沟通。

【建议课时】

4课时。

【设备】

采煤机截割部。

【学习任务】

采煤机的截割部是采煤机的工作机构，其作用主要是落煤和装煤，同时还作为降尘系统内喷雾压力水的通道。采煤机截割部在工作时大约消耗整机功率的80%以上。因此，其结构、参数的合理与否，直接关系到采煤机的生产率、传动效率、能耗和使用寿命。

学 习 活 动 1 明 确 工 作 任 务

【学习目标】

（1）通过了解采煤机截割部的运行和操作，明确学习任务、课时等要求。

（2）准确叙述采煤机截割部的结构。

（3）准确说出采煤机截割部各组成部分的作用。

【建议学时】

2课时。

一、工作任务

采煤机工作环境非常恶劣，经常需要更换滚筒和截齿。因此它们的维护和保养就显得特别重要。截割部的维护保养工作主要包括截割部减速器润滑维护，截割部减速器运行状态监测，截割滚筒的更换，截齿的更换等。

二、相关理论知识

采煤机截割部的作用是传递动力，把煤由煤层中截落并装入刮板输送机，即落煤、碎煤和装煤。截割部包括螺旋滚筒、截齿、摇臂、截割部减速箱和挡煤板，是采煤机的主要部件之一。

一个完整的截割机构应满足以下要求：

（1）能适应不同煤层和有关地质条件。

（2）能充分利用煤壁的压张效应，降低能耗，提高块煤率，减少煤尘。

（3）载荷均匀分布，机械效率高。

（4）结构简单，工作可靠，拆装维修方便。

（一）截齿

截齿安装在螺旋滚筒上，是采煤机直接落煤的刀具。截齿的几何形状和质量直接影响采煤机的工况、能耗、生产率和吨煤成本。煤矿生产对截齿的基本要求是强度高、耐磨损、几何形状合理、固定可靠。

(a) 扁形截齿　　(b) 镐形截齿

图 1-7　截齿外形

1. 截齿的类型

截齿的类型主要有扁形和镐形两种，如图 1-7 所示。扁形截齿的刀体是沿滚筒的半径方向安装的，故常称为径向截齿（图 1-7a）。这种截齿适用于截割各种硬度的煤，包括坚硬煤和黏性煤。镐形截齿的刀体安装方向接近于滚筒的切线，又称为切向截齿（图 1-7b）。这种截齿在脆性煤层及裂隙多煤层中具有较好的截割性能。

2. 截齿的结构

截齿的结构包括刀刃、刀头、刀柄三部分，如图 1-8 所示。

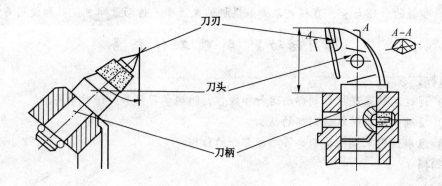

图 1-8　截齿的结构

3. 截齿的固定方式

1）扁形截齿

扁形截齿的刀体断面呈矩形，用优质合金钢制造；刀头经热处理并镶嵌碳化钨硬质合金。扁形截齿的固定方法有多种。图1-9a中，销钉和橡胶套装在齿座侧孔内，装入截齿时靠刀体下端斜面将销钉压回，对位后销钉被橡胶套弹回至刀体窝内而将截齿固定；图1-9b中，销钉和橡胶套装在刀体孔中，装入时，销钉沿斜面压入齿座孔中而实现固定；图1-9c中，横销和橡胶套装在齿座中，用卡环挡住横销并防止橡胶套转动，装入时，刀体14°斜面将销子压回，靠销子卡住刀体上的缺口实现固定，拆卸时用专用工具将截齿拨出。扁形截齿强度高，截割性能好，适应性强，特别适用于黏结性大、夹石多的硬煤层。

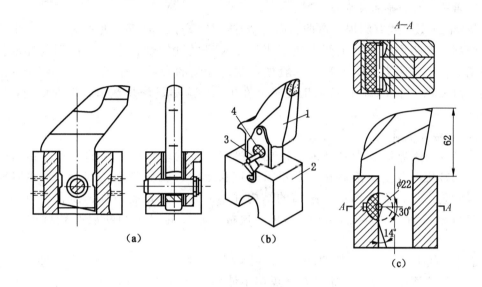

1—截齿；2—齿座；3—橡胶塞；4—卡环

图1-9 扁形截齿的固定方式

2）镐形截齿

镐形截齿近似于沿滚筒切向安装，又称切向截齿，如图1-10所示。它的下部为圆柱

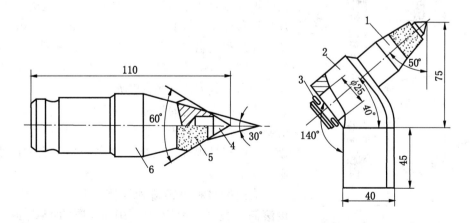

1—镐形截齿；2—齿座；3—弹簧圈；4—硬质合金头；5—碳化钨合金层；6—刀体

图1-10 镐形截齿的固定方式

形，上部为圆锥形，刀头上镶嵌圆锥形硬质合金并在表面堆焊碳化钨合金层。镐形截齿的固定比较简单，将截齿插入齿座后只要在其尾端环槽内装入弹簧圈即可。工作条件好时，镐形截齿在截割阻力作用下可在齿座内回转，达到自动磨锐齿尖的效果，但实际上常因煤粉堵塞使其不能转动，导致一面受力和磨损而过早失效。镐形截齿主要依靠齿尖的尖劈作用楔入煤体而将煤破碎，所以特别适用于脆性大、裂隙多的松软煤层。

4. 截齿的失效形式及寿命

截齿的失效形式有磨损、弯曲、崩合金片、掉合金、折断、丢失等，其中最主要的是磨损。截齿磨损程度主要取决于煤层及夹矸的磨蚀性，磨损后齿端与煤的接触面积增大，截割阻力急剧上升。一般规定截齿齿尖的硬质合金磨去 $1.5 \sim 3\ mm$ 或与煤的接触面积大于 $1\ cm^2$ 时应及时更换。在生产中应尽量修复截齿，以降低消耗，减小成本。

（二）螺旋滚筒

采煤机的落煤任务主要是依靠螺旋滚筒来实现的。螺旋滚筒的刀具（截齿）装在滚筒的螺旋叶片上，滚筒转动并沿着煤壁移动时，就截割破落煤炭，并由螺旋叶片把煤炭装进工作面运输机。滚筒的结构并不复杂，破碎能力强，而且可以利用摇臂随时调整位置，对煤层厚度的变化、顶板、底板的起伏和断层有较好的适应能力。

滚筒的截深可与液压支架的推移步距相匹配，在采煤机采过的地方可以随机推移支架，即时支护顶板。因此，除了在薄煤层中使用螺旋滚筒困难较多外，在缓倾斜和倾斜的各种煤层中，使用螺旋滚筒的滚筒式采煤机都能达到较高的生产率和较好的使用效果。

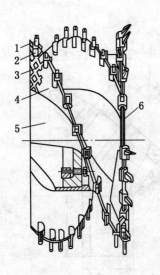

1—截齿；2—齿座；3—堆焊耐磨层；
4—螺旋叶片；5—筒毂；6—端盘
图 1 – 11　螺旋滚筒

1. 螺旋滚筒的结构

螺旋滚筒由螺旋叶片、端盘、齿座、喷嘴和筒毂组成，如图 1 – 11 所示。螺旋叶片的作用是把煤沿滚筒的轴线方向推运出来，装进工作面输送机。螺旋叶片与端盘焊在筒毂上，筒毂与滚筒轴连接。齿座焊在螺旋叶片和端盘上，齿座上固定有用来落煤的截齿。为防止端盘与煤壁相碰，端盘边缘的截齿向煤壁侧倾斜。端盘上截齿截出的宽度 $B_1 = 80 \sim 120\ mm$。叶片内装有进行内喷雾用的喷嘴，以降低粉尘含量。喷雾水由喷雾泵站通过回转接头及滚筒空心轴引入。滚筒端盘上开设有排煤孔，以排出端盘与煤壁之间的煤粉，避免发生堵塞。

滚筒的材料有铸造和焊接两种。大多数采用焊接滚筒，我国一般用 $20 \sim 30\ mm$ 厚的 45 号或 16Mn 钢板锻造成螺旋叶片，再和齿座、轮毂、筒毂焊接而成。

2. 滚筒的结构参数（表1－1）

表1－1 滚筒的结构参数 mm

序 号	项 目	规 格	备 注
1	滚筒直径	1400：1600：1800	
2	滚筒截深	630	
3	螺旋叶片头数/头	3	
4	单只滚筒重量/kg	1400：1800：2600	
5	配用截齿型号	JDT75/40×25	

3. 截齿配置

截齿配置是指螺旋滚筒上截齿的排列规律。截齿的合理排列，可以降低截煤能耗，提高块煤率以及使滚筒受力平稳，振动小。截齿的排列取决于煤的性质和滚筒的直径等。

基本要求是截割块煤多，煤尘少，截割比能耗小，滚筒受力较均衡，所受载荷变动小，设备运行稳定。

截齿在滚筒上的分布情况通常用截齿配置图（图1－12）来表示。截齿配置图表示出了所有截齿在工作机械形成表面上的坐标位置，相当于把滚筒表面展开所看到的截齿排列情况。图中小圆圈中心表示截齿尖所在位置，横线表示截齿运动中所经路线，称为截线。两条相邻截线之间的距离，称为截线距，简称截距。垂直线表示截齿的位置坐标。

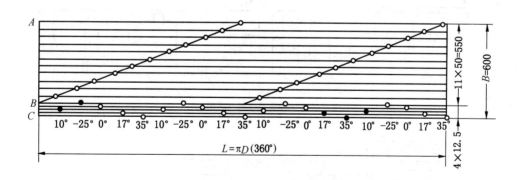

图1－12 截齿配置图

（三）截割部传动装置

1. 功用

（1）将采煤机电动机的动力传递到滚筒上，以满足滚筒工作的需要。

（2）适应滚筒调高要求，使滚筒保持适当的工作位置。截割部功率消耗占装机功率的80%～90%，并且承受很大的负载及冲击载荷。

2. 对截割部传动装置的要求

具有高强度、刚度和可靠性，有良好的润滑、密封散热条件，传动效率高等。

3. 传动方式及特点

采煤机截割部大多采用齿轮传动，主要有以下几种传动方式：

（1）电动机—机头减速箱—摇臂减速箱—滚筒（图1－13a）。这种传动方式应用较多。它的特点是传动简单，摇臂从机头减速箱端部伸出（称为端面摇臂），支撑可靠，强度和刚度好，但摇臂下限位置受输送机限制，挖底量较小。

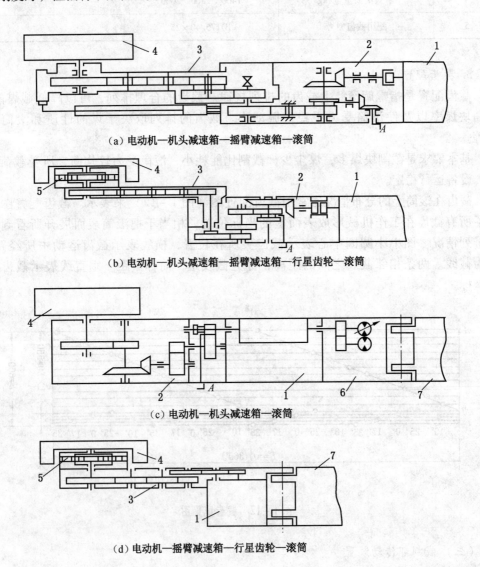

（a）电动机—机头减速箱—摇臂减速箱—滚筒

（b）电动机—机头减速箱—摇臂减速箱—行星齿轮—滚筒

（c）电动机—机头减速箱—滚筒

（d）电动机—摇臂减速箱—行星齿轮—滚筒

1—电动机；2—固定减速器；3—摇臂；4—滚筒；5—行星齿轮；6—泵箱；7—机身及牵引部

图1－13　截割部传动方式

（2）电动机—机头减速箱—摇臂减速箱—行星齿轮—滚筒（图1-13b）。由于行星齿轮传动比较大，因此可使前几级传动比减小，系统得以简化，并使行星齿轮的齿轮模数减小。但行星齿轮的采用使滚筒尺寸增加，因而这种传动方式适应在中厚煤层以上工作的大直径滚筒采煤机，大部分中厚煤层采煤机都采用这种方式。这时摇臂从机头减速箱侧面伸出（称为侧面摇臂），所以可获得较大的挖底量。

在以上两种传动方式中都采用摇臂调高，获得了好的调高性能，但摇臂内齿轮较多，增加调高范围必须增加齿轮数。由于滚筒上受力大，摇臂及其与机头减速箱的支撑比较弱，所以支撑距离加大才能保证摇臂的强度和刚度。

（3）电动机—机头减速箱—滚筒（图1-13c）。这种传动方式取消了摇臂，而由电动机、机头减速箱和滚筒组成的截割部来调高，使齿轮数大大减少，机壳的强度、刚度增大，可获得较大的调高范围，还可使采煤机机身长度大大缩短，有利于采煤机开切口等工作。

（4）电动机—摇臂减速箱—行星齿轮—滚筒（图1-13d）。这种传动方式主电动机采用横向布置，使电动机轴与滚筒轴平行，取消了承载大、易损坏的锥齿轮，使截割部更为简化。采用这种传动方式可获得较大的调高范围，并使采煤机机身长度进一步缩短。

（四）典型采煤机截割机构举例

下面以MG300/700-WD型采煤机为例介绍其截割机构，如图1-14所示。

1. 机构组成

MG300/700-WD型采煤机截割机构主要由截割电动机、摇臂减速箱、截割滚筒等组成，截割机构还设有冷却系统、内外喷雾、离合器、强迫润滑系统等装置。

截割电动机横向直接安装在摇臂减速箱内，与传统的纵向布置的采煤机相比，没有固定减速箱、摇臂回转套、螺旋锥齿轮等结构，传动效率高，结构简单、紧凑。

图1-14　MG300/700-WD
型采煤机

左、右截割摇臂，分别用阶梯轴同左、右行走减速箱框架铰接。同时，通过摇臂回转腿上的圆柱销与安装在左、右行走减速箱框架上的调高油缸铰接，通过调高油缸的伸、缩，实现左、右滚筒的升降。

截割机构具有以下特点：

（1）摇臂回转处采用铰轴结构，与机身没有机械传动，回转部分的磨损与摇臂内的齿轮啮合无关，传动精度高。

（2）摇臂齿轮减速都采用直齿传动，传动效率高。

（3）截割电动机和摇臂主动齿轮之间采用细长柔性转矩轴连接，电动机和摇臂主动轴齿轮位置的少量误差也不影响动力传递，便于安装；在截割滚筒受到较大的冲击载荷时对机械传动系统的齿轮和轴承起到缓冲作用，提高可靠性。

（4）高速轴油封尺寸小，线速度大大降低，提高了油封的可靠性和使用寿命。

（5）摇臂采用弯摇臂形式，相对直摇臂结构可以加大装煤口，提高装煤率，增加块煤率。摇臂外壳上、下有冷却水套，以降低摇臂内油池的温度。输出端采用410 mm×410 mm 方形出轴与滚筒连接，滚筒采用四头螺旋叶片，其直径可根据煤层厚度在 $\phi 1.5 \sim 1.8$ m 内选取，输出转速可根据不同直径滚筒的线速度要求和煤质硬度订货时在 3 挡速度内选择。

2. 机械传动系统

截割机构的机械传动系统如图 1-15 所示。

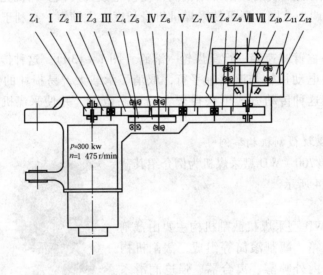

图 1-15　截割机构机械传动系统

截割电动机的输出轴是带有内花键的空心轴，通过细长柔性扭矩轴与一轴齿轮 Z_1 相连。电动机输出转矩通过齿轮 Z_2、Z_3、Z_4、Z_5、Z_6、Z_7、Z_8、Z_9 传到行星减速器，最后由行星减速器的行星架输出，将动力传给截割滚筒。

左、右摇臂减速箱传动方式相同，传动元件全部通用。

根据实际需求，可以改变滚筒转速。Z_4、Z_5 为变速齿轮，共 3 对，可以选择 3 种不同转速。

3. 截割电动机

（1）截割电动机为矿用隔爆型三相交流异步电动机，如图 1-16 所示。它可用于环境温度小于 40 ℃，周围空气中的甲烷、煤尘、硫化氢、二氧化碳等不超过《煤矿安全规程》中规定的安全含量的井中。截割电动机横向安装在采煤机摇臂上，中间空心轴内花键与细长柔性转矩轴相连，外壳采用水套冷却。

（2）截割电动机技术参数分别见表 1-2。

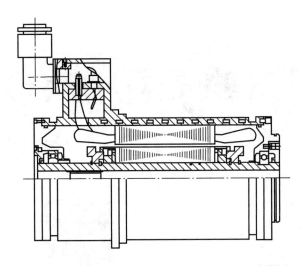

图 1-16 截割电动机

表 1-2 截割电动机技术参数

项 目	参 数	项 目	参 数
型号	YBC-300	工作制	S1
功率/kW	3000	接法	Y
极数	4	绝缘等级	H
额定电压/V	1140	冷却方法	水套冷却
额定电流/A	176	冷却水量/(L·min^{-1})	25
频率/Hz	50	冷却水压/MPa	≤1.5
转速/(r·min^{-1})	1472	外形尺寸/mm	$\phi590×990$

（3）使用时应注意：

① 开机前应先检查冷却水的水量，通水后启动电动机，严禁断水使用。

② 电动机长时间运行后，不要马上关闭冷却水。

③ 发现电动机有异样声响时，应立即停机检查。

4．摇臂减速箱

摇臂减速箱如图 1-17 所示，主要由壳体，轴组，行星减速器，内、外喷雾装置，强迫润滑系统等组成。

摇臂壳体采用整体铸钢结构，外壳有一焊接的冷却水套，水套上面有 4 只喷嘴，用于冷却和喷雾降尘。

1）离合机构组件

离合机构组件结构如图 1-18 所示。截割部的离合机构安装在截割电动机尾部。其中细长柔性转矩轴为关键部件，其一端通过渐开线花键同电动机转子相连，另一端通过渐开线花键与截 I 轴齿轮内花键相连。当该轴在手柄与拉杆的作用下外拉时，与截 I 轴齿轮脱离，终止动力传递。

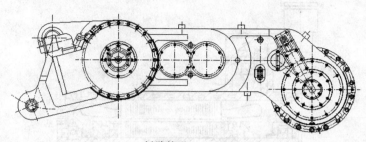

(a) 摇臂外形

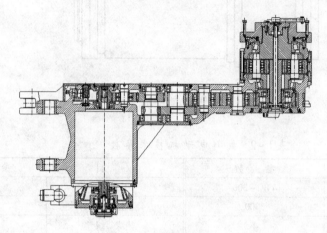

(b) 摇臂结构

图 1-17　摇臂减速箱

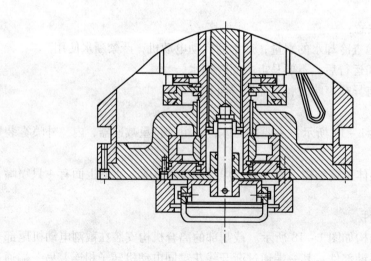

图 1-18　离合机构

注意：离合机构手把拉出或合上时手把座必须卡在定位盘的凹槽内，以防止误动作致使花键损坏。

2）截Ⅰ轴组件

截Ⅰ轴组件结构如图1-19所示，截一轴的轴齿轮由轴承对称支撑在轴承杯上，通过渐开线内花键与细长柔性扭矩轴相连。装配时调整轴承的轴向间隙，应保持在0.12～0.32 mm之间。

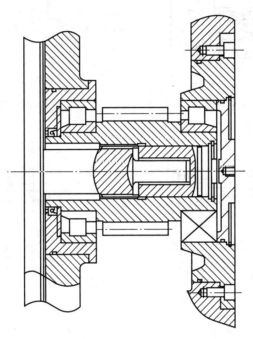

图1-19　截Ⅰ轴组件

3）截Ⅱ轴组件

截Ⅱ轴组件为惰轮轴组件，结构如图1-20所示，主要由心轴、轴承、齿轮、距离套等组成，靠心轴、轴承与壳体台阶定位。

4）截Ⅲ轴组件

截Ⅲ轴组件的结构如图1-21所示，大齿轮通过内花键套在轴齿轮上，轴齿轮由两个轴承支撑在箱体上。大齿轮采用花键两端止口配合而径向定心，增强了连接的稳定性。调整整垫用来调整轴承的轴向间隙，保持在0.12～0.32 mm之间。

5）截Ⅳ轴组件

截Ⅳ轴组件的结构如图1-22所示，大齿轮通过内花键套在轴齿轮上，轴齿轮由两个轴承支撑在箱体上，齿轮的定心形式与截Ⅲ轴相同。装配时调整轴承的轴向游隙，应保证在0.15～0.32 mm之间。

6）截Ⅴ和Ⅵ轴组件

截Ⅴ和Ⅵ轴是惰轮轴组件，结构如图1-23所示，定位方式与截Ⅱ轴相同。由心轴、轴承、齿轮、压板等组成，靠心轴、轴承与壳体台阶定位。

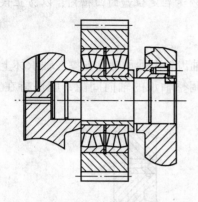

图 1 - 20 截Ⅱ轴组件

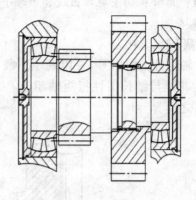

图 1 - 21 截Ⅲ轴组件

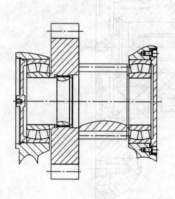

图 1 - 22 截Ⅳ轴组件

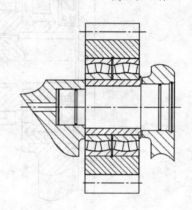

图 1 - 23 截Ⅴ、Ⅵ轴组件

注意：二轴安装方向相反。

7）截Ⅶ轴组件

截Ⅶ轴组件的结构如图 1 - 24 所示，两轴承内圈安装在大齿轮的空心轴上，外圈安装在轴承杯上；大齿轮与截Ⅵ轴惰轮啮合，并通过内花键与太阳轮相连。装配时调整轴承间隙，应保证在 0.12 ~ 0.32 mm 之间。

8）行星减速器

行星减速器结构如图 1 - 25 所示，该行星减速器为四行星轮减速机构。主要由太阳轮、行星轮、内齿圈、行星架、支撑轴承、平面浮动油封装置和方形联接套等组成。太阳轮的输入端为外花键，与摇臂截Ⅶ轴大齿轮的内花键相连而输入转矩。当太阳轮转动时，驱动行星轮沿本身轴线自转，同时又带动行星架绕其轴线公转，行星架通过花键和方形联接套连接，将输出转矩传递给截割滚筒。

行星齿轮传动利用 4 个行星轮啮合的形式，结构紧凑，传动比大，传动可靠，主要特性参数见表 1 - 3。考虑行星轮间均载方式故采用太阳轮浮动结构。太阳轮浮动灵敏，反力矩小，浮动量通过与大齿轮相配合的外花键侧隙来保证。太阳轮通过挡圈与大齿轮连接，限制太阳轮的轴向窜动。

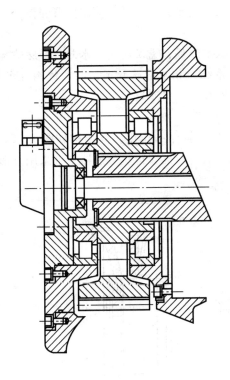

图1-24 截Ⅶ轴组件

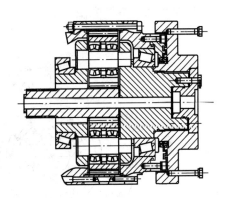

图1-25 行星减速器

表1-3 行星减速器性能参数

行星架最大输出转矩/ (kN·m^{-1})	行星架最低转速/ (r·min^{-1})	传动比	行星减速器外径/ mm
84.05	34.04	5	720

方形联接套采用平面浮动油封与迷宫密封装置,能适应行星架的轴向窜动,适应在有煤尘和煤泥水的工况下工作。

9)内喷雾供水装置

内喷雾供水装置如图1-26所示。主要由接头、水封、泄漏环、油封、轴承装置外壳、轴承、不锈钢送水管、O形圈、定位销、管座、高压软管、铰接体、铰接螺钉等组成。

不锈钢送水管插入靠煤壁侧管座时,管上的缺口对准座上的定位销,使送水管和滚筒轴(行星架)一起转动,靠内、外两道O形圈密封。送水管采空侧通过轴承支撑在轴承装置外壳内,因两者有相对旋转运动,为防止内喷雾水进入摇臂油池,在送水管壳外靠特制的水封防漏水,在水封的后面又加设了一只骨架油封(材料和普通油封不同),起防漏水、防尘作用,

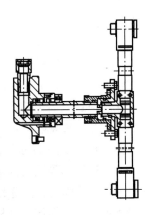

图1-26 内喷雾供水装置

33

在该油封和水封之间装有泄漏环，经水封泄漏的水通过水封装置外壳流出摇臂壳体外，后油封为防止油液外漏而设置。

注意：①使用过程中发现水封装置外壳有线状水泄漏，需及时更换水封，严防喷雾水进入油池。②内喷雾供水通过接头座与喷雾冷却系统的相应管路相通，经不锈钢送水管、煤壁侧高压软管与滚筒的内喷雾供水口相连，进入截割滚筒水道。

5. 截割滚筒

滚筒是采煤机的工作机构，担负着截煤、落煤、装煤的作用。其结构如图 1 - 27 所示，主要由滚筒筒体、截齿、齿座和喷嘴等组成。滚筒与摇臂行星减速器主轴采用方形主轴连接，连接可靠，拆卸方便。

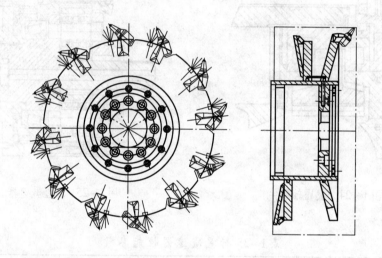

图 1 - 27　截割滚筒

滚筒筒体采用焊接结构，三头螺旋叶片。设有内喷雾水道和喷嘴，压力水从喷嘴雾状喷出，直接喷向齿尖，以达到冷却截齿、降低煤尘和稀释瓦斯的目的。为延长螺旋叶片的使用寿命，在其出煤口处采用耐磨材料喷焊处理。为适应大牵引速度的要求，采用新型镐形截齿以及与之相配套的大齿座和弹性固定元件。齿座采用了特殊材料和特殊加工工艺，强度高，截齿固定可靠。

滚筒特别是其截齿、喷嘴属于易损件，正确维护和使用滚筒，对延长其工作寿命，提高截割功率是十分重要的，所以开机前必须注意：

（1）检查滚筒上的截齿和喷嘴是否处于良好状态，若发现截齿刀头严重磨损，应立即更换；若喷嘴被堵，亦应立即更换，换下的喷嘴经清洗后可复用。

（2）检查滚筒上的截齿和喷嘴是否齐全，若发现丢失，则应立即补上。

（3）截齿和喷嘴的固定必须牢靠。

（4）检查喷雾冷却系统管路是否漏水，水量、水压是否合乎要求。

（5）固定滚筒用的螺栓是否松动，以防滚筒脱落。

（6）采煤机司机操作时，做到先开水，后开机，停机时先停机后停水。

注意： 不允许出现滚筒割支架顶梁和输送机铲煤板等金属件的现象。

（五）截割部的润滑

1. 润滑的作用与要求

（1）降低齿轮及其他运动部件的磨损，保证正常运转，延长使用寿命。

（2）降低摩擦力，从而减少功率损失及发热量，提高效率，节约能源。

（3）防止腐蚀和生锈。

（4）分散热量，并能起到冷却效果。

（5）降低噪声、振动和齿轮之间的冲击。

（6）冲洗齿面污染物及固体颗粒，以免齿面受颗粒磨损。

2. 润滑方式

采煤机截割部因传递的功率大而发热严重，其壳体温度可高达 100 ℃，传动装置的润滑十分重要。

减速箱中最常用的润滑方法是飞溅润滑。将一部分传动零件浸在油池内，靠它们向其他零件供油和溅油。优点是：润滑强度高，工作零件散热快，不需润滑设备，对润滑油的杂质和黏度降低不敏感。油面位置应将大齿轮直径的 1/3～1/4 浸入油中。

采煤机摇臂经常在倾斜状态下工作，因此必须保证能自然润滑。在倾斜状态下，由于润滑油积聚在低处，高处传动零件润滑不好，因此应避免油池太长，有时需要人为地将油池分隔成几个独立区域，以保证自然润滑。

如果各传动零件所在的水平相差太大且有低速齿轮副，则应采用强迫润滑。强迫润滑能保证向各润滑点供油。强迫润滑应设专供摇臂箱传动件用的润滑油泵。

摇臂内传动零件的润滑问题：①割顶部煤时滚筒上升，摇臂端部齿轮得不到润滑；②割底煤时滚筒下降，润滑油集中在摇臂端部。为此，常规定滚筒割顶煤一段时间后，应停止牵引，将摇臂下降，以润滑端部齿轮，然后再升起滚筒继续工作。

（六）截割部维护

1. 维护制度

（1）班检。由当班采煤机司机负责在接班之后和操作之余，对采煤机及时维护。

（2）日检。由维修班长组织，由专职的维修工负责，对采煤机的性能进行检查调整，处理班检处理不了的问题。

（3）周检。由综采机电队长组织，机电技术员及检修人员参加，对采煤机的性能和设备的性能进行检查与处理。

（4）月检。由机电副矿长组织，由井上检修人员和井下维修人员参加，按照设备的完好标准详细检查处理，必须达到标准。

2. 维护工作内容

（1）易损件的更换，如截割滚筒调高油缸等。

（2）传动装置保养，如油量油质检查、外壳温度估测。

（3）工作性能检查，如振动、噪声、滚筒运转状况及滚筒调高状况。

（4）环境卫生保持，如擦拭设备、设施理顺，环境清理。

3. 采煤机截割部维护质量标准

（1）滚筒无裂纹或开焊。

（2）喷雾装置齐全、水路畅通，喷嘴不堵塞，水呈雾状喷出。

（3）螺旋叶片磨损量不超过内喷雾的螺纹。无内喷雾的螺旋叶片，磨损量不超过原厚的1/3。

（4）截齿缺少的数量或无合金截齿的数量不超过5%，一个滚筒上的截齿短缺数量不超过2个。

（5）挡煤板无严重变形，翻转装置动作灵活可靠。

（6）齿轮传动无异响，油位适当，在倾斜工作位置，齿轮能带油，轴头不漏油。

（7）离合器动作灵活可靠。

（8）摇臂升降灵活，不会自动下降。

（9）摇臂千斤顶无损伤，不漏油。

学习活动2　工作前的准备

【学习目标】

（1）认真听讲解，做好笔记。

（2）通过阅读采煤机说明书，掌握采煤机截割部的操作和维护方法。

（3）掌握截割部的常见故障及处理方法。

（4）牢记安全注意事项，认识安全警示标志。

（5）按要求穿戴好劳保用品，戴好安全帽。

（6）做好操作前的准备工作。

一、工具资料

采煤机说明书。

二、设备

采煤机实训设备。

三、开机前的检查及准备工作

（1）各零部件是否齐全完好。

（2）各操作手把的位置是否正确，操作是否灵活可靠。

（3）检查各连接处有无漏油现象及松动情况。

（4）各操作按钮是否准确、灵活。

（5）检查各箱体内的润滑油是否适量。

（6）检查电气系统及设备的绝缘、隔爆性能。

（7）向各注油点按规定注油。

（8）按照设备的摆放位置，明确工作面的一般布置方式，确定相关的工作参数，如机头、机尾的相对位置，煤壁及采高，工作面推进的方向等。

（9）熟悉所使用采煤机的型号、组成结构、工作性能、工作方式等。

（10）熟悉采煤机供电系统及主要设备的作用及使用操作方法。

（11）熟悉采煤机操作及控制装置的作用及操作使用方法。

学习活动3　现　场　施　工

【学习目标】

（1）熟练掌握安全知识，并能按照安全要求进行操作。

（2）正确维护采煤机截割部，通过操作使学生对采煤机截割部的检修和维护内容有初步认识。

（3）通过操作采煤机，锻炼动手能力和独立分析问题、解决问题的能力，培养团队合作精神。

【技能训练】

一、常见故障及处理方法

分析采煤机截割部的常见故障，并提出正确的处理方法，填好表1－4。

表1－4　采煤机截割部的故障分析及处理方法

部位	故　障　现　象	可能原因	处理方法	备注
截割部	开车时摇臂立即升起或下降			
	摇臂升不起，升起后自动下降或升起后受力下降			
	液压油箱和摇臂温度过高			
	挡煤板翻转动作失灵			
	离合器手把蹩劲			

二、训练步骤

（1）教师设置"摇臂部分"的故障点，由学生分析故障原因，并在教师指导下进行故障处理。

（2）教师设置"液压油箱部分"的故障点，由学生分析故障原因，并在教师指导下进行故障处理。

（3）教师设置"挡煤板部分"的故障点，由学生分析故障原因，并在教师指导下进行故障处理。

（4）教师设置"离合器部分"的故障点，由学生分析故障原因，并在教师指导下进行故障处理。

以上操作均要模拟生产现场环境。

子任务3 采煤机牵引部的维护

【学习目标】

(1) 通过了解采煤机牵引部的操作和维护，明确学习任务要求。

(2) 根据任务要求和实际情况，合理制定工作（学习）计划。

(3) 正确认识采煤机牵引部的各组成部分及其主要作用。

(4) 正确操作和维护采煤机牵引部。

(5) 正确理解采煤机牵引部的维护方法。

(6) 识别工作环境的安全标志。

(7) 严格遵守安全规章制度，规范穿戴工装和劳动防护用品。

(8) 主动获取有效信息，展示工作成果，对学习和工作进行总结与反思。

(9) 能与他人合作，进行有效沟通。

【建议课时】

4 课时。

【设备】

采煤机牵引部。

【学习任务】

随着采煤机械化程度的不断提高，采煤机的应用越来越广泛。由于煤矿井下工作条件非常复杂，因而造成采煤机的故障率比较高。牵引部是采煤机的重要组成部分，它不但负担采煤机工作时的移动和非工作时的调动，而且牵引速度的大小直接影响工作机构的效率和质量，并对整机的生产能力和工作性能产生很大影响。因此，必须做好牵引部的维护和保养。

学习活动1　明确工作任务

【学习目标】

(1) 通过了解采煤机牵引部的运行和操作，明确学习任务、课时等要求。

(2) 准确叙述采煤机牵引部的结构。

(3) 准确说出采煤机牵引部各组成部分的作用。

【建议学时】

2 课时。

一、工作任务

采煤机工作任务非常繁重，经常需要沿工作面运行，并且还需要对其进行过载保护。因此，牵引部如何进行维护和保养就显得特别重要。采煤机牵引部维护保养工作主要包括液压牵引部的调整维护、液压油维护、常见故障处理等。

二、相关理论知识

采煤机牵引部的作用是使采煤机以所需要的速度沿工作面往返运行，以实现连续割煤或调动。牵引机构和牵引传动装置两部分是采煤机的主要部件。一个完整的牵引机构应满足以下要求：

（1）总传动比大。

（2）牵引力大。

（3）能实现无级调速。

（4）能实现正反向牵引和停止牵引。

（5）有完善可靠的过载保护性能。

（6）零部件应有较高的强度和可靠性。

（7）操作方便。

（一）牵引机构

1. 链牵引机构

链牵引机构的工作方式分为内牵引方式和外牵引方式，大多数采煤机采用内牵引方式。内牵引是指牵引机构的传动装置和驱动链轮安装在采煤机本体上。如图 1 - 28 所示，牵引部减速器输出轴上安装驱动链轮，牵引链绕过驱动链轮和导向链轮后，两端沿工作面拉直并通过张紧装置分别固定在刮板输送机的机头、机尾上。驱动链轮转动后，依靠它与牵引链间的啮合作用迫使采煤机沿工作面运行。链牵引机构包括牵引链、链轮和张紧装置等。

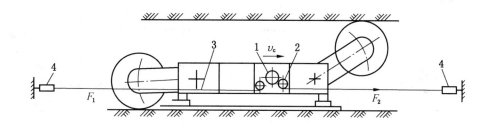

1—驱动链轮；2—导向链轮；3—牵引链；4—紧链装置

图 1 - 28　链牵引机构（内牵引）

1）牵引链

采用高强度矿用圆环链，规格用直径 d 和环节距 t 表示。一般做成奇数个链环组成的链段，使用时用链接头连接成所需长度。结构如图 1 - 29 所示。

2）链轮

圆环链链轮的几何形状比较复杂，其形状和制造质量对于链环和链轮的啮合影响很大。链轮形状设计得不好，就会啃伤链环，加剧链轮和链环的磨损，或者因为链环不能与轮齿正确啮合而掉链。

3）紧链装置

将牵引链固定在输送机的两端，使牵引链具有一定的初拉力，可使吐链顺利，并可缓和因紧边链转移到松边时弹性收缩而增大紧边的张力。

张紧形式有弹簧张紧和液压张紧（常用），液压张紧装置如图 1 - 30 所示。

2. 无链牵引机构

无链牵引机构是依靠采煤机上的驱动轮与固定在输送机槽上的齿轨相啮合的方式实现采煤机的牵引。它主要用于大功率的采煤机和大倾角采煤机。

1) 常用的无链牵引机构类型

(1) 齿轮-销轨型。齿轮-销轨型无链牵引机构是通过旋转齿轮与固定销轨的啮合作用实现无链牵引的。如图 1-31 所示，牵引部减速器输出轴上的驱动齿轮通过行走轮（传动齿轮）与销轨相啮合。由于销轨固定不动，所以采煤机便以销轨为导轨移动，并由导向滑靴保证运动方向。

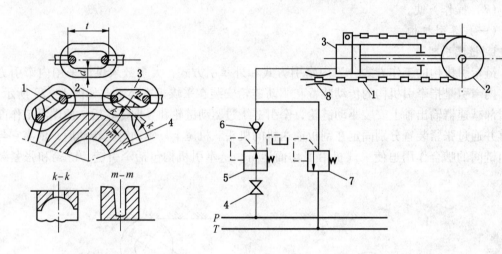

1—轮齿；2—平环；
3—立环；4—链轮

图 1-29 牵引链与链轮的啮合

1—牵引链；2—导向滑轮；3—紧链液压缸；4—手动截止阀；
5—减压阀；6—单向阀；7—安全阀；8—连接头

图 1-30 液压张紧装置

(2) 销轮-齿条型。如图 1-32 所示，在牵引部减速器输出轴上安装有销轮，销轮由两块圆盘之间沿圆周均布焊接的 5 根圆柱销构成，而齿条则用螺栓固定在输送机槽帮上。销轮被驱动后，采煤机便以齿条为导轨运行。

(3) 复合齿轮-齿条型。如图 1-33 所示，复合齿轮-齿条型无链牵引机构的驱动轮和行走轮均为交错齿双齿轮，而齿条也是相应的交错齿双齿条，它们之间对应形成双啮合而使采煤机运行。这种机构齿部粗壮，强度好，寿命长，交错齿轮啮合运行平稳，轮齿端面互相靠紧能起横向定位和导向作用；齿条间用螺栓连接，其下部由扣钩连接，以适应输送机垂直和水平偏转。

(4) 链轮-链轨型。如图 1-34 所示，链轮-链轨型无链牵引机构由采煤机牵引部传动装置，输出轴上的长齿驱动链轮，使链轮与铺设在输送机采空区侧挡板内链轨架上的不等节距圆环链相啮合，从而驱动采煤机。与链轮同轴的导向滚轮支撑在链轨架上导向。底托架两侧有卡板卡在输送机相应的槽内定位。

2) 无链牵引机构的优缺点

无链牵引机构具有以下优点：

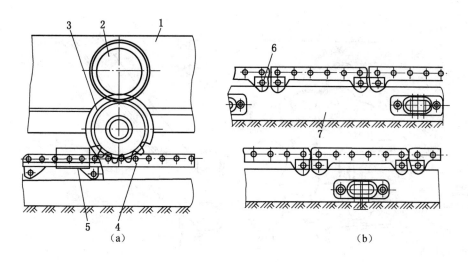

1—牵引部；2—驱动齿轮；3—行走轮；4—销轨；5—导向滑靴；6—销轴；7—销轨座

图 1-31 齿轮-销轨型无链牵引机构

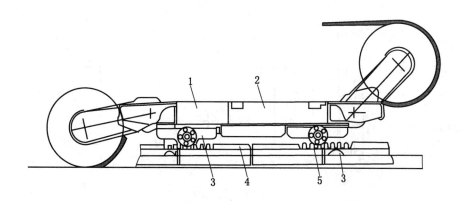

1—电动机；2—牵引部泵箱；3—牵引部传动箱；4—齿条；5—销轮

图 1-32 销轮-齿条型无链牵引机构

（1）采煤机移动平稳，振动小，载荷均匀，延长了机器的使用寿命，降低了故障率。

（2）能够实现双牵引传动，使牵引力提高到 400~600 kN，以适应采煤机在大倾角（最大达 54°）条件下工作，并可通过设置制动器防滑。

（3）可实现工作面多台采煤机同时工作，以提高产量。

（4）啮合效率高，可将牵引力有效地用在割煤上。

（5）避免了牵引链带来的断链、反链敲缸等事故，大大提高了安全性。

但无链牵引机构也有以下缺点：

（1）对刮板输送机的弯曲和起伏不平要求较高，对煤层地质条件变化的适应性也较差。

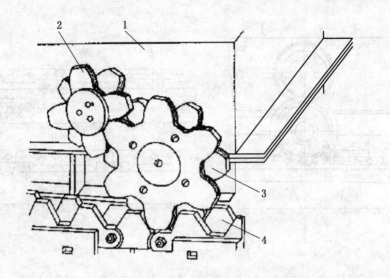

1—传动箱；2、3—复合齿轮；4—复合齿条

图 1-33 复合齿轮-齿条型无链牵引机构

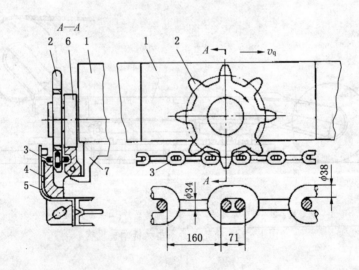

1—传动装置；2—驱动链轮；3—圆环链；4—链轨架；

5—侧挡板；6—导向滚轮；7—底托架

图 1-34 链轮-链轨型无链牵引机构

（2）无链牵引机构使机道宽度增加约 100 m，提高了对支架控顶能力的要求。

（二）牵引传动机构

牵引传动机构的重要功能是进行能量转换，即将电动机的能量转换为主动链轮或驱动轮的机械能，并为采煤机提供所需的多种保护和速度控制。牵引传动装置按调速方式不同可分为机械牵引、液压牵引和电牵引 3 种形式。

1. 机械牵引

机械牵引指全部采用机械传动装置的牵引。

特点：工作可靠，但只能有级调速，结构复杂。目前已很少采用。

2. 液压牵引

液压牵引是利用液压传动来驱动的牵引。

特点：牵引部可以实现无级调速，变速、换向和停机等操作比较方便，保护系统比较完善，并且能随负载变化自动地调节牵引速度。但系统复杂。

3. 电牵引

电牵引是利用电动机直接驱动的牵引。

特点：牵引特性好，机械传动结构简单，效率高，牵引力大，牵引速度高，工作可靠性高，易于实现微机自动控制，生产率高等。现代采煤机多采用电牵引方式。

（三）典型采煤机牵引部分析

下面以 MG300/700 - WD 型采煤机为例进行分析。

1. 整机的组成与特点

1）组成

MG300/700 - WD 型采煤机由下列几部分组成：

（1）截割部。由左右滚筒、左右摇臂、内外喷雾冷却装备等组成，起截煤和装煤的作用。

（2）牵引部。由左右牵引减速箱、左右行走箱、滑靴等组成，是机器行走的执行机构。

（3）中间框架。由框架、调高泵箱、交流变频调速装置、电控箱、水阀、拖缆架等组成。这是机器控制和保护装置的重要部分。

（4）操作系统。该系列采煤机有三种操作系统：一是中间手动操作，操作点在调高泵箱和电控箱上；二是两端头电按钮操作，电按钮集中在电气操作盒上，固定在机器两端；三是无线电离机操作，司机随身携带无线电遥控器，可以在机身周围任何位置操作机器。这三种操作的功能是控制摇臂的升降、机器的牵引方向和速度以及停机等。

2）主要特点

（1）截割电动机横向布置在摇臂上，摇臂自成独立部件，它与机身连接没有动力传递，与截割电机纵向布置的结构相比，可取消螺旋伞齿轮传动和结构复杂的通轴。

（2）所有的切割反力、调高油缸支撑反力和牵引的反作用力均由牵引减速箱箱体承受，受力状况好，可靠性高。

（3）机身分三段，取消底托架，三段间用高强度液压螺栓连接，简单可靠、拆卸方便。

（4）QWD 型采用四象限运行的交流变频调速、牵引系统，调速范围广、体积小，并能实现动力制动，适用于在大倾角的煤层中使用。

（5）每个主要部件都可以从机身的采空侧抽出，容易更换，维修方便，设备利用率高。

（6）液压泵箱采用集成阀块结构，管路少，维修方便，液压元件选用成熟的产品。

（7）行走箱为独立部件，配套不同槽宽的输送机，只需改变行走箱宽度或煤壁侧的滑靴位置，而主机无须改变。

（8）系列化设计，积木式结构，通用性强。该系列各机型，除变频调速装置不同外，其他结构基本相同，可以互换。

（9）整体弯摇臂结构，刚性好，过煤空间大，装煤效果好。

（10）变频器、变压器、电控箱、液压泵箱等均安装在中间框架内，使箱体受力小。变频器机载可取消牵引电缆，提高变频器的低频特性。

2. 牵引部的组成和特点

1）牵引部的组成

（1）机械传动系统。如图 1 – 35 所示，牵引电动机主轴花键与 I 轴齿轮相连（$Z_1 = 16$，$m = 5$），将电动机输出转矩通过齿轮 Z_2、Z_3、Z_4、Z_5、Z_6 传给行星减速器，经行星减速后由行星架输出，传给行走箱内的驱动轮 Z_{10}，驱动轮 Z_{10} 与行走轮 Z_{11} 相啮合。再由行走轮 Z_{11} 与工作面刮板机上的销轨啮合，使采煤机行走。在 I 轴的煤壁侧装有制动器，防止机器下滑，不装制动器时，装端盖封油。

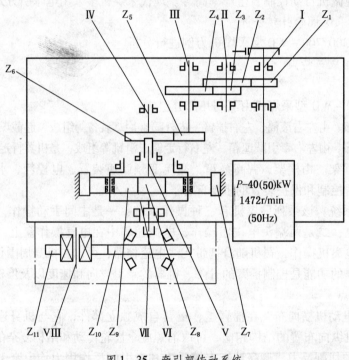

图 1 – 35　牵引部传动系统

（2）牵引减速箱。牵引减速箱如图 1 – 36 所示，由壳体、牵引电机、传动齿轮、轴承、液压制动器、调高油缸等组成。

牵引减速箱一端通过阶梯轴或者锥销组件与摇臂铰接，另一端台阶对接面由 $\Phi 260$ 圆柱销与中间框架对接，对接面由高强度液压螺栓副拉紧。煤壁侧壳体下部安装调高油缸，并安装有滑靴。牵引箱的老塘侧通过 $\Phi 428$ 的止口并用 6 条 M24 螺栓和 8 条 M36 螺栓与行走箱把紧。其内部通过三级直齿和一级行星减速，将牵引电动机动力传给行走轮。

（3）牵引电动机。图 1 – 37 所示为隔爆型三相交流调速电动机结构，型号为 YBQYS – 40（50），与变频调速装置配套，作为采煤机的牵引动力源，可适用于环境温度不高于 40 ℃，相对湿度不大于 95%，且有甲烷或爆炸性煤尘的场合。

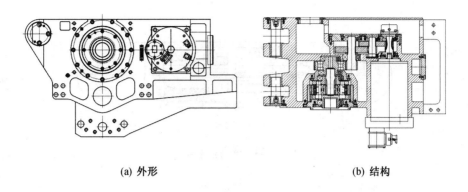

(a) 外形　　　　　　　　　　　(b) 结构

图 1-36　牵引减速箱

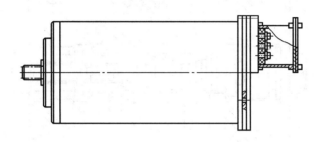

图 1-37　隔爆型三相交流调速电动机结构

（4）液压制动器。按《煤矿安全规程》的要求，煤层倾角大于 15° 的工作面，必须安装防下滑装置。为防止采煤机下滑，采煤机采用液压制动器，其结构如图 1-38 所示。

（5）调高油缸。调高油缸结构如图 1-39 所示。图 1-40 所示为液力锁结构，该液力锁为双向液力锁，只要油缸一腔进油，油缸另一腔就会自动打开排油。并设计了排油阻尼，以避免油缸下降时产生振动。

（6）行走箱。如图 1-41 所示，行走箱由箱壳、驱动轮、行走轮、心轴、导向滑靴及密封件等组成。左右行走箱完全相同。行星减速器轴通过花键轴带动驱动轮，驱动轮用锥轴承支撑在箱壳上。行走轮内装有专用滚柱轴承。心轴座安装在箱壳上，且挂有导向滑靴；导向滑靴上下、左右限位在销轨

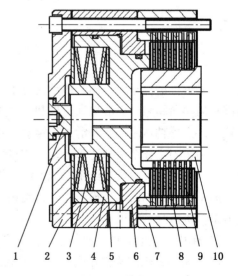

1—螺塞；2—压盖；3—蝶形弹簧；4—活塞；5—缸体；6—外壳；7—外摩擦片；8—内摩擦片；9—花键套；10—底座

图 1-38　液压制动器结构

45

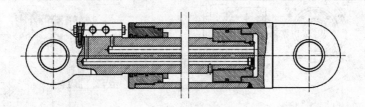

图 1-39　调高油缸结构

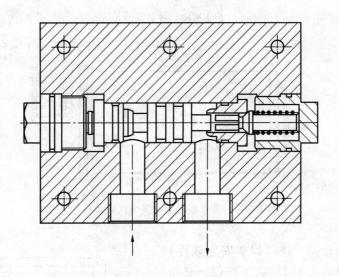

图 1-40　液力锁结构

上，对采煤机进行导向。同时还承受行走轮的径向力及采煤机工作时的侧向力。导向滑靴与销轨的导向间隙，应能保证运输机垂直弯曲 3°、水平弯曲 1°时采煤机能顺利通过。行走箱内的支撑轴承用油脂润滑，需定期检查油脂并加油。

行走箱固定在牵引减速箱上，为防止螺钉受剪力，以 $\Phi428$ 大止口和心轴座上的腰形键定位，将牵引反力传递给牵引减速箱壳体，使整个连接受力合理。

为了配套不同的刮板输送机，行走箱和牵引箱之间可以适当增加一定厚度的垫板，以调节采煤机机身的宽度。

2）牵引传动装置的特点

（1）采用销轨式无链牵引系统，承载能力大，导向好、维修方便。

（2）采用双浮动、四行星轮行星减速器，轴承寿命和齿轮的强度刚度大，可靠性高。

（3）行走箱与牵引减速箱分开，能方便地配套不同槽宽的刮板输送机和选用不同的无链牵引系统，或改变机面高度。

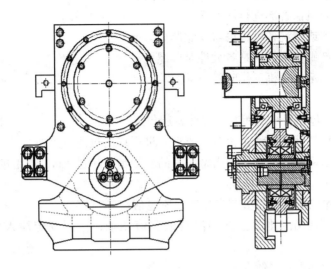

图 1-41　行走箱结构

（4）导向滑靴回转中心与行走轮中心同轴，保证行走轮与销轨的正常啮合。

（5）牵引功率可以根据需要在 40 kW 和 50 kW 中选择。

（四）牵引部的完好标准和维护

1. 完好标准

（1）牵引部运转无异响，调速均匀准确。

（2）牵引链伸长量不大于设计长度的 3%。

（3）牵引链轮与牵引链传动灵活，无咬链现象。

（4）无链牵引驱动轮与齿条、销轨或链轨的啮合可靠。

（5）牵引链张紧装置齐全可靠，弹簧完整。紧链液压缸完好，不漏油。

（6）转链、导链装置齐全，后者磨损不大于 10 mm。

（7）液压油质量符合有关规定。

2. 维护内容

1）班检

（1）清扫、擦拭机体表面的积尘和油污，保持机体清洁卫生。

（2）检查各种仪表和油位指示器。

（3）检查各部螺栓紧固情况。

（4）检查各部有无漏油、漏水现象。

（5）检查牵引链、连接环及张紧装置。

（6）检查滑靴和导向装置与中部槽导向管的配合情况。

（7）检查操作手柄和按钮是否灵活可靠。

2）日检

采煤机日检除包括班检的所有内容外，还包括：

（1）按规定对机器各部进行注油润滑。

（2）定期更换或清洗各种过滤器及滤芯。

（3）紧固外部螺栓，特别是各大件对口螺栓。

（4）检查和测定采煤机工作时牵引部的油温。

3）周检

采煤机周检除包括日检的所有内容外，还包括：

（1）检查工作油液的质量是否符合要求，进行现场过滤或更换。

（2）检查牵引部的制动器，测出摩擦片的磨损量，超过 2 m，成组进行更换。

4）月检

采煤机月检除包括周检的所有内容外，还包括：

（1）从所有的油箱内排掉全部的润滑油和液压油，按照规定注入新的润滑油和液压油。

（2）按照规定向液压系统注油。

（3）检查液压和润滑系统，特别要注意压力表上的压力读数。

学习活动2　工作前的准备

【学习目标】

（1）认真听讲解，做好笔记。

（2）通过阅读采煤机说明书，掌握采煤机牵引部的操作和维护方法。

（3）掌握牵引部的常见故障及处理方法。

（4）牢记安全注意事项，认识安全警示标志。

（5）按要求穿戴好劳保用品，戴好安全帽。

（6）做好操作前的准备工作。

一、工具资料

采煤机说明书。

二、设备

采煤机实训设备。

学习活动3　现场施工

【学习目标】

（1）熟练掌握安全知识，并能按照安全要求进行操作。

（2）正确维护采煤机牵引部，通过操作使学生对采煤机牵引部的检修和维护内容有初步认识。

（3）通过操作采煤机，锻炼动手能力和独立分析问题、解决问题的能力，培养团队合作精神。

【技能训练】

一、常见故障及处理方法

分析采煤机牵引部的常见故障，并提出正确的处理方法，填好表1-5。

表1-5 采煤机牵引部的常见故障及处理方法

部位	故 障 现 象	可能原因	处理方法	备注
牵引部	调高油缸在下降时"点头"			
	牵引电机后部积油太多			
	牵引部与行走箱接合面漏油			
	制动器故障			

二、训练步骤

（1）教师设置"调高油缸部分"的故障点，由学生分析故障原因，并在教师指导下进行故障处理。

（2）教师设置"牵引电机部分"的故障点，由学生分析故障原因，并在教师指导下进行故障处理。

（3）教师设置"行走箱部分"的故障点，由学生分析故障原因，并在教师指导下进行故障处理。

（4）教师设置"制动器部分"的故障点，由学生分析故障原因，并在教师指导下进行故障处理。

以上操作均要模拟生产现场环境。

子任务4 采煤机电气系统的维护

【学习目标】

（1）通过了解采煤机电气系统的操作和维护，明确学习任务要求。

（2）根据任务要求和实际情况，合理制定工作（学习）计划。

（3）正确认识采煤机电气系统的各组成部分及主要作用。

（4）正确操作和维护采煤机电气系统。

（5）正确理解采煤机电气系统的维护方法。

（6）识别工作环境的安全标志。

（7）严格遵守安全规章制度，规范穿戴工装和劳动防护用品。

（8）主动获取有效信息，展示工作成果，对学习与工作进行总结反思。

（9）能与他人合作，进行有效沟通。

【建议课时】

4 课时。

【设备】

采煤机电气系统。

【学习任务】

交流电牵引采煤机是为了适应综采工作面自动化开采技术的发展，满足煤矿高产高效需求而开发研制的新一代双滚筒采煤机。其电控系统是针对采煤机的应用特点，满足综采工作面自动化开采技术发展的需要而设计的，具有安全、稳定、高效等特点。

学习活动1　明确工作任务

【学习目标】

（1）通过了解采煤机电气系统的运行和操作，明确学习任务、课时等要求。

（2）准确叙述采煤机电气系统的结构。

（3）准确说出采煤机电气系统各组成部分的作用。

【建议学时】

2课时。

一、工作任务

正确检查、维护采煤机电气系统，准确判断、分析和处理电气系统的故障，熟悉采煤机电气设备的组成，熟悉电气系统检查、维护的内容和常见电气故障的类型。

二、相关理论知识

下面以MG300/700-WD型交流电牵引采煤机的电气系统为例进行介绍。

（一）采煤机电气系统组成

采煤机电气系统由电控箱和变频调速箱组成。电气系统的分布框图如图1-42所示。

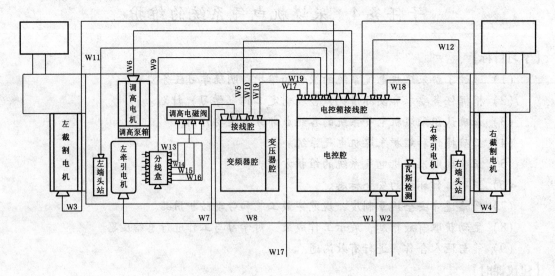

图1-42　MG300/700-WD采煤机电气系统的分布框图

　　KXJ1-700/1140C 型矿用隔爆兼本质安全型电控箱安装在采煤机上，与采煤机的变频调速箱配合，分别作为采煤机的截割电动机控制和保护、牵引电动机的控制和保护、调高电动机的控制和保护、隔爆电磁阀的控制，并能显示操作顺序、运行参数及故障信息等。

　　1. 型式

　　（1）防爆型式：矿用隔爆兼本质安全型；标志：Exd［ib］I。

　　（2）型号组成及其代表意义。

　　矿用隔爆兼本质安全型电控箱：

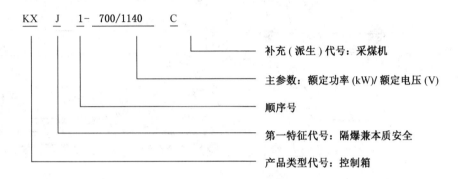

　　2. 基本参数

　　（1）额定工作电压：1140 V。

　　（2）额定工作电流：485 A。

　　（3）额定工作频率：50 Hz。

　　（4）本安输出端：最大开路电压为 DC + 12 V；最大输出电流为 1 A。

　　（5）工作制：8 小时工作制、长期工作制、反复短时工作制。

　　3. 结构

　　该装置的电控箱布置于采煤机的中间框架的右侧，为隔爆兼本质安全型，具有控制、操作、显示及连线、分线等功能。

　　整个电控箱内分为两个腔体，其一为位于采空侧的电气控制腔，其二为连线和分线用的接线腔。它们之间通过 12 个 1140 V 单芯穿墙接线端子（每 3 个一组分为 4 组，从煤壁侧看，从左到右依次为左进、左出、右进、右出）及 3 个过线组来联系，其中 1 个过线组用于本安电路。

　　控制腔共有 3 个盖板，顶部有 1 个上盖板，采空侧有大盖板和小盖板。上盖板主要在出厂安装时打开，便于接线；采空侧电控箱面板图（大盖板）如图 1-43 所示。

　　此盖板上有 2 个隔离开关手把，1 个显示器窗口，12 个按钮，其中 4 个按钮带机械闭锁，这 12 个按钮的功能自左而右自上而下分别为牵启、牵停、左向、右向、主启、显示、减速、加速、主停（带机械闭锁）、运闭（带机械闭锁）、牵电（带机械闭锁）、运行方式（带机械闭锁）。控制腔内部装有 2 台隔离开关，2 套互感器组件，1 套显示器，1 套电源组件和 1 套电控装置部件。

　　（1）隔离开关。隔离开关用于控制左、右截割电动机主回路通断。在开关转轴边有

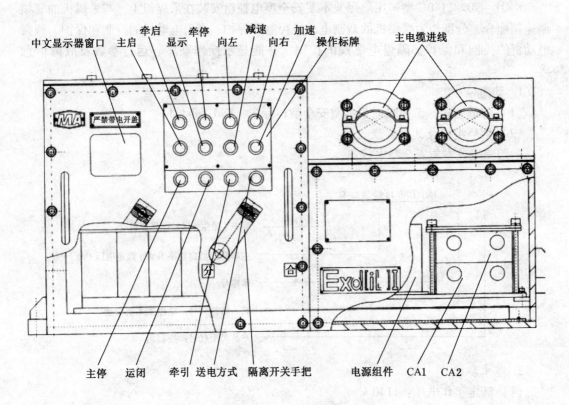

中文显示器窗口　主启　牵启　显示　向左　向右　减速　加速　操作标牌　主电缆进线

MA　严禁带电开盖

分　合

Exdit II

主停　运闭　牵引　送电方式　隔离开关手把　电源组件　CA1　CA2

图 1-43　电控箱面板

一机械联锁装置，带动行程开关串入磁力启动器的控制回路，实现隔离开关与磁力启动器间的电气联锁，以保证隔离开关不带电操作（先合闸，后送电；先断电，后分闸）。紧急时也可通过它来切断主回路。

（2）互感器。互感器用于检测左、右截割电动机主回路电流，装在隔离开关出线侧，控制电源 DC12 V，输出 4～20 mA。

（3）电控盒。电控盒共 2 个，分别为端头控制站接收盒 CA1、甲烷处理盒 CA2。CA1处理来自左、右端头控制站的信号，并输出相对应的控制信号，包括采煤机先导回路自保接点、左向、右向、加速、减速、牵停、主停、左（右）摇臂的升降；CA2 处理来自甲烷传感器的信号，根据甲烷的浓度作出报警及断电判断，断电信号串入采煤机先导回路，甲烷达到极限浓度即断开先导回路。

（4）行程开关。行程开关共有 12 个，分别对应于控制面板上的按钮。

（5）电源组件。电源部分包括控制变压器、熔断器、整流桥、非本安电源模块、本安电源模块、接线排等，如图 1-44 所示。

（6）可编程控制器（简称 PLC）。PLC 组件固定在安装有 4 个防震垫的电控箱右边底部，PLC 结构如图 1-45 所示，主要由电源模块、数字量输入模块、数字量输出模块、模拟量输入模块、模拟量输出模块等组成，具有高可靠性、高性能的特点。

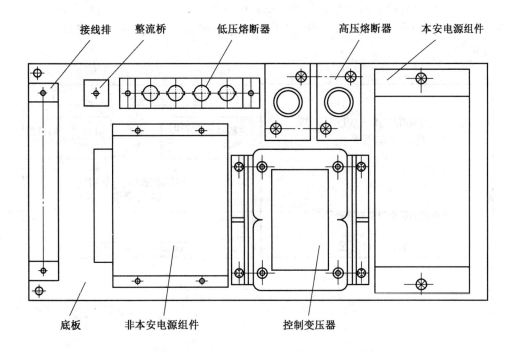

图 1-44 电控箱电源

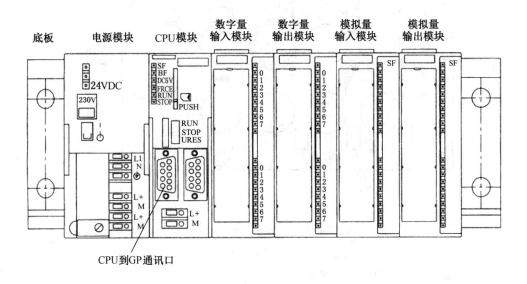

图 1-45 PLC 结构

（7）GP 显示器。GP 显示器安装在行程开关面板上，采用先进的液晶图形界面，通过与 PLC 通信，可实时显示系统的各种工作参数、工作状态和各种信息，如图 1-46 所示。

（8）左、右端头控制站。左、右端头控制站放置于左、右牵引减速箱上，共有 10 个按钮，如图 1 – 47 所示，分别为左向、右向、减速、加速、牵停、主停，左升、右升、左降、右降。

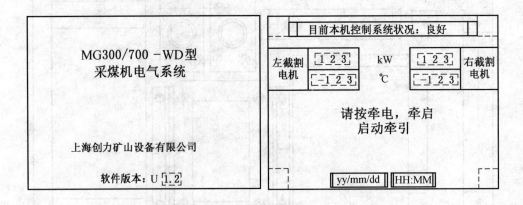

图 1 – 46　GP 中文显示器画面图例

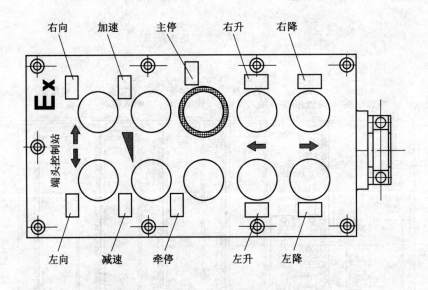

图 1 – 47　左、右端头控制站面板图

（二）采煤机电气系统的控制原理

1. 恒功率自动控制

设置恒功率自动控制的目的是为了充分利用截割电动机的功率，同时也不使电动机因超载而损坏；根据功率 $P = \sqrt{3}UI\cos\varphi$ 公式，功率 P 正比于电流 I。所以采用两个电流互感器分别检测左右截割电动机的单相电流，就可以知道电动机负荷状况，如图 1 – 48 所示。

54

2. 重载反牵控制

重载反牵引功能的设置是为了使采煤机避免严重过载,当任一截割电动机负荷大于130% P_e 时,通过 PLC 的反牵定时电路使采煤机以给定速度反牵引一段时间后再继续向前牵引。如图 1-49 所示。

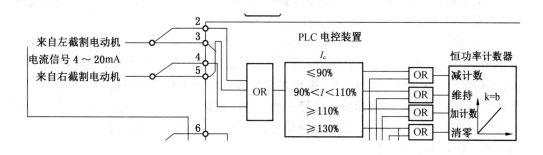

图 1-48　恒功率自动控制图

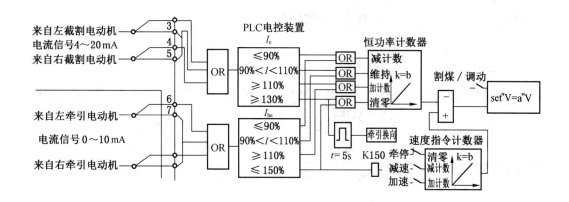

图 1-49　重载反牵控制图

3. 截割电动机热保护

左、右截割电动机绕组内埋设有 Pt100 热电阻,如图 1-50 所示。热电阻直接接入 PLC

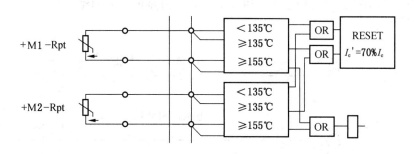

图 1-50　左、右截割电动机热保护图

的模拟量输入模块。当任一台电动机温度达 135 ℃ 时，电动机降低 30% 容量运行；达 155 ℃ 时，PLC 输出信号将采煤机控制回路切断，整机停电。

4. 牵引电动机热保护

左、右牵引电动机绕组内埋设 Pt100 热电阻，Pt100 直接接入 PLC 的模拟量输入模块。当任一台电动机温度达 135 ℃ 时，电动机降低容量 30% 运行，达 155 ℃ 时，PLC 输出信号将使牵引启动回路断开，停止牵引。（目前此功能尚未使用）

5. 牵引电动机负荷控制

采用两个电流互感器分别检测左、右牵引电动机的电流，将电流信号转变为 4～20 mA 的信号，送入 PLC 模拟量输入模块进行比较，得到欠载、超载信号。当两台电动机都欠载（$I \leqslant 90\% I_e$）时，发出加速信号，牵引速度增加（最大至给定速度）；当任一台电动机超载（$I > 100\% I_e$）时，发出减速信号，直到电动机退出超载区域。

6. 采煤机先导控制回路

采煤机先导控制回路如图 1-51 所示，主电缆 W1 中控制芯线 W1.5、W1.6 用于采煤机控制回路。其中远方二极管设在按钮板上，SBQ 为主启按钮，SQT 为主停（兼闭锁）按钮，CA1-K1 为主启自保触点，CA1-K3 为端头站急停及 PLC 保护触点，CA2-K1 为瓦斯保护触点，QS1、QS2 为隔离开关辅助触点。

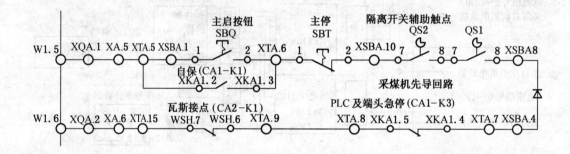

图 1-51 采煤机先导控制回路

7. 输送机控制回路

输送机先导控制回路如图 1-52 所示，主电缆 W1 中控制芯线 W1.7、W1.8 用于输送机闭锁回路。其中远方二极管设在按钮板上，SBY 为停止（兼闭锁）按钮。

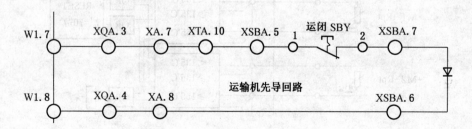

图 1-52 输送机先导控制回路

8. 操作和显示

由电气箱对采煤机进行下列操作及显示。

1）操作

（1）通过磁力启动器远控方式，由电控箱面板按钮完成采煤机的主启、主停（兼闭锁）。

（2）通过磁力启动器远控方式，由电控箱面板按钮完成工作面输送机的停止（兼闭锁）。

（3）通过电控箱、端头控制站和无线电遥控，完成采煤机的牵引操作（包括牵引方向，牵引加、减速，牵引停止）。

（4）通过端头控制站和无线电遥控实现左、右摇臂的升降。

（5）通过端头控制站和无线电遥控实现采煤机的急停。

2）显示

电控箱的全中文显示界面，提供操作步骤的提示，并实时显示截割电动机的功率和温度、牵引电动机的电流、采煤机的牵引给定速度等工作参数，并可记忆间隔为 5s 的停机之前 5 组工作参数，采煤机最近 40 个时间点的工作参数。

（三）采煤机电气系统的维护

1. 采煤机的检查

1）日常检查

（1）目测机壳、机盖、控制手柄、电缆是否损坏。

（2）检查主回路开关。

（3）检查遥控发射机、端头站是否有效。

（4）检查照明系统是否适当。

（5）检查电气控制箱和几个电机的冷却水管、水道是否堵塞、漏水。

2）周检查

（1）检查防爆盖板及接线柱。

（2）检查防爆腔。

（3）检查漏电检测装置。

（4）清洗瓦斯探头。

（5）检测电缆及密封装置。

（6）检查遥控发射机的电池。

3）月检查

（1）检查防爆腔的螺栓、垫圈是否完好，保证防爆腔不超过规程规定。

（2）清除腔内灰尘及潮气，保证内部无污垢及潮湿现象。

（3）绝缘材料没有变质和破坏，密封装置没损坏，必要时更换。

（4）检查电机对地绝缘情况并记录结果。

（5）测试变压器的主绕组、次绕组和地之间的绝缘。

（6）检查电磁阀的电缆及内部连线，清洗电磁阀内的污垢。

（7）检查各控制按钮，保证功能键操作正常。

（8）检查电气件的紧固件有无松动。

2. 采煤机电气系统的常见故障

1）采煤机不启动

原因：①隔离开关在分断位置；②磁力启动器不在远控状态；③控制回路存在故障。

故障处理方法：①检查隔离开关；②检查磁力起动器；③检查旋钮开关和连接线。

2）采煤机不自保

原因：自保继电器未闭合。

故障处理方法：检查自保继电器输出。

3）截割电动机无法启动

原因：①左、右截割电动机停止按钮未解锁；②隔离开关未合闸；③主电缆控制芯线断开；④采煤机内部控制芯线断开；⑤顺槽磁力起动器故障；⑥截割电动机故障。

故障处理方法：①将停止按钮解锁；②将隔离开关合闸；③更换电缆或修复控制芯线；④按接线图检查各连线环节，并正确连接；⑤更换或修复磁力起动器；⑥更换或修复截割电动机。

4）变频器不启动

原因：①从电控箱到变频箱控制电缆的芯线断开；②采煤机内部牵引控制线断开；③采煤机内部控制电路损坏；④PLC故障；⑤变频器故障。

故障处理方法：①修复或更换控制电缆；②按接线图检查牵引控制回路，并正确连接；③更换电控盒；④检修PLC；⑤参考变频器有关说明进行。

5）采煤机不调高

原因：①主控器无输出；②电磁阀故障。

故障处理方法：①测试主控器调高输出；②测试更换电磁阀。

6）采煤机不牵引

原因：①变频器故障；②电机故障；③系统处在其他故障保护状态。

故障处理方法：①查看变频器故障代码；②检修电机；③查看系统故障信息。

7）遥控器失灵

原因：①遥控器电池没电；②遥控器未插钥匙。

故障处理方法：①更换电池；②插上遥控器钥匙。

8）屏幕无显示

原因：显示器没电。

故障处理方法：检查显示器电源。

学习活动2 工作前的准备

【学习目标】

（1）认真听讲解，做好笔记。

（2）通过阅读采煤机说明书，掌握采煤机电气系统的操作和维护方法。

（3）掌握采煤机电气系统的常见故障及处理方法。

（4）牢记安全注意事项，认识安全警示标志。

（5）按要求穿戴好劳保用品，戴好安全帽。

（6）做好操作前的准备工作。

一、工具资料

采煤机说明书。

二、设备

采煤机实训设备。

学习活动 3 现 场 施 工

【学习目标】

（1）熟练掌握安全知识，并能按照安全要求进行操作。

（2）正确维护采煤机电气系统，通过操作使学生对采煤机电气系统的检修和维护内容有初步认识。

（3）通过操作采煤机，锻炼动手能力和独立分析问题、解决问题的能力，培养团队合作精神。

【技能训练】

一、常见故障及处理方法

分析采煤机电气系统的常见故障，并提出正确的处理方法，填好表1-6。

表1-6 采煤机电气系统的常见故障及处理方法

部位	故 障 现 象	可能原因	处理方法	备注
电气系统	采煤机无法启动			
	采煤机不自保			
	截割电机无法启动			
	变频装置无法供电			
	调高系统无法升降			
	采煤机牵引控制故障			
	遥控装置故障			
	显示器故障			

二、训练步骤

（1）教师设置"采煤机电机不启动和不自保部分"的故障点，由学生分析故障原因，并在教师指导下进行故障处理。

（2）教师设置"变频装置部分"的故障点，由学生分析故障原因，并在教师指导下进行故障处理。

（3）教师设置"调高系统部分"的故障点，由学生分析故障原因，并在教师指导下进行故障处理。

（4）教师设置"遥控和显示部分"的故障点，由学生分析故障原因，并在教师指导下进行故障处理。

以上操作均要模拟生产现场环境。

子任务5　采煤机辅助装置的维护

【学习目标】

（1）通过了解采煤机辅助装置的操作和维护，明确学习任务要求。

（2）根据任务要求和实际情况，合理制定工作（学习）计划。

（3）正确认识采煤机辅助装置的各组成部分及主要作用。

（4）正确操作和维护采煤机辅助装置。

（5）正确理解采煤机辅助装置的维护方法。

（6）识别工作环境的安全标志。

（7）严格遵守安全规章制度，规范穿戴工装和劳动防护用品。

（8）主动获取有效信息，展示工作成果，对学习与工作进行总结反思。

（9）能与他人合作，进行有效沟通。

【建议课时】

4课时。

【设备】

采煤机辅助装置。

【学习任务】

在采煤机运行过程中，除了以上主要组成部分外，还需要有辅助装置的配合才能正常工作。作为采煤机司机，必须能对采煤机辅助装置进行正确的检查与维护，能根据采煤机辅助液压系统工作状况判断、分析与处理故障。

学习活动1　明确工作任务

【学习目标】

（1）通过了解采煤机辅助装置的运行和操作，明确学习任务、课时等要求。

（2）准确叙述采煤机辅助装置的结构。

（3）准确说出采煤机辅助装置各组成部分的作用。

【建议学时】

2 课时。

一、工作任务

正确检查、维护采煤机辅助装置，准确判断、分析和处理辅助液压系统的故障，熟悉采煤机辅助装置的组成、作用和要求，熟悉辅助液压系统的工作原理。

二、相关理论知识

采煤机的辅助装置包括中间框架、自动拖缆装置、内外喷雾冷却系统、辅助液压系统等。这些辅助装置配合采煤机的基本部件实现采煤机的各种动作。下面以 MG300/700 - WD 型交流电牵引采煤机的辅助装置为例进行介绍。

（一）采煤机辅助装置

1. 中间框架

中间框架与左右牵引减速箱间由高强度螺栓连接而组成采煤机的机身。其中安装有变频调速器、调高泵站、电控箱、水阀及拖缆架，这些部件均可以从老塘侧抽出，便于维修。在框架内靠煤壁侧留有布管线通道，用来保护电缆、油管和水管。其结构如图 1－53 所示。

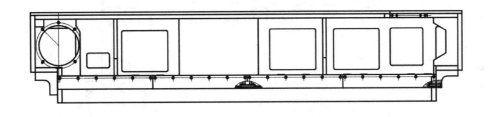

图 1－53　中间框架

2. 液压螺母

液压螺母如图 1－54 所示。由螺母、活塞、密封圈、油堵、紧圈组成。其工作原理和使用方法如下：

由超高压泵提供高压油，通过超高压软管、快速接头注入液压螺母油腔，缓慢拉伸高强度螺栓，达到规定压力后，用机械方式锁紧，使螺栓始终处于拉伸状态，以达到防松的目的。本机选用两种规格的液压螺母，即 MYAM30 × 3.5（限定油压为 200 MPa）和 MYCM42 × 3（限定油压为 180 MPa）。

3. 滑靴组件

采煤机依靠左右行走箱上的两只导向滑靴和煤壁侧的两组滑靴组件骑在工作面刮板输送机的销轨和铲煤板上。煤壁侧滑靴组件的结构如图 1－55 所示，由连接板、滑靴、定位销、紧固螺钉、压板等组成。由于本机没有底托架，两组滑靴组件分别直接安装在左右牵引减速箱靠煤壁侧的箱体上。改变连接板的高度和行走箱的结构可以改变机器的机面高度；改变连接板的厚度可以与多种宽度的运输机配套。

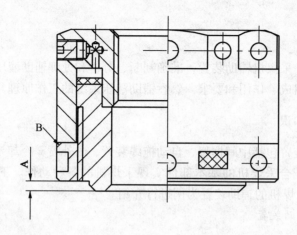

图 1-54　液压螺母

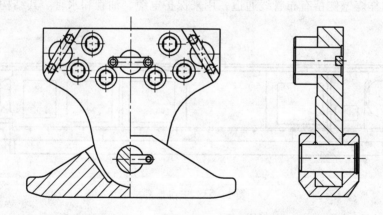

图 1-55　滑靴组件

4. 拖缆装置

图 1-56 所示为拖缆装置，由拖缆架、联接板、销、电缆夹板等组成。使用电缆夹板的主要目的是当采煤机沿工作面运行时，使拖曳力主要由电缆夹板来承受，以保护电缆和水管，同时还能使拖曳平稳、阻力小。

拖缆装置固定在中间框架的右上部电控箱的前面，以便电缆能顺利进入电控箱。电缆和水管进入工作面后安装在工作面输送机侧面的固定电缆槽内，至输送机的中点再进入电缆槽并装电缆夹板，故移动电缆和水管的长度为工作面长度一半略有空余。

5. 喷雾冷却系统

采煤机工作时，滚筒在割煤和装煤过程中会产生大量煤尘，不仅降低了工作面的能见

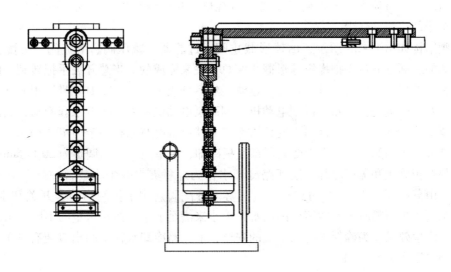

图 1-56 拖缆装置结构

度，影响正常生产，而且对安全生产和工人健康也会产生严重影响，因此必须及时降尘，最大限度地降低空气中的含尘量。同时采煤机在工作时，各主要部件（如水冷电动机、摇臂等）会产生很大热量，需及时进行冷却，以保证工作面生产的顺利进行。

喷雾冷却系统如图 1-57 所示，由水阀、安全阀、节流阀、喷嘴、高压软管及有关联

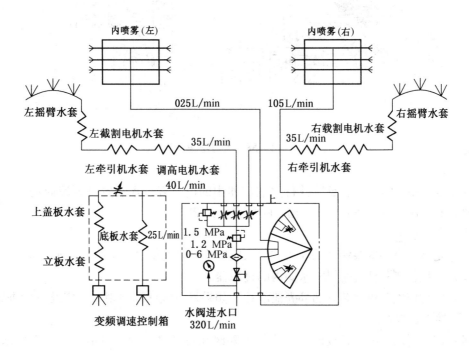

图 1-57 喷雾冷却系统原理图

接件等组成。来自喷雾泵的水由送水管经电缆槽、拖缆装置进入水阀。由水阀分配成五路，用于冷却、喷雾降尘。

水阀结构如图 1-58 所示，由球形截止阀，过滤器、减压阀、节流阀、分配阀等组成。水源的通断是通过手把操纵球形截止阀总开关来完成的。当总开关手把转到开的位置时，喷雾泵站提供的压力水进入过滤器过滤，然后分成 A、B、C、D 四路，其中 B、C 两路用于左右牵引电动机、左右截割电动机、调高泵电动机和左右摇臂水套冷却，其流量由节流阀调定为 35 L/min；A 路用于变频箱冷却，其流量由节流阀调定为 40 L/min，这一路在水阀外又分为两路，G 路用于变频器箱底板冷却，由单向节流阀调定为 20 L/min；H 路用于变频器箱立板和盖板冷却。这四路冷却水作为外喷雾水降尘。最后一路 D 路则流入分配阀，由分配阀分成 E、F 两路用于内喷雾。分配阀是用于控制内喷雾开关和水量的。操作分配阀手把可随时调节两滚筒的用水量大小来满足上下滚筒对水量的不同要求，以达到较好的降尘效果。为确保水冷电动机的安全，前三路冷却水在水阀出口装有 AQF3 型安全阀，调定压力为 1.5 MPa。

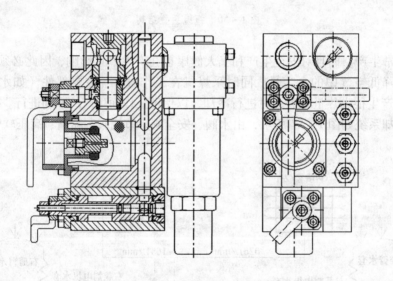

图 1-58 水阀结构

内喷雾水路中的压力水经摇臂行星减速器中的内喷雾供水装置进入滚筒的叶片水道中，通过安装在各截齿间的喷嘴喷出，喷嘴型号为 PLZC-2/55T。

使用中注意事项：

（1）定期检查喷雾泵站至采煤机的输水胶管连接是否密封，不得有渗水现象。

（2）定期检查和清洗采煤机水阀内的过滤器。

（3）注意内喷雾供水装置的外壳泄漏孔。如果发生线状漏水现象，应及时检查原因，必要时更换水密封件。

（4）加强对滚筒喷雾系统的日常维护，随时注意各喷嘴的运行情况，如有堵塞和丢失，应及时疏通和安装喷嘴。

（5）采煤机运行时，随时注意冷却水路中的安全阀，如产生释放现象，应及时检查原因，进行处理。

（6）采煤机开机前必须先通水，当喷雾泵站停止供水时，采煤机应立即停止运行。

（二）辅助液压系统

1. 系统原理

采煤机辅助液压系统原理如图 1-59 所示。该系统包括调高回路和制动回路两部分，主要由调高泵箱，机外油管，左、右调高油缸和液压制动器等组成。左、右调高油缸和液压制动器均布置在左、右行走减速箱上。

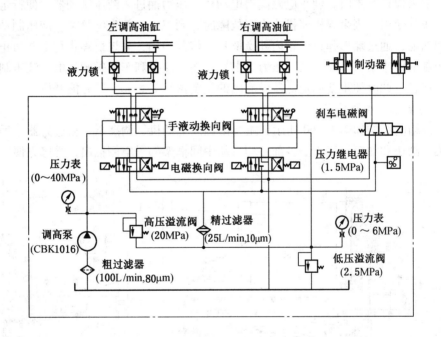

图 1-59　采煤机辅助液压系统

1）调高回路

调高回路的主要功能是使滚筒能按司机所需要的位置工作。调高回路的动力由调高电动机提供。为防止系统回路油压过高，损坏油泵及附件，在双联齿轮前泵（调高泵）出口处设一高压溢流阀作为安全阀，安全阀开启压力为 20 MPa。

两只手液动换向阀中位机能为 H 型，采用串联形式，分别操作左、右摇臂的调高（注意：前后滚筒不能同时调高）。当采煤机不需要调高时，调高泵出口处的压力油经换向阀中位回油池，低压溢流阀调定压力为 2.5 MPa，此压力油源是手液动换向阀、液压制动器的控制油源。

调高手柄往里推时，手液动换向阀的 P、B 口接通，A、O 口接通，压力油经换向阀打开液力锁，进入调高油缸的活塞杆腔，另一腔的油液经液力锁和低压溢流阀回油池，使摇臂下降；反之，将调高手柄往外拉时，使摇臂上升。

当操纵端头操作站相应的按钮时，电磁换向阀动作，将控制油引到手液动换向阀相应的控制阀口，控制换向阀动作，实现摇臂升、降。当调高操作命令取消后，手液动换向阀的阀芯在弹簧作用下复位，油泵卸荷，同时调高油缸在液力锁的作用下，自行封闭油缸两腔，将摇臂锁定在调高位置。

2）液压制动回路

液压制动回路的压力油，与调高控制回路是同一控制油源。由一只两位三通电磁阀、压力继电器、液压制动器及其管路组成。刹车电磁阀贴在集成阀块上，通过管路与安装在左右行走减速箱内的液压制动器连接。

当需要采煤机行走时，刹车电磁阀得电动作，压力油进入液压制动器，使行走机构解锁，得以正常牵引。当采煤机停机或出现故障时，刹车电磁阀失电复位，液压制动器油腔压力油回油池，通过蝶形弹簧压紧内外摩擦片，将其制动，采煤机停止行走并防止机器下滑。当控制油压小于 1.3 MPa 时，压力继电器动作，使得刹车电磁阀失电，液压制动器也处于制动状态。此时须重新调定低压溢流阀的整定值至 2.5 MPa 后方能开机。

2. 调高泵站组成及功能

调高泵箱的结构如图 1-60 所示，主要由调高电动机、调高泵、粗过滤器、手液动换向阀、集成阀块和油箱等组成。各部件均可从中间框架的采空侧抽出，维修方便。

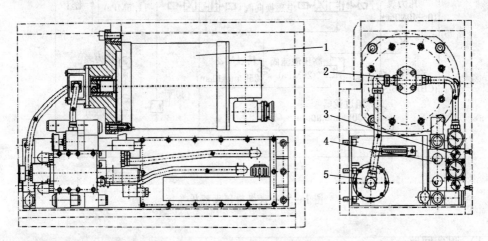

1—调高电动机；2—双联齿轮泵；3—集成阀块；4—粗过滤器；5—油箱

图 1-60　调高泵站结构

1）调高电动机

调高电动机为矿用隔爆型三相异步电动机，结构如图 1-61 所示。可适用环境温度低于 40 ℃，周围空气中有甲烷、煤尘、硫化氢等爆炸性气体的采煤工作面。采煤机调高电动机型号为 YBP18.5-4，供电电压 1140 V。

2）液压元部件

（1）调高泵。采煤机选用 CBK1016-B4F 型齿轮泵作为调高泵，外形如图 1-62 所示。该泵体积小，质量轻，结构简单，工作可靠。

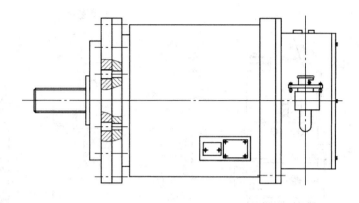

图 1-61　调高电动机结构

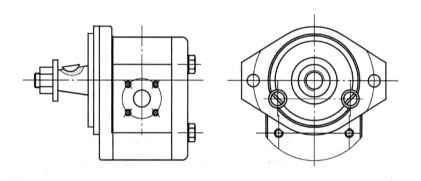

图 1-62　调高泵结构

（2）集成阀块。集成阀块的结构如图 1-63 所示。将高、低压溢流阀，精过滤器，压力表，电磁换向阀，压力继电器等集成在一起，通过阀体内部通道实现原理功能。其结构简单紧凑，管路少。

（3）DBD 型溢流阀。在辅助液压系统中，齿轮泵出口处的高压安全阀和回油低压溢流阀均采用 DBD 直动型溢流阀。高压安全阀选用 DBDS10K10/31 型，调定压力为 20 MPa。低压溢流阀选用 DBDS10/5 型，调定压力为 2.5 MPa。该阀结构如图 1-64 所示，压力油从进油口进入阀座前腔。当作用在锥阀芯上的油压超过调定值时，锥阀芯被打开溢流。此种直动溢流阀结构简单，由于采用了阀芯尾部导向结构，阀芯开启平稳，复位可靠。

（4）过滤器。在辅助液压系统中，设有粗、精过滤器各一个。粗过滤器的结构如图 1-65 所示，安装在油箱的采空侧，采用网式滤芯，型号为 W063×80-J，过滤精度为 80 μm，其公称流量为 63 L/min，以保证调高泵及系统内部油质的清洁。过滤器尾部设有单向阀，当更换滤芯时，单向阀关闭，防止油箱中的油液溢出。

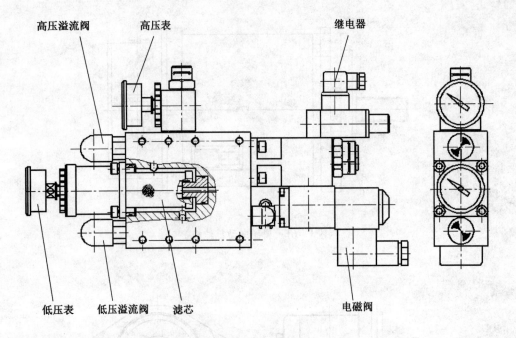

图 1 – 63   集成阀块结构

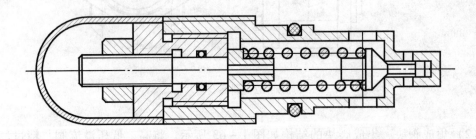

图 1 – 64   直动型溢流阀结构

精过滤器设在集成块的中部，主要保证控制油源的油质清洁。采用纸质滤芯，型号为 HX – 25/10，过滤精度为 10 μm，公称流量为 25 L/min。

（5）压力表。在采煤机的工作过程中，为了随时监视液压系统中的工作状况，在集成阀块的阀体上安装有高、低压压力表，分别显示齿轮泵出口压力和控制油源的压力。为防止表针剧烈振动而损坏，在压力表表座中有阻尼塞。

（6）手液动换向阀。该机设有两只手液动换向阀，其结构如图 1 – 66 所示，两只的内部结构和机能完全一样，均为 H 型三位四通换向阀，阀芯靠弹簧复位。手液动换向阀与集成阀块板式连接，通过集成块的内部孔道，与调高泵相连。阀体左、右两侧各接有一只三位四通电磁换向阀，作为该阀的先导控制，通过阀体的内部孔道，将电磁换向阀的 A、B 口与手液动换向阀两端的控制油腔连通。当操纵电气按钮调高时，电磁换向阀动

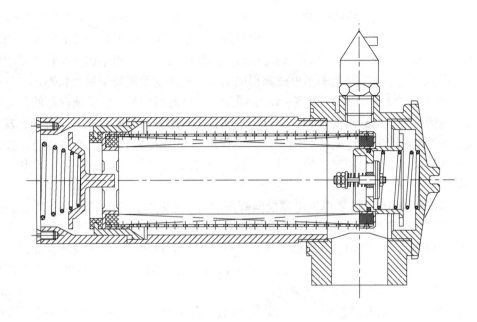

图 1-65　粗过滤器结构

作，迫使手液动换向阀阀芯移动。电磁换向阀的中位机能是 Y 型，因此该阀既可用手直接操作，也可通过电磁换向阀确定其阀的工作位置，使压力油进入调高油缸，使其伸缩，实现摇臂的升降。

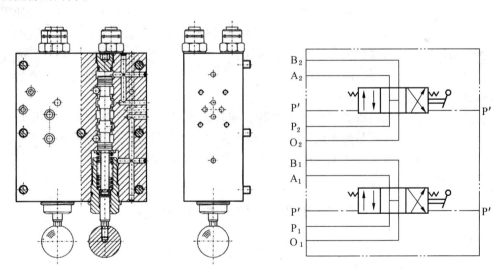

图 1-66　手液动换向阀结构

（7）压力继电器。压力继电器的作用是保证控制油源的压力不低于其整定值，防止液压制动器出现似合似离的工况。

压力继电器型号为 HED40 – P10/5，调定压力为 1.5 MPa，板式连接在集成块的后侧，通过集成块的内部孔道与精过滤器、刹车电磁阀等相连。压力继电器为常开接头，当辅助液压系统中的低压控制油源压力低于调定值时，动作闭合，给牵引系统一个停止牵引的信号，使采煤机停止牵引，并使刹车电磁阀得电动作，液压制动器处于制动状态。

（8）电磁阀。①34GDEY – H6B – TZ 隔爆型电磁换向阀作为手液动换向阀的先导控制阀，实现电液控制。电磁阀的 A 口、B 口与手动换向阀的控制油腔相通，当得到机器两端的端头操纵站电信号时，电磁换向阀动作，使得电磁换向阀的 P 口与 A 口相通，控制油源进入手动换向阀的某一控制油腔，另一控制油腔与回油相通，推动阀芯换向动作，实现摇臂升降。

②24GDEY – H6B – TZ 隔爆型电磁换向阀作为刹车电磁阀，把 B 口堵住作为二位三通阀使用。当采煤机启动时，刹车电磁阀得电动作，P 口与 A 口相通，压力油进入液压制动器，克服碟形弹簧力，使内、外摩擦片分离，进入牵引运行状态。当采煤机停止时，刹车电磁阀断电复位，O 口与 A 口相通，压力油回油池，液压制动器内、外摩擦片在碟形弹簧力的作用下贴紧，采煤机即被制动。

以上电磁阀均为隔爆型电磁阀，在安装使用时，应按隔爆型电磁阀的使用注意事项工作。

（9）管接头。采煤机辅助液压回路采用高压软管，以快速接头形式连接。快速接头结构利用 O 形圈密封，进入左、右调高油缸的 4 根高压油管，除 O 形圈外还需装防挤圈，靠 U 形卡使两者固定。连接可靠，拆装方便，密封性能好，使用寿命长。

（10）其他液压件。①加油口、放油口。油箱中的油液使用一段时间后，受到各种污染，油质发生变化，可能导致无法继续使用，必须更换新的油液。另一方面，由于系统漏损或检修，使油位降低，须及时加油补充。油箱的加油口设在油箱正面的上部，加油用的容器需清洁，加油前液压油需过滤。放油口设在油箱左侧底部，将螺塞拧下即可放掉油箱油液。②油位指示。采煤机的油位指示，采用油标结构，固定在油箱的正面。③透气装置。采煤机工作和加油时，油箱需与大气相通，PAF1 – 0.2 – 0.55 – 40L 的空气滤清器设在油箱顶部左侧。

注意：此装置需定期检查、清洗或更换，如果该装置失效，则会造成齿轮泵吸空现象。机外管路。指调高泵的集成块到左右调高油缸及液压制动器的高压软管组件。在外接机外管路时，需注意不要忘记安装和损坏 O 型圈，管路做到排列合理、整齐、清楚、美观、不憋卡。

学习活动 2　工作前的准备

【学习目标】

（1）认真听讲解，做好笔记。

（2）通过阅读采煤机说明书，掌握采煤机辅助装置的操作和维护方法。

（3）掌握采煤机辅助装置的常见故障及处理方法。

（4）牢记安全注意事项，认识安全警示标志。

（5）按要求穿戴好劳保用品，戴好安全帽。

（6）做好操作前的准备工作。

一、工具资料

采煤机说明书。

二、设备

采煤机实训设备。

学习活动3 现 场 施 工

【学习目标】

（1）熟练掌握安全知识，并能按照安全要求进行操作。

（2）正确维护采煤机辅助装置，通过操作使学生对采煤机辅助装置的检修和维护内容有初步认识。

（3）通过操作采煤机，锻炼动手能力和独立分析问题、解决问题的能力，培养团队合作精神。

【技能训练】

一、常见故障及处理方法

分析采煤机辅助液压系统的常见故障，并提出正确的处理方法，填好表1-7。

表1-7 采煤机辅助液压系统的常见故障分析及处理方法

部位	故障现象	可 能 原 因	处 理 方 法	备注
辅助液压系统	摇臂不能动作			
	摇臂调高速度下降			
	摇臂锁不住，有下沉现象			
	手动能够动作，电控不能动作			

二、训练步骤

模拟生产现场环境，教师设置"摇臂液压系统部分"的故障点，由学生分析故障原因，并在教师指导下进行故障处理。

子任务6 采煤机的安装与调试

【学习目标】

（1）通过了解采煤机的安装，明确学习任务要求。

（2）根据任务要求和实际情况，合理制定工作（学习）计划。

（3）正确对采煤机进行安装。

（4）熟练掌握各部件安装的主要事项。

（5）正确调试采煤机。

（6）识别工作环境的安全标志。

（7）严格遵守安全规章制度，规范穿戴工装和劳动防护用品。

（8）主动获取有效信息，展示工作成果，对学习与工作进行总结反思。

（9）能与他人合作，进行有效沟通。

【建议课时】

4 课时。

【设备】

采煤机。

【学习任务】

当采煤机从地面运往工作面时，设备要拆开运送，运到指定地点后，必须对其进行安装和调试，才能保证其正常和安全地工作。通过本项目训练要求学生掌握采煤机的基本结构，对采煤机能进行正确的安装和调试。

学习活动1　明确工作任务

【学习目标】

（1）通过了解采煤机的安装和调试，明确学习任务、课时等要求。

（2）准确叙述采煤机的安装步骤和调试内容。

（3）准确说出各组成部分的安装顺序。

【建议学时】

2 课时。

一、工作任务

在采煤工作中，为使设备能最有效地发挥其作用，采煤机的正确安装与调试是非常重要的。通过本任务的学习，使学生掌握采煤机的安装与调试方法，达到会正确使用采煤机的目的。

二、相关理论知识

（一）采煤机的安装

新采煤机或经大修后的采煤机，在地面机修厂组装后经试运转，验收合格后，再解体装车下井。

1. 地面试车

将底托架装好后，先将牵引部固定在底托架上，再将电动机与牵引部相连接，然后从它们的两端分别安装左、右截割部，最后安装调高油缸、挡煤板、滚筒、水管、电缆、拖缆装置铺设和张紧牵引链，加注液压油和润滑油（脂），接通电源和水源。

2. 采煤机的下井运输

采煤机经井上检查及试运转正常后，即可向井下运送。运输时，可根据矿井具体条件将采煤机拆成滚筒、摇臂、截割部减速箱、行走部、电动机及底托架等几部分，分别运输。但在各方面条件允许的情况下尽量少拆，条件允许可以不解体，这样可以减少安装工作量，同时对保证安装质量也大有好处。

3. 井下运输注意事项

（1）采煤机下井时，应尽可能分解成较完整、较大的部件，以减少运输安装的工作量，防止设备损坏，并根据井下安装场地和工作面的情况，确定各部件下井的顺序，以便于井下安装。

（2）下井前所有齿轮腔和液压腔的油应全部放净，所有的外露孔口必须密封，外露的接合面、耦合器、拆开的管接头及凸起易碰坏的操作手柄都必须采取保护措施。采煤机分解后的自由活动的部分，如主机架上的调高液压缸以及一些管路等必须加以临时固定和保护，以防止在起吊、井下运输时损坏，并防止污物浸入设备内部。

（3）采煤机井下运输时，较大、较重的部件，如主机架、摇臂等用平板车运送，能装入矿车的可用矿车运送。平板车尺寸要适合井下巷道运输条件。

（4）用平板车运输时要找正重心、达到平稳，可以用长螺杆紧固在平板车上。不推荐使用钢丝绳或牵引链固定，更不允许直接用铁丝捆绑。

（5）搬装、运输过程中，应避免剧烈振动、撞击，以免损坏设备。

（6）起吊工具，如绳爪、吊钩、钢丝绳、连接环要紧固可靠，经外观检查合格后方可使用。

（7）对起吊装置，其能力应具有不低于5倍的安全系数；对拖曳装置，其能力应具有不低于2倍的安全系数。

（8）平板车运输时，装物的平板车上不许站人，运送人员应坐在列车后的乘人车内，并应有信号与列车司机联系；平板车上坡运输时，在运输物体后不得站人。

4. 装车顺序

装车顺序是指零件装车的先后排列程序，这种先后排列程序是由现场安装地点和井下运输条件来确定的。零部件进入安装地点的先后程序一般是右滚筒、右摇臂、右截割部减速箱、底托架、行走部、电动机、左截割部减速箱、左摇臂、左滚筒及护板等。

5. 采煤机井下安装

（1）在采煤机安装前，液压支架和输送机必须先安装好，但输送机的机尾待采煤机部件吊入输送机的机道后才能安装。

（2）采煤机的井下安装是在工作面输送机上进行的。安装地点的支架要用横梁加固，以保证起重时能承受采煤机的重量，同时有足够的长度和大约2.5 m的宽度。

（3）各部件的运输顺序是：底托架、左右截割部、电动机行走部、滚筒、弧形挡板、护板和管路等。

（4）先把底托架安装到工作面输送机上。

（5）把行走部和电动机放到底托架的正确位置上，然后用螺栓与底托架固定。

（6）左、右截割部减速器对接到行走部和电动机上，并用螺栓固定好。

6. 验收

（1）零部件完整齐全，螺栓、螺钉紧固，手把及按钮动作灵活、正确。

（2）油质和油量是否符合要求，有无漏油、漏水现象，用手盘动滚筒不应有卡阻现象，截齿应齐全，电动机接线是否正确，滚筒旋转方向是否正确。

（3）牵引链固定是否正确，有无松动，连接环是否垂直安装，涨销是否固定。

（4）电缆夹是否齐全，长度是否合适。

（二）采煤机的调试

1. 调试

空运转 10 ~ 20 min，无问题后沿工作面长度采一个循环。试运转时应注意：

（1）机器应无异常响声，各部温度应正常，符合规定。

（2）滚筒升降灵活，升降到最高（最）点的时间符合规定要求。

（3）内外喷雾良好，无漏油、漏水现象。

（4）牵引正常，控制灵活。

2. 办理交接手续

（1）采煤机经过试运转，证明机器性能符合要求，并达到完好标准后，即可履行交接手续。在交接单上双方签字盖章。

（2）交接单内容包括采煤机型号、使用地点、安装单位、存在问题、使用日期、使用单位。

（3）最后由设备管理员、机电科、安装单位和使用单位的领导签字，盖章生效。

学习活动2 工作前的准备

【学习目标】

（1）认真听讲解，做好笔记。

（2）通过阅读采煤机的安装步骤，掌握具体安装过程。

（3）掌握采煤机的调试内容。

（4）牢记安全注意事项，认识安全警示标志。

（5）按要求穿戴好劳保用品，戴好安全帽。

（6）做好操作前的准备工作。

一、工具

（1）撬棍。准备 3 ~ 4 根，长度 0.8 ~ 1.2 m。

（2）绳套。其直径一般为 12.5 mm、16 mm、18.5 mm，长度视工作面安装地点和条件而定。一般可准备 1 ~ 1.5 m 长的绳套 3 根、2 ~ 3 m 长的绳套 3 根及 0.5 m 长的短绳套若干根。

（3）万能套管。既有用于紧固各部螺栓（钉）的套管，又有拆装电动机侧板和接线柱的小套管。

（4）活扳手和专用扳手。同时要准备紧固对口螺钉的开口死扳手和加力套管。

（5）一般可准备 5 ~ 8 t 的液压千斤顶 2 ~ 3 台。

（6）其他工具。如手锤、扁铲、锉刀，常用的手钳、螺丝刀、小活扳手等。

（7）手动起吊葫芦。2.5 t 和 5 t 的各 2 台。

二、设备

采煤机实训设备。

三、安装前的场地准备

（1）开好机窝。一般机窝开在工作面上端头运料道口，长为 15～20 m，深度不小于 1.5 m。

（2）确定工作面端部的支护方式，并维护好顶板。

（3）在对准机窝运料道上帮硐室中装一台回柱绞车，并在机窝上方的适当位置固定一个吊装机组部件的滑轮。

学习活动 3 现 场 施 工

【学习目标】

（1）熟练掌握安全知识，并能按照安全要求进行操作。

（2）正确拆装采煤机，通过操作使学生对采煤机的各组成部件和相互之间的关系有初步认识。

（3）通过现场操作采煤机，锻炼动手能力和独立分析问题、解决问题的能力，培养团队合作精神。

【具体操作】

一、安装程序

1. 有底托架采煤机的安装程序

有底托架采煤机的安装程序一般是：在刮板输送机上先安装底托架，然后在底托架上组装牵引部、电动机、电控箱、左右截割部，连接调高调斜千斤顶、油管、水管、电缆等附属装置，再安装滚筒和挡煤板，最后铺设和张紧牵引链，接通电源和水管等。

2. 无底托架采煤机的安装程序

无底托架采煤机的安装程序如下：

（1）把完整的右（或左）截割部（不带滚筒和挡煤板）安装在刮板输送机上，并用木柱将其稳住，把滑行装置固定在刮板输送机导向管上。

（2）把牵引部和电动机的组合件置于右截割部接合面用螺栓连接。

（3）固定滑行装置，将油管和水管与千斤顶与有关部位接通。

（4）将 2 个滚筒分别固定在左右摇臂上，装上挡煤板，铺设牵引链并锚固张紧，再接通电源、水源等。

二、安装要求

1. 安装采煤机的注意事项

（1）安装前必须有技术措施，并认真执行。

（2）准备现场条件和工具，准备不充分不准安装。

（3）部件安装要齐全，不合格的不安装，保证安装质量。

（4）碰伤的接合面须进行修理，修理合格后方能安装，以防止运转时漏油。

（5）安装销、轴时，要将其清洗干净，并涂一层油；严禁在不对中时用工具敲打，防止敲坏零部件。

（6）在对装花键时，一要清洗干净，二要对准槽，三要平稳地拉紧。

（7）要保护好电器元件和操作手柄、按钮，避免损坏；接合面要清理干净，确无问题后再带滚筒试车

（8）在起吊时，顶板、棚梁不牢固不能起吊。起吊时要直接起吊，不允许斜拉棚梁，以免拉倒而扎伤人员和设备。

（9）安装后，要先检查后试车。试车时必须把滚筒处的杂物清除干净，确认无问题后再试车。

2. 采煤机的安装质量要求

零部件完整无损，螺栓齐全并紧固，手把和按钮动作要灵活、位置正确，电动机与牵引部及截割部的连接螺栓牢固，滚筒及挡板的螺钉（栓）齐全，紧固试验合格，工作可靠安全。

3. 采煤机整机实验

1）操作实验

操作各操作手把、控制按钮，准确、可靠，仪表显示正确。

2）整机空载运转实验

牵引部手把放到最大牵引速度位置，合上截割部离合器手把，进行 2 h 原地整机空运转实验。其中：滚筒调到最高位置，牵引部正向牵引运转 1 h；滚筒调至最低位置，牵引部反向牵引运转 1 h。同时应满足如下要求：

（1）运行正常，无异常噪声和振动，无异常升温，并测定滚筒转速和最大牵引速度。

（2）所有管路系统和接合面密封处无渗漏现象，紧固件不松动。

（3）测定空载电动机功率和液压系统压力。

3）调高系统实验

操作调高手把，使摇臂升降。要求速度平稳，测量由最低位置到最高位置所需要的时间和液压系统压力，其最大采高和挖底量应符合设计要求。最后将摇臂停在水平位置，持续 16 h 后其下降量不得大于 25 mm。

学习任务二 巷道掘进机

子任务 1 掘进机的基本操作

【学习目标】

(1) 通过了解掘进机的操作，明确学习任务要求。

(2) 根据任务要求和实际情况，合理制定工作（学习）计划。

(3) 正确认识掘进机的类型、组成、型号及主要参数。

(4) 熟练掌握掘进机的具体操作。

(5) 正确理解掘进机的应用。

(6) 识别工作环境的安全标志。

(7) 严格遵守安全规章制度，规范穿戴工装和劳动防护用品。

(8) 主动获取有效信息，展示工作成果，对学习和工作进行总结与反思。

(9) 能与他人合作，进行有效沟通。

【建议课时】

4 课时。

【设备】

掘进机。

【学习任务描述】

随着采煤机械化和综合机械化的发展，各主要产煤国家大大提高了工作面的开采强度，工作面推进速度越来越快，这就要求加快掘进速度，以达到采掘平衡。为了加快巷道掘进速度，采用掘进机施工是一项有效措施。掘进机能够同时完成破落煤岩、装煤运输、喷雾灭尘和调动行走等操作，通过与后配套设备的配合，还能实现连续作业。

学习活动 1 明确工作任务

【学习目标】

(1) 通过了解掘进机的运行和操作，明确学习任务、课时等要求。

(2) 准确叙述掘进机的结构。

(3) 准确说出掘进机各组成部分的作用。

一、工作任务

掘进机具有掘进速度快，掘进巷道稳定，减少岩石冒落与瓦斯突出，减少巷道的超挖量和支护作业的充填量，改善劳动条件、减轻劳动强度等优点。因此，掘进机在与综采工作面配套使用中发挥着越来越大的作用。掘进机生产厂家较多，型号也各不相同，但其结构和工作原理基本相同。本文以上海创立 EBZ220 型掘进机为例，重点学习掘进机的主要技术参数、用途、型号、设备的组成及具体操作。

二、相关理论知识

巷道掘进机是一种能够实现截割、装载、运输、转载煤岩和调动行走、喷雾除尘的联合机组。采用掘进机掘进巷道，使破落煤岩、装载运输、喷雾灭尘等工序同时进行，提高了掘进速度和效率。巷道掘进机外形如图 2−1 所示。

图 2−1　巷道掘进机

（一）掘进机的特点

（1）掘进速度快。与炮掘相比较，其掘进速度平均可提高 1~1.5 倍，功效平均提高 1~2 倍，巷道成本可降低 30% ~50%。

（2）能够保证巷道的稳定性。使用掘进机时，巷道的围岩不受爆破的破坏，有利于巷道的支护。

（3）减少岩石冒落及瓦斯突出的危险，有利于安全生产和通风管理。

（4）减少了巷道的超控量和支护作业的充填量，减少不必要的工程量。

（5）改善了劳动条件，减轻了工人的体力劳动。

（二）掘进机的分类

掘进机的类型很多，可按其使用范围和结构特征进行分类。

1. 按破碎的煤岩硬度 f 分类

（1）用于小于 $f \leqslant 4$ 的煤巷，称为煤巷掘进机；

（2）用于小于 $f \leqslant 6$ 的煤或软岩巷，称为半煤岩巷掘进机；

（3）用于大于 $f > 6$ 的岩石巷道，称为岩巷掘进机。

2. 根据掘进机可掘巷道的断面大小分类

（1）可掘巷道的断面面积小于 8 m² 的，称为小断面掘进机；

（2）可掘巷道的断面面积大于 8 m² 的，称为大断面掘进机。

3. 根据工作机构截割工作面的方式分类

根据工作机构截割工作面的方式可分为部分断面掘进机和全断面掘进机。

1）部分断面掘进机

部分断面掘进机也称为自由断面掘进机或悬臂式掘进机，其工作机构由一条悬臂和安装在悬臂上的截割头所组成，悬臂可以上下左右摆动，因而必须在断面内多次连续地移动工作机构，才能沿整个工作面破落一层煤岩，完成一次推进。部分断面掘进机可同时完成煤岩截割、落料装运、行走、喷雾降尘等功能，主要用于煤巷和半煤岩巷的掘进，掘出的巷道断面形状多为梯形或矩形。

部分断面掘进机的主要特点：

（1）部分断面掘进机仅能截割巷道部分断面，要破碎全断面岩石，需多次上下左右连续移动截割头来完成工作。可用于任何断面形状的隧道。

（2）掘进速度受掘进机利用率影响很大，在最优条件下利用率可达60%左右，但若岩石需要支护或其他辅助工作跟不上时，其利用率更低。

（3）与全断面掘进机有一些相同的优点：连续开挖、无爆破震动、能更自由地决定支护岩石的适当时机；可减少超挖；可节省岩石支护和衬砌的费用。

（4）与全断面掘进机比较，悬臂式掘进机小巧，在隧道中有较大的灵活性，能用于任何支护类型。

（5）与全断面掘进机相比，具有投资少、施工准备时间短和再利用性高等显著特点。

（6）工作机构外形尺寸小、各重要部位都具有可靠性，便于维修和支护作业。

部分断面掘进机的分类方法有多种：

① 按重量分：有特轻型、轻型、中型和重型4种。

② 按工作机构切割煤岩的方式不同分为纵轴式和横轴式掘进机。前者安装在悬臂上的截割头为横向布置（图2-2a），后者为纵向布置（图2-2b）。

(a)横轴式　　　　　　　　　　(b)纵轴式

图2-2 掘进机截割头的类型

2）全断面掘进机

全断面掘进机又称为连续作业式巷道掘进机。其工作机构为圆形刀盘，可沿整个工作面一次性破碎煤岩并连续推进，掘出的巷道断面形状为圆形。全断面掘进机主要用于巷道全断面的一次钻削式成形，这种机器功率大、体积大而且笨重，主要用于掘进岩石巷道，多用于涵洞和隧道的开凿。如图 2-3 所示。

图 2-3　全断面掘进机

（三）掘进机的基本参数和型号

下面以 EBZ220 型（G）型掘进机为例进行介绍。

1. 主要技术参数

外形尺寸	10.4 m×3.2 m×1.72 m
截割范围	4.5 m(高)×5.6 m(宽)
总重	63.5 t
星轮转数	33 r/min
液压电机	90 kW
装载能力	4 m³/min
挖底深度	180 m
一运链速	55 m/min
爬坡能力	±18°
行走速度	0~6 m/min
截割硬度	≤85 MPa
油箱容量	600 L
接地比压力	0.16 MPa
液压泵	双联柱塞泵
截割头转速	46 r/mim
液压系统压力	18 MPa
截割电机	220 kW
供电电压	AC1140 V

2. 特点

EBZ220（G）掘进机是上海创立矿山有限公司研发的一种新技术装备，掘进机具有以下特点：

（1）整机结构紧凑、重心合理、稳定性好、爬坡能力大。

（2）整机刚性好、强度高、支撑跨距大、截割头不伸缩、截割头小、破岩能力强、截割断面范围广。

（3）具有内、外喷雾灭尘系统，内喷雾具有迎前喷雾、漏水检测及保护功能。

（4）液压系统元部件国际化配置，技术水平高、故障率低。

（5）行走减速器与马达高度集成，驱动力强。履带有防侧滑功能，对地附着力强；采用支重轮与摩擦板结合的方式，减小了摩擦阻力。

（6）铲板镜面具有双同倾角、马达驱动星轮、底部大倾角、地隙大、利于装料和清底。

（7）中间运输机底板呈直线形状，与铲板构成四联滑移，龙门高、运输顺畅，采用边双链结构，溜漕及刮板使用寿命长。

（8）具有液晶汉字动态显示功能，提示操作与维护。

（9）电器元部件国际化，电器系统采用新型综保，具有液晶汉字动态显示功能。

（10）液压系统具有恒功率、压力切断、负载敏感控制功能。

（11）各部件拆装方便，利于运输。

（12）袖珍型本安操作箱，高度集成阀组，操作方便。

3. 主要用途、适用范围

该机主要用于煤岩硬度 $f \leqslant 9$ 的半煤岩巷以及软岩巷道、隧道掘进，与转载机、皮带机、梭车配套可实现连续切割、装载、运输作业。最大定位截割断面 25.0 m²，纵向工作坡度 $\leqslant \pm 18°$，最适宜截割高度为 2.4 ~ 4.0 m。

4. 型号

型号说明：

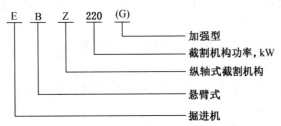

5. 使用环境条件

（1）海拔高度：≤2000 m；

（2）环境温度：5 ~ +40 ℃；

（3）周围空气相对湿度：≤90%（+25 ℃）；

（4）在有甲烷、煤尘或其他爆炸性气体混合物的环境中；

（5）在无强烈振动的环境中；

（6）在无破坏绝缘的气体或蒸汽集中的环境中；

（7）在无长期连续淋水的地方；

（8）污染等级：3 级；

（9）安装类别Ⅲ类。

（四）掘进机的主要组成部分及各部分的作用

掘进机的总体结构如图 2 - 4 所示，主要由下述几部分组成。

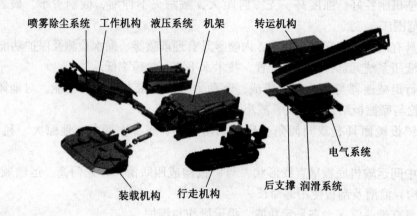

图2-4 掘进机的总体结构

（1）工作机构：直接截割、破碎煤岩。

（2）装载机构：将工作机构截落的煤、岩集中并装载到输送机构中。

（3）转运机构：将装载机构运来的煤、岩运输、转载到机后运输设备上去。

（4）行走机构：驱动掘进机前进、后退、调动和转弯，并能在掘进机工作时使掘进机向前推进。

（5）液压系统：驱动、控制掘进机各个液压缸和液压马达。

（6）电气系统：驱动、控制掘进机所有电动机，并可控制电磁阀动作。

（7）喷雾除尘系统：利用抽出式通风除尘装置和压力水进行内、外喷雾，以改善卫生条件。

（8）机架：安装、支撑和连接上述各机构、系统部件。

（五）掘进机的操作

液压启停程序：启动油泵电机→操作换向阀手柄→手柄复位（停止）→停止油泵电机。

操作换向阀手柄主要有两组，设置在操作台上，上侧四联阀、下侧六联阀，在手柄旁边有操作指示牌，如图2-5所示。

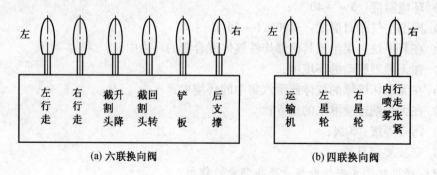

图2-5 换向阀控制手柄

1. 行走运转

（1）行走有两个控制手柄，左侧手柄控制左侧行走，右侧手柄控制右侧行走，如图2-6所示。

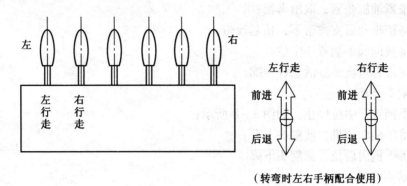

图2-6 行走运转

（2）手柄置于中位停止。

（3）将手柄向前推，即向前行走。

（4）将手柄向后拉，即后退。

（5）弯道时，根据弯道的转向，两个手柄同时向相反的方向拉动。

注意：①在较狭窄的巷道转弯时，严防机器前端、后部碰撞两侧的巷道或设备；②机器行走时，衔接好电缆的跟进与后移。

2. 履带张紧

（1）履带张紧油缸与内喷雾马达共用一片换向阀，如图2-7所示。

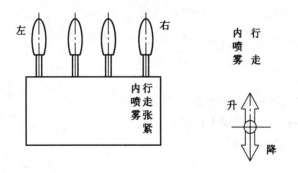

图2-7 履带张紧

（2）将铲板和后支撑落下，抬起履带。

（3）将换向阀手柄缓慢向下拉动，张紧油缸伸出，观测履带中心的下垂度，其值应为50~70 mm。

（4）装上卡板，手柄置于中位，油缸卸荷。

注意：推动手柄时，严防将手柄推到最大位置，否则因该阀的流量过大，而油缸行程较短，导致张紧油缸运动速度过快，液压冲击破坏油缸密封。

3. 张紧油缸回缩

（1）张紧油缸张紧，取出卡板；

（2）将铲板和后支撑落下，抬起履带；

（3）将换向阀手柄置于中位；

（4）履带自重将油缸活塞杆压缩。

4. 截割头升降

（1）手柄置于中位停止，如图2-8所示；

（2）将手柄向前推，截割头上升；

（3）将手柄向后拉，截割头下降。

5. 截割头回转

（1）手柄置于中位停止，如图2-8所示；

（2）将手柄向前推，截割头向左旋转；

（3）将手柄向后拉，截割头向右旋转。

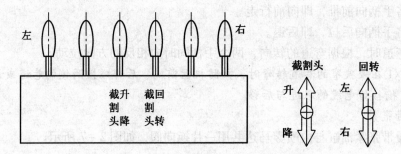

图2-8　截割头升降与回转

6. 铲板升降

（1）手柄置于中位停止，如图2-9所示；

（2）将手柄向前推，铲板向上抬起；

（3）将手柄向后拉，铲板落下。

7. 后支撑升降

（1）手柄置于中位停止，如图2-9所示；

（2）将手柄向前推，后支撑落下，机器抬起；

（3）将手柄向后拉，后支撑抬起，机器下降。

8. 中间运输机运转

（1）手柄置于中位停止，如图2-10所示；

（2）将手柄向上抬，运输机正转；

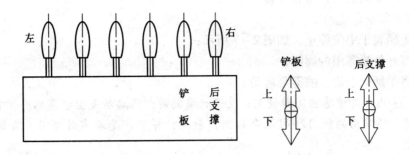

图 2 - 9　铲板升降和后支撑升降

（3）将手柄向下压，运输机反转。

注意：运输机最大通过高度为 410 mm，当有大块煤岩时，须破碎后再运送。

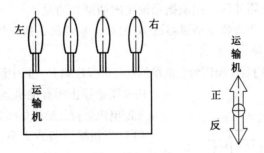

图 2 - 10　中间运输机运转

9. 星轮运转

（1）星轮有两个控制手柄，左侧手柄控制左侧星轮，右侧手柄控制右侧星轮，如图 2 - 11 所示；

（2）手柄置于中位停止；

（3）将手柄向上抬，星轮正转；

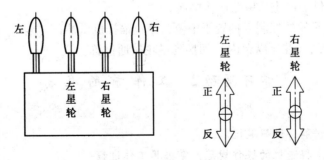

图 2 - 11　星轮运转

（4）将手柄向下压，星轮反转。

10. 内喷雾泵运转

（1）手柄置于中位停止，如图2-7所示；

（2）打开外喷雾用的阀门；

（3）将手柄向上抬，喷雾泵启动。

注意： ①内、外喷雾应同时使用；②开始截割前，须启动灭尘水系统；③喷雾泵启动前，须先将外喷雾用的阀门（司机席后侧）打开，并确认是否有外喷雾，否则会造成喷雾泵的吸空、损坏。

11. 压力表

压力表装在操作台与机架的侧面，可随时检测各子系统的压力状况。

注意：

①行走制动压力不超过5 MPa；②严防压力表开关处于常开状态。

12. 液位液温计

液位液温计装在油箱外侧，用来指示油箱的油量和油温。

注意： 液位低于工作油位或油温超过70 ℃时，须停机加油或检查冷却水系统。

13. 紧急停止开关停止、打开

紧急停止开关，分别装在操作台、油箱的前部和操作箱上。其中油箱前部和操作箱上的开关，用来紧急停止所有电机运行；操作台前的开关只停止截割电机运行，形式如图2-12所示。

（1）当机械设备或人身安全处于危险时，应迅速按动紧急停止开关；

（2）确认安全后，旋转打开紧急停止开关。

14. 锚杆机接口控制（选装）

锚杆机供油接口控制与星轮控制使用同一对换向阀，通过操纵台内球阀切换。

（1）锚杆机供油接通、星轮运转停止。

①将左、右星轮的控制手柄置于中位；

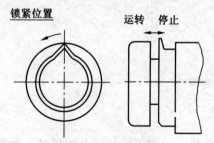

图2-12 锁紧开关

②将两个球阀（在操纵台内）切换到锚杆机接通位置；

③将星轮控制手柄向下压，给锚杆机供油。

（2）锚杆机供油停止，星轮运转接通。

①将左、右星轮的控制手柄置于中位，停止锚杆机供油；

②将两个球阀（在操纵台内）切换到星轮接通位置。

学习活动2 工作前的准备

【学习目标】

（1）认真听讲解，做好笔记。

（2）通过熟悉掘进机的操作规范，掌握其工作过程。

（3）掌握掘进机的操作步骤与注意事项。

（4）牢记安全注意事项，认识安全警示标志。

（5）按要求穿戴好劳保用品，戴好安全帽。

（6）做好操作前的准备工作。

一、工具及材料

常用电工工具、密封胶、内六方扳手、锯条、钢刷、破布、柴油、半空油桶、大、小锤、轴承拆卸工具、助力器、拉拔器、液压爪拉拔器。

二、设备

（1）以悬臂式掘进机为例，讲述操作前的检查与运行步骤。

（2）掘进机实训设备。

三、开机前的检查及准备工作

1. 开机前的检查

（1）周围安全情况；

（2）巷道环境温度、有害气体等是否符合规定；

（3）润滑点是否注油，油箱油位是否合适；

（4）刮板链、履带链的松紧程度是否合适；

（5）电动机接线端子、进出电缆连接是否可靠，电缆是否吊挂合适；

（6）电控箱的紧固螺栓、垫圈是否齐全，隔爆面是否符合要求；

（7）机械、电气系统裸露部分是否有护罩，护罩是否安全可靠。

2. 运行前的准备

（1）开机前先鸣报警，打开照明灯；

（2）空载运行 3 min，观察各运动部件有无卡阻、噪声；

（3）先启动后续运输系统。

学习活动 3　现 场 施 工

【学习目标】

（1）熟练掌握安全知识，并能按照安全要求进行操作。

（2）正确操作掘进机，通过操作使学生对设备的组成和工作原理有初步认识。

（3）通过操作设备，锻炼动手能力和独立分析问题、解决问题的能力，培养团队合作精神。

图 2-13　掘进机操作

【技能训练】

掘进机司机操作如图 2-13 所示。

一、岗位描述

1. 自我状态描述

我是×××队综掘机司机×××，属于特殊工种，已从事本工种××年，现我队施工的巷道为×××巷道，为综合机械化掘进工作面。

2. 岗位安全责任描述

综掘机司机必须熟悉机器的结构、性能和动作原理，能熟练、准确地操作机器，并懂得一般性维护保养故障处理、综掘机操作规程及本工作面作业规程。在操作综掘机时要保证巷道成型质量，保证自身和其他人员安全。

3. 规程对本岗位标准描述

开机前，对综掘机必须进行以下检查：各操作闸把、按钮、各部件螺丝、螺栓、液压油箱油位、电缆、油管水电闭锁、截齿、综掘机内外喷雾、油缸等是否完好，发现问题时严禁开机作业，检查完毕后开动掘进机前，必须发出警报。只有在铲板前方和截割臂附近无人时，方可开动掘进机。停止工作和检修以及交班时，必须将切割头落地，并断开掘进机上的电源开关和磁力启动器的隔离开关。

4. 工艺流程

现场交接班→操作准备→启动综掘机各系统→截割→停机。

5. 岗位危险源辨别描述

活矸、危岩、片帮伤人，敲帮问顶可预防；顶板漏顶、冒顶伤人，临时支护可预防；截割臂摇摆伤人，人员站位可预防；二运掉道伤人，认真看护可预防。

二、工作现场"手指口述"安全操作确认

1. 综掘机开机前的手指口述

（1）综掘机各部件螺丝、螺栓齐全完整、紧固可靠，各销、轴完好。确认完毕！

（2）液压油箱、各减速器油位符合要求。确认完毕！

（3）电缆、油管无挤压现象，摆放位置得当，油管无漏油现象。确认完毕！

（4）液压控制部分各操作阀及电控部分各旋钮灵敏可靠。确认完毕！

（5）截齿齐全完整。确认完毕！

（6）内外喷雾、溜尾转载点的喷雾和后部桥式皮带转载点的喷雾能正常使用。确认完毕！

（7）除尘风机运转正常，除尘机内喷雾能正常使用。确认完毕！

（8）已发出警报，铲板前方无工作人员，可以安全的开机。确认完毕！

2. 综掘机开机过程中的手指口述

（1）已按正常启动顺序（液压泵→转载输送机→刮板输送机→截割部）启动综掘机，现在准备割煤。确认完毕！

（2）综掘机内外喷雾已打开，已启动截割头，现在开始割煤。确认完毕！

（3）现在开始割煤，看好巷道的截割尺寸。确认完毕！

（4）截割完毕，巷道的宽度、高度符合规程要求，现在可以倒机。确认完毕！

3. 综掘机倒机及停机时的手指口述

（1）综掘机后无人，电缆吊挂位置正确，可以倒机。确认完毕！

（2）综掘机已到合理位置，现在准备停机。确认完毕！

（3）已按规程操作顺序（截割部→刮板输送机→转载输送机→液压泵）停机，铲板已落至底板上，截割头已缩回。确认完毕！

（4）所有的操作阀、按钮已置零位，电源已切断，水门已关闭，电缆和水管已吊挂整齐。确认完毕！

（5）各部件及各种安全保护装置完好。确认完毕！

三、操作流程

1. 启动顺序

（1）启动顺序：打开外来水阀门（机器后侧）→预警→打开内喷雾水阀门（司机席右侧）→油泵电机 →转载机→中间运输机→星轮→截割电机。

（2）无须启动装载时，在启动油泵电机后，可直接启动截割电机。

注意：装载作业时，必须先启动转载机，否则会在中间运输机与转载机的搭接处造成堆积和落料现象。

2. 截割过程

通过截割头旋转，截割臂升、降、回转运动，进行截割作业，可形成矩形、梯形及拱形顶断面，同时完成打柱窝作业，若截割断面与实际所需的形状、尺寸有差别可进行二次修整，以达到断面尺寸要求。

（1）截割作业尽可能采用自下而上、逆铣法方式，如图 2-14 所示。

（2）截割较软的煤壁时，宜采用左右循环向上的截割路线，如图 2-15 所示。

（3）截割稍硬岩石时，宜采用自下而上左右截割的路线。

（4）遇有硬岩状况，避免强行截割，应先截割其周围部分，使其坠落，并对大块坠落体采用适当方法破碎，然后再装载。

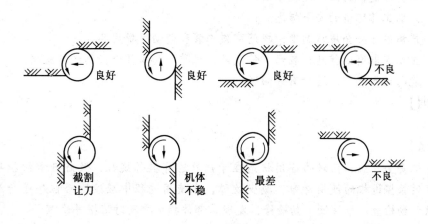

图 2-14 截割方式

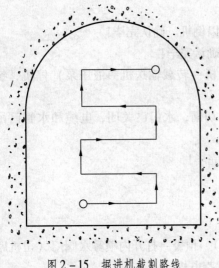

图 2-15 掘进机截割路线

（5）割柱窝时，应将铲板降到最低位置，然后向下，并需人工清理柱窝。

注意：掘进较软煤壁，掘出断面容易超过理论断面尺寸，而掘进较硬煤岩壁时，所掘断面容易小于理论断面尺寸，因此，在掘进过程中应不断积累经验，掌握让刀、超进给的规律，熟练操作掘进机。

3. 喷雾

（1）内、外喷雾同时使用；

（2）开始截割前，先启动灭尘水系统；

（3）内喷雾喷嘴易堵塞，须经常检查维护。

注意：在掘进过程中，控制粉尘非常重要。

4. 输料衔接

（1）启动机器运输系统前，应确认后续搭接送料系统是否启动；

（2）适时调整转载机与后续搭接送料系统的搭接长度。

子任务 2　掘进机的使用与维护

【学习目标】

（1）通过了解掘进机的使用和维护，明确学习任务要求。

（2）根据任务要求和实际情况，合理制定工作（学习）计划。

（3）掌握正确检修和维护掘进机的方法。

（4）熟悉掘进机的常见故障。

（5）学会掘进机的故障处理方法。

（6）识别工作环境的安全标志。

（7）严格遵守安全规章制度，规范穿戴工装和劳动防护用品。

（8）主动获取有效信息、展示工作成果，对学习和工作进行总结与反思。

（9）能与他人合作，进行有效沟通。

【建议课时】

6 学时。

【学习任务】

掘进机安全作业和良好的备用状态在于严格遵守操作规程，做好日常维护和保养工作。为了延长掘进机的使用寿命，减少故障，在使用过程中应按检修程序进行维护和保养，要做到勤检查、勤注油、勤检修，发现零部件损坏要及时汇报并修理。

学习活动1　明确工作任务

【学习目标】

（1）通过了解掘进机的运行和操作，明确学习任务、课时等要求。

（2）准确叙述掘进机的结构。

（3）准确说出掘进机各组成部分的作用。

【建议学时】

2课时。

一、工作任务

减少掘进机停机时间的最重要的因素就是对设备进行正确的维护和保养，润滑充分，调试得当，正确对设备进行维护才能使其服务寿命更长，大修间隔周期更长，作业效率更高。掘进机的维护检修，应该贯彻"预防为主"的方针，及时消除故障隐患，在故障发生前采取有效措施，才能降低设备的发病率，使机器的潜力得到充分发挥。

二、相关理论知识

（一）掘进机的结构

EBZ220掘进机主要由截割部、铲板部、机架、行走部、中间运输机、后支撑、液压系统、水系统、电气系统等部件组成。掘进机结构如图2-16所示。

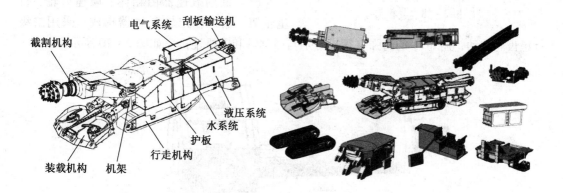

图2-16　掘进机的结构

1. 截割部

截割部由截割头、截割臂、减速器、截割电机组成，由截割电机输入动力，传动至减速器，经截割臂将动力传给截割头，从而实现破碎煤岩的目的。如图2-17所示。

截割部用电机的两个支撑铰轴连接在回转台上，通过与回转台之间的两个升降油缸、回转台与机架之间的两个回转油缸，实现升、降、回转运动。

（1）截割头由截割头体、齿座、截齿、喷嘴及筋板等构成。形状为圆锥台形，设计

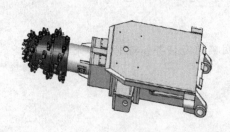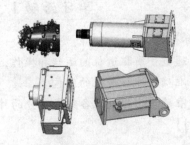

图 2 - 17　截割部

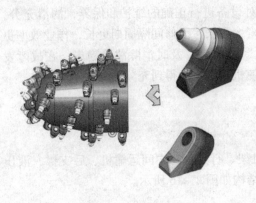

有大、小两种规格（标配为小截割头），截割头的圆周螺旋线形分布截齿，内喷雾喷嘴在截齿的下方，形成迎前喷雾，截割头与主轴用花键和高强度螺栓连接。如图 2 - 18 所示。

（2）截割臂位于截割头和减速器之间，由伸缩部外筒、主轴、轴承、水套、旋转密封、油封等构成，内有主轴和旋转配水装置，通过花键连接使截割臂的主轴旋转。如图 2 - 19 所示。

（3）截割减速器由箱体、减速齿轮、行星轮架、输入输出轴联轴器构成，采用二级

图 2 - 18　截割头

行星齿轮传动，用 M24 的高强度螺栓分别与截割臂和电机连接。如图 2 - 20 所示。

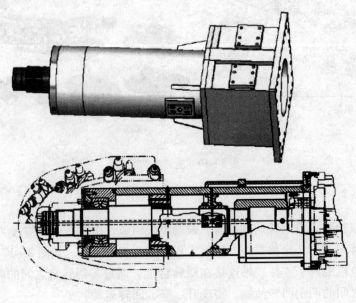

图 2 - 19　截割臂

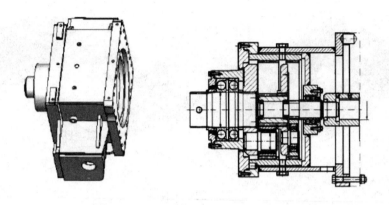

图 2 – 20　减速器

（4）截割电机为水冷却电机，电机通过联轴器与减速器连接，电机的后端通过两个支撑铰轴连接在回转台上。

2. 铲板部

铲板部由主铲板、侧铲板、驱动装置、从动装置等组成，通过 2 个液压马达驱动星轮，从而实现装载煤岩的目的。如图 2 – 21 所示。

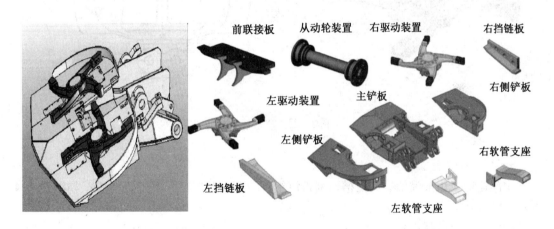

图 2 – 21　铲板部

（1）铲板由主铲板、侧铲板组成，铲板装在机器的前端，通过一对铰轴和铲板油缸铰接在机架上，在铲板油缸的作用下实现升、降运动。侧铲板为组焊结构件，用高强度螺栓和销轴与主铲板连接。如图 2 – 22 所示。

（2）驱动装置通过 2 个控制阀分别控制两侧的液压马达，直接驱动星轮，实现均衡流量，确保星轮在平稳一致的条件下工作，提高装载效率，降低故障率。如图 2 – 23 所示。

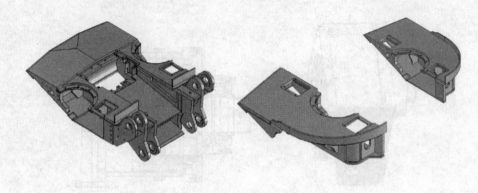

图 2 – 22　铲板

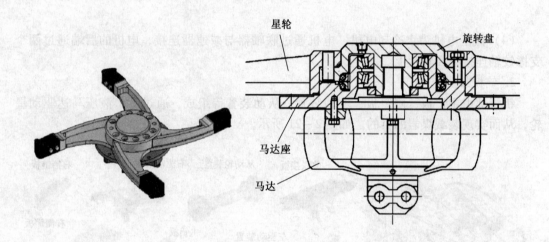

星轮
旋转盘
马达座
马达

图 2 – 23　驱动装置

3. 中间运输机

中间运输机由前溜槽、后溜槽、刮板链组件、驱动装置、张紧装置构成。如图 2 – 24 所示。

中间运输机的特点：

（1）采用边双链运输形式，底板呈直线形状，保证运输顺畅，提高溜槽及刮板使用寿命；

（2）龙门高，减少运输过程中大块物料卡阻；

（3）采用 2 个液压马达直接驱动链轮，带动刮板链组实现物料运输；

（4）张紧装置采用丝杠加双弹簧缓冲的结构，对松紧程度进行调整。

4. 机架和回转台

机架是整个机器的骨架，在机器的组成中起着中心梁的作用，承受着来自截割、行走、装载的各种负荷力，其右侧装液压系统泵站，左侧装操纵台和电控箱，左右下侧分别装行走部，后部装后支撑。机架由架体、回转台、盖板、回转轴承等构成。如图 2－25 所示。

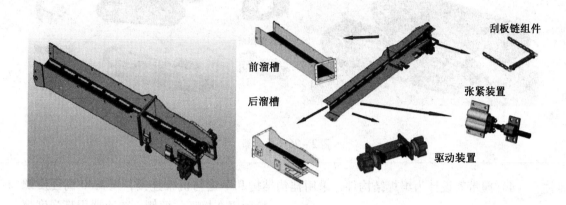

前溜槽
后溜槽
刮板链组件
张紧装置
驱动装置

图 2－24 中间运输机

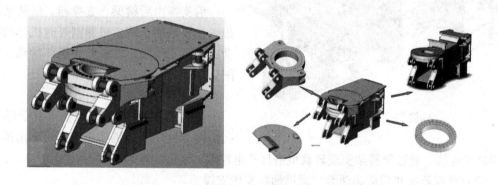

图 2－25 机架

回转台坐在机架上，用于支撑、连接并实现截割机构的升、降、回转运动，通过回转轴承和高强度螺栓与机架连接。

5. 行走部

行走部主要由液压马达、减速器、驱动轮、履带架、履带链、张紧轮组、张紧油缸等几部分组成。如图 2－26 所示。

行走部的特点：

（1）行走通过液压马达、减速器、驱动轮驱动履带链实现，液压马达与减速器高度集成，国际化先进配置，行走制动采用液压一体式多片制动器。

（2）覆带链支重形式采用滑动摩擦形式。

（3）履带张紧机构由张紧轮组和张紧油缸组成，张紧油缸推动张紧轮组来调整履带的松紧程度，实现履带张紧，油缸为单作用形式，油缸伸出后用卡板锁定。油缸、卡板均在履带架外侧安装，方便实用。

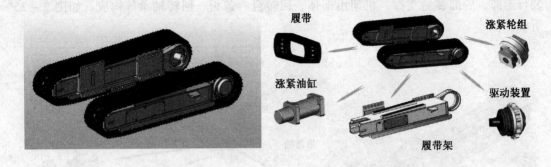

图2-26 行走部

（4）履带架设计为组焊结构件，采用挂钩结构和平键与机架连接，用M30高强度螺栓紧固在机架的两侧，减速器用高强度螺栓与履带架连接。

6. 后支撑

后支撑由后横梁、支撑器、回转架组成，主要是用于减少机器割煤时机体的振动，提高工作稳定性并防止机体滑动。如图2-27所示。

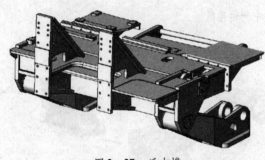

图2-27 后支撑

后支撑的特点：

（1）后横梁为组焊结构件，前端用高强度螺栓和键与机体连接，后端用销子与回转架连接，通过回转架实现转载机搭接，电控箱、泵固定在后横梁上。

（2）支撑器装在后横梁两侧，通过油缸实现支撑。

7. 电气系统

电气系统主要由电控箱单元和操纵箱单元组成，如图2-28所示。

图2-28 电气系统

1）电控箱

主控器的保护装置、通讯装置、应急控制、中间控制环节集成在一个封闭型的不锈钢箱体内；对外界的干扰起到了很好的机械和电气防护。如图 2-29 所示。

图 2-29 电控箱

对外的连接采用了 2 个日产 36 针航空插头，4 条螺栓可快速与外控分离，极大地方便了现场的检修和更换，内部软硬件采取了多重抗干扰防振动和防潮措施。如图 2-30 所示。

图 2-30 电控箱插头

（1）瓦斯断电。

主控器内置了瓦斯报警及断电保护装置，瓦斯传感器可方便地从外部进行红外线试验、设定等操作。如图 2-31 所示。

（2）无线遥控器。

主控器内置无线遥控功能，可完成应急无线遥控及检修自动切换功能。如图 2-32 所示。

（3）控制回路原理。控制回路原理如图 2-33 所示。

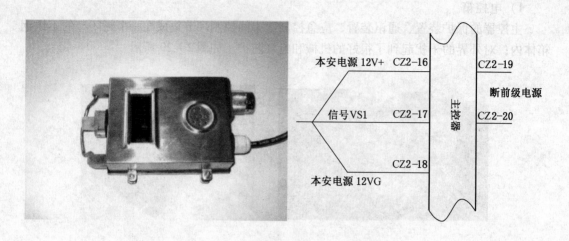

图 2-31 瓦斯断电保护装置

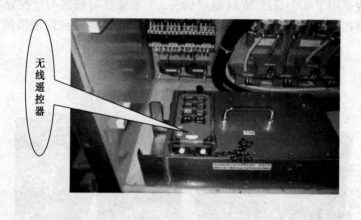

图 2-32 无线遥控器

① 开关箱上电,220 V、24 V 供电接触器 KM5、KM6 吸合,KM5 与总停和 220 漏电有关,KM6 与 24 漏电有关。

② 低压漏电检测元件 EL1、EL2 分别将漏电信号(0～10 VDC)送至主控器的插排 CZ1-9、CZ1-8,判断漏电,检测元件本身需要 DC24V 电源供电。

③ 主控器需要交流 24V 供电,从插排 CZ2-34、CZ2-35 输入。

2)操纵箱

操纵箱显示如图 2-34 所示。

8. 液压系统

该机除截割头的旋转运动外,其余所有动作均通过液压系统实现。液压系统主要由操纵台、泵站、马达(行走、铲板、运输、内喷雾)、阀组、油缸、操作台、油箱、过滤器、仪表以及相互连接的配管等组成。其组成如图 2-35 所示。

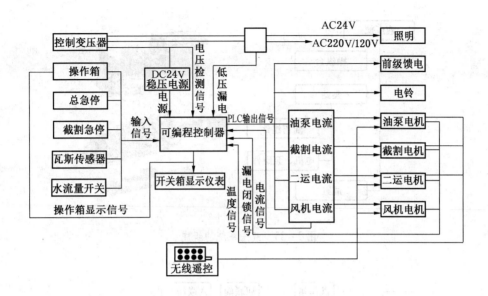

图 2 – 33 控制原理图

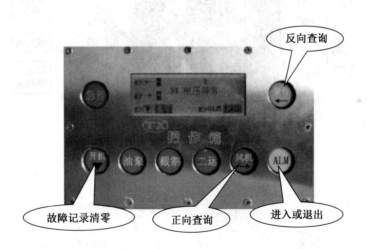

图 2 – 34 操纵箱

1）操纵台

操纵台的结构如图 2 – 36 所示。

2）泵站

泵站主要由油箱、变量泵、电机、过滤器等构成。如图 2 – 37 所示。

3）油箱

油箱的结构如图 2 – 38 所示。

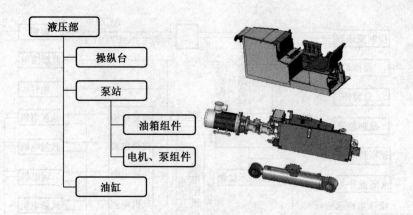

图 2-35 液压系统的组成

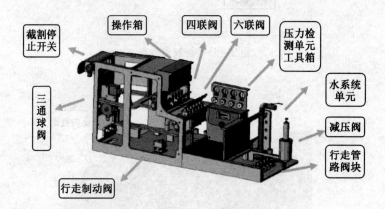

图 2-36 操纵台

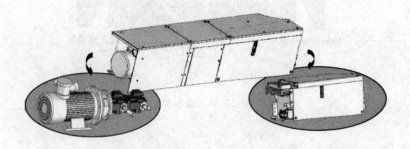

图 2-37 泵站

4）泵单元

泵单元的结构如图 2-39 所示。

5）油缸

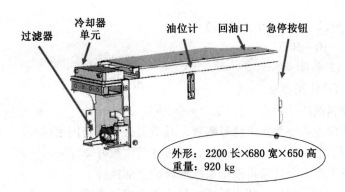

图 2-38　油箱

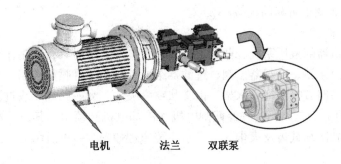

图 2-39　泵单元

机组共有 5 种各 2 个油缸，通过相应的控制元件，实现机组各部分相应的功能。如图 2-40 所示。

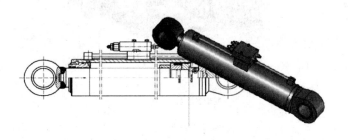

图 2-40　油缸

9. 液压介质

1）液压介质的主要参数

液压介质的主要参数如下：

牌号：L-HM68（N68）

名称：抗磨液压油

运动黏度：61.2～74.8 cst（40℃）

环境温度：-10～40℃

使用期限：12个月

2）注意事项及使用要求

（1）严格控制液压油污染。

（2）液压油购置必须按要求牌号购置，其质量必须符合国家标准。

（3）向油箱加液压油时，必须过滤，其过滤精度最好 20 μm。

（4）在井下工作 1 个月后将液压系统液压油全部换掉。

（5）在开机时必须保证冷却水畅通，禁止闭合或堵塞冷却水通道。

（6）在操作中缓慢推拉手柄，减缓液压冲击。

（7）不得随意调整泵及多路换向阀上的调整装置。

（8）不得随意变更管路的连接。

10. 水系统

水系统承担机器的液压系统、截割电机、截齿冷却，同时具有灭尘作用。

水系统主要由泵站、冷却器、阀、过滤器组成，分内、外喷雾水路。外来水经一级过滤后分为二路，一路直接通往喷水架，由雾状喷嘴喷出，另一路经二级过滤、减压、冷却（冷却液压油）再分为二路，其一经截割电机（冷却电机）喷出，其二经水泵加压，由截割头内喷出，起到冷却截齿及灭尘效果。水系统原理如图 2-41 所示。

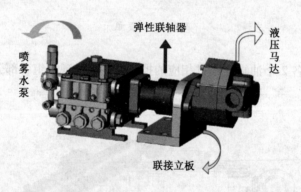

图 2-41　水系统

注意： 截割头切割前，应先启动内喷雾，避免喷嘴堵塞，影响灭尘效果。

（二）掘进机的维护

掘进机的日常维护检查，包括电气部分和机械部分。检查时必须切断馈电电源，在不带电的状态下进行。

1. 电气部分的日常维护检查

掘进机电气部分的日常维护检查包括以下内容：

（1）检查拖拽电缆有无损伤、擦伤或扭曲现象，确保其能在机器后自由拖动，不乱不抻。

（2）对电动机、电控箱、电缆等电气设备上的尘土和煤泥应经常清除，便于检查。

（3）定期检查各导线、电气元件的连接螺钉，有无松动现象，并及时紧固。

（4）检查并确定过载继电器的调整正确。

（5）检查各电动机轴承有无缺油及异常情况。

（6）对经常打开的各种防爆电气设备的隔爆接合面，必须保持有薄薄一层防锈油，以防生锈。

（7）检查各种电气设备的接地装置是否完好。

（8）隔爆型电动机应经常检查绝缘电阻，在允许条件下用 5000 V 兆欧表测量，应不低于 0.7 MΩ。

2. 机械部分的日常维护检查

1）截割头的日常维护

（1）检查固定切割头的螺栓有无松动；

（2）检查更换磨损过限、丢失和损坏的截齿；

（3）检查齿座有无裂纹与磨损；

（4）检查喷嘴是否完好。

2）切割臂嘴是否完好畅通

（1）检查掘进机伸缩机构密封挡环固定螺栓有无松动；

（2）检查伸缩机构润滑情况；

（3）检查减速器螺钉、螺栓、排气孔及润滑情况，按规定注油；

（4）检查掘进机切割的连接螺栓情况。

3）履带的日常维护检查

（1）检查履带的张紧程度是否正常；

（2）检查履带板、销子有无损坏；

（3）通过油位计检查行走减速器油量。

4）铲板日常维护检查

（1）检查耙爪转动是否正常，轴承是否松动；

（2）检查耙爪与铲板的间隙是否正常；

（3）检查各连接销有无松动；

（4）检查耙爪减速器油量是否合适。

5）刮板输送机日常维护检查

（1）检查刮板链松紧程度是否合适；

（2）检查刮板、圆环链、连接环和链轮的磨损情况；

（3）检查固定刮板螺栓有无丢失和松动；

（4）检查减速器的油量是否合适。

6）转载机日常维护检查

（1）检查托辊是否转动灵活，有无损坏缺失；

（2）检查输送带松紧程度是否合适，接头是否完整；

（3）检查减速器油量是否合适。

3. 液压、喷雾除尘系统的日常维护检查

1）液压系统的日常维护检查

（1）检查各油管有无损伤，各接头、U 型卡是否牢固，有无漏油；

（2）检查减速器、分配器（S－100 型）、油箱的油是否充足；

（3）检查油箱油液的温度是否保持在 40～60 ℃范围内；

（4）检查液压泵、马达有无异常声响和异常温升；

（5）检查各换向阀的操作手柄位置是否正确，有无漏油现象。

2）喷雾除尘系统维护检查

（1）检查喷雾泵螺栓是否紧固；

（2）检查内、外喷雾压力是否符合规定；

（3）检查除尘器运转是否正常。

（三）常见故障及处理方法

掘进机常见故障及处理方法见表 2－1。

表 2－1　掘进机常见故障及处理方法

部件	故　　障	原　　因	处 理 方 法
截割部	截割头不转动	1. 截割电机过负荷 2. 过热继电器保护动作 3. 截割主轴或减速器损坏	1. 减轻负荷 2. 约 3 min 后复位 3. 检查内部
	截齿损耗过大	1. 钻进深度过大 2. 岩石硬度超过 85 MPa	减小钻进深度
	截割臂振动剧烈	1. 截齿磨损严重或掉齿 2. 销轴铰接处磨损严重	1. 更换截齿 2. 更换轴套或销轴
装载部	星轮转动慢或 不转动	1. 油压不足 2. 油马达内部损坏	1. 调整系统压力 2. 更换新品
	中间运输机链条速度低	1. 油压不足 2. 油压马达内部损坏 3. 运输机过负荷 4. 链条过紧	1. 调整系统压力 2. 更换新品 3. 减轻负荷 4. 重新调整张紧程度
	中间运输机断链	1. 链条磨损严重 2. 链条跑偏 3. 链轮处卡有岩石	1. 更换链条 2. 调整张进机构或从动轮装置 3. 消除异物
行走部	驱动轮不转或 行走不良	1. 油压不足 2. 履带板内充满砂、土并坚硬 3. 履带过紧 4. 驱动轮损坏 5. 行走减速器内损坏	1. 调整系统压力 2. 消除砂土 3. 调整张紧程度 4. 更换驱动轮 5. 检查内部或更换
	履带跳链	1. 履带过松 2. 驱动轮齿损坏	1. 调整张紧度 2. 更换驱动轮
	减速机噪声或 温升高	1. 减速器内部损坏（齿轮或轴承） 2. 油量不足	1. 拆开检查或更换 2. 加油

表2-1（续）

部件	故障	原因	处理方法
液压系统	配管漏油	1. 配管接头松动 2. O型圈损坏 3. 软管破损	1. 紧固或更换 2. 更换O型圈 3. 更换新品
	油箱发热、系统温升过高	1. 液压油量不足 2. 液压油质不良 3. 系统压力过高 4. 油冷却器水量不足 5. 油冷却器内部堵塞	1. 补加油量 2. 换油 3. 调整系统压力 4. 调整水量 5. 清理内部或更换
	油泵噪声	1. 油箱的油量不足 2. 吸油过滤器堵塞 3. 油泵内部损坏	1. 加油 2. 清洗 3. 检查内部或更换
	油压不足	1. 油泵内部损坏 2. 压力控制阀动作不良 3. 压力表损坏	1. 检修或更换 2. 检查压力控制阀 3. 更换
	换向阀手柄不动作	阀杆砸伤，或有异物	检修
	油缸不动作	1. 油压不足 2. 换向阀动作不良 3. 密封损坏	1. 调整系统压力 2. 检修或更换 3. 更换
	油缸回缩	1. 内部密封损坏 2. 平衡阀失灵	1. 更换 2. 更换
水系统	外喷雾雾化效果差	1. 喷嘴堵塞 2. 供水口过滤器堵塞 3. 水量不足 4. 水压不足	1. 清理 2. 清理 3. 调整水量 4. 调整水压
	内喷雾不喷或效果差	1. 喷嘴堵塞 2. 旋转水密封损坏 3. 过滤器堵塞 4. 水量不足 5. 溢流阀动作不良 6. 喷雾泵密封损坏 7. 喷雾泵内部损坏	1. 清理 2. 更换旋转水密封 3. 清理 4. 调整水量 5. 调整或检修 6. 更换密封 7. 检修或更换

学习活动2 工作前的准备

【学习目标】

（1）认真听讲解，做好笔记。

（2）通过阅读掘进机说明书，掌握掘进机的使用和维护方法。

（3）掌握掘进机的常见故障及处理方法。

（4）牢记安全注意事项，认识安全警示标志。

（5）按要求穿戴好劳保用品，戴好安全帽。

（6）做好操作前的准备工作。

一、工具资料

掘进机说明书。

二、设备

掘进机实训设备。

学习活动 3 现 场 施 工

【学习目标】

（1）熟练掌握安全知识，并能按照安全要求进行操作。

（2）正确维护掘进机，通过操作使学生对掘进机的检修和维护内容有初步认识。

（3）通过操作掘进机，锻炼动手能力和独立分析问题、解决问题的能力，培养团队合作精神。

【技能训练】

一、掘进机的定期检查

掘进机的定期检查按检查的周期可分为周检、月检、季检和半年检，分析其检查内容，填好表2-2。

表2-2 掘进机的定期检查

序号	检查部位	检 查 内 容	周检	月检	季检	半年检
1	截割头	1. 修补截割头的耐磨焊道 2. 更换磨损的截齿座 3. 检查凸起部分的磨损				
2	伸缩部	1. 拆卸、检查 2. 检查伸缩筒的磨损				
3	截割减速箱	1. 分解、检查 2. 换油 3. 加注黄油 4. 螺栓有无松动				
4	铲板部	1. 检查耙爪圆盘的密封 2. 衬套类有无松动 3. 修补耙爪的磨损部位 4. 检查轴承的油量 5. 检查铲板上盖板的磨损				
5	铲板减速箱	1. 检查中间轴和联轴节 2. 分解检查内部 3. 换油				

表2-2（续）

序号	检查部位	检 查 内 容	周检	月检	季检	半年检
6	本体部	1. 回转轴承紧固螺栓有无松动现象 2. 机架的紧固螺栓有无松动现象 3. 向回转轴承加注黄油				
7	履带部	1. 检查履带板 2. 检查张紧装置的动作情况 3. 拆卸检查张紧装置 4. 调整履带的紧张程度 5. 拆卸检查驱动轮 6. 拆卸检查支重轮并加油 7. 检查上、下转轮并加油				
8	行走减速箱	1. 分解、检查 2. 换油				
9	中部输送机	1. 检查链轮的磨损 2. 检查溜槽底板的磨损及修补 3. 检查刮板的磨损 4. 检查从动轮及加油				
10	输送机减速箱	1. 分解、检查 2. 换油				
11	喷雾系统	1. 更换喷雾泵的油 2. 调整喷雾泵溢流阀 3. 调整减压阀的压力 4. 检查是否有漏水 5. 清理过滤器 6. 检查各处螺栓是否松动				
12	液压系统	1. 检查液压电机连轴节 2. 更换液压油 3. 清洗和更换滤芯（使用初期1个月后） 4. 调整各换向阀的溢流阀压力				
13	液压缸	1. 检查密封 2. 缸盖有无松动 3. 衬套有无松动 4. 缸内有无划伤、生锈				
14	电气部分	1. 检查电机的绝缘阻抗 2. 检查控制箱内电气元件的绝缘阻抗 3. 电源电缆有无损伤 4. 紧固各部螺栓				

二、训练步骤

（1）教师设置"截割部"的检查点，由学生分析检查内容，并在教师指导下确定检查方式。

（2）教师设置"行走部"的检查点，由学生分析检查内容，并在教师指导下确定检查方式。

（3）教师设置"液压系统"的检查点，由学生分析检查内容，并在教师指导下确定检查方式。

（4）教师设置"电气系统"的检查点，由学生分析检查内容，并在教师指导下确定检查方式。

以上操作均要模拟生产现场环境。

子任务3　掘进机的安装与调试

【学习目标】

（1）通过了解掘进机的安装，明确学习任务要求。

（2）根据任务要求和实际情况，合理制定工作（学习）计划。

（3）正确对掘进机进行安装。

（4）熟练掌握各部件安装的主要事项。

（5）正确调试掘进机。

（6）识别工作环境的安全标志。

（7）严格遵守安全规章制度，规范穿戴工装和劳动防护用品。

（8）主动获取有效信息，展示工作成果，对学习与工作进行总结反思。

（9）能与他人合作，进行有效沟通。

【建议课时】

4课时。

【设备】

掘进机。

【学习任务】

当掘进机从地面运往工作面或综掘机械搬家时，设备要拆开运送，运到指定地点后，必须对其进行安装和调试，才能保证其正常和安全地工作。通过本项目训练要求学生掌握掘进机的基本结构，能对掘进机进行正确安装和调试。

学习活动1　明确工作任务

【学习目标】

（1）通过了解掘进机的安装和调试，明确学习任务、课时等要求。

（2）准确叙述掘进机的安装步骤和调试内容。

（3）准确说出各组成部分的安装顺序。

【建议学时】

2课时。

一、工作任务

在掘进机的安装过程中，要按照一定的安装顺序进行操作，否则可能出现运转不良甚至不能运转等问题。对掘进机的调试也非常重要，它可以提前发现问题、解决问题，为以后掘进机的正常运行奠定良好的基础。

二、相关理论知识

（一）掘进机安装前的准备工作

（1）工具和材料的准备。掘进机由于各种型号的结构不同，安装时所需的工具与材料也各异，因此工作班负责人应对准备安装掘进机所需的工具与材料进行认真计划，列表登记，做好充分准备。因为在井下安装，若工具与材料准备不充分，会给安装带来很大的困难。

（2）由工作班负责人向工作班全体安装人员交代清楚安装注意事项。

（3）检查顶板及安装现场支护等安全情况，清理现场，对与安装无关的杂物装车运离现场。

（4）吊装设施的布置。在工作面安装掘进机，一般使用链式起重机起吊，其起吊装设施的布置方式可根据设备和巷道情况而定。既可用钢管也可用重型钢轨。对于全锚巷道则可以在合理的位置上重新布置起吊锚杆。

（5）工作面安装掘进机所需的方木和钢管可一并装车，随设备车运送至工作面。

（二）掘进机的安装过程

1. 本体部和履带行走部的安装

（1）利用截割部机架销孔部和本体后部的销孔部作为起吊位置，用钢丝绳将本体部起吊。

（2）用枕木将本体部垫起，使其由地板距履带部的安装面为 200 mm 以上。本体部应放平、放正。

（3）用钢丝绳将一侧的履带部吊起，与本体部相连接。

（4）用枕木等物垫在已装好的履带下面，以防偏倒。

（5）用相同的方法安装另一侧履带。

（6）两侧履带连接后，用与（1）同样的方法将本体部吊起，抽出其下方的枕木等物。

2. 后支撑器的安装方法

起吊后支撑器，与本体部的后部连接，紧固连接螺栓。连接螺栓的紧固力矩为 880 N·m。

3. 铲板部的装配方法

（1）用钢丝绳将铲板中心部吊起，与本体的机架相连接。

（2）安装铲板升降用的液压缸。

（3）安装铲板两侧部分。注意此时不要把铲板的两侧部分紧固，应与中心部分保持 20 mm 以上的间隙，为安装左右耙爪创造条件。

（4）安装左右两个耙爪。右耙爪是用一个液压马达通过中间轴驱动的，因此，如果装配方法不对，则会造成两个耙爪相互碰撞。转动偏心圆盘，确认耙爪的正确位置后，再连接中间传动轴。

（5）最后紧固各连接螺栓。

4. 第一运输机的装配方法

（1）用钢丝绳将运输机起吊，从后方插入本体机架内。

（2）运输机的溜槽装好后，安装、调整刮板链。

（3）当第一输送机的溜槽与铲板连接后，紧固固定螺栓，开始装入链条。

（4）将链条的调整螺栓完全松开，同时也将输送机用的减速机向前推移。

（5）将链条的一端用长的铁丝捆住，由上部向前引入，在前导轮处反向，由链条的返回侧拉出铁丝。

（6）在溜槽后端的链轮处，将链条上弯曲与链轮牙相啮合后，用连接环把链条连接好。

（7）用调整螺栓将链条调至规定的张紧程度。

5. 截割部的安装方法

（1）用钢丝绳将截割部吊起与本体机架相连接。

（2）安装截割头上下用的液压缸。

（3）装好后使截割头前端底板接触，或者用枕木垫起。

6. 连接配管的方法

由操作台切换阀出来的配管以及横贯操作台的配管，必须由下侧依次排列整齐。另外，当分解或装配时，必须把相连接的配管与接头扎上相对应的号码牌。

关于操作台、电气开关箱、液压箱、液压系统部、第二运输机的安装方法比较简单，不再介绍。

（三）掘进机安装时的注意事项

（1）当起吊各组件时，必须按着吊孔和吊环所定的位置挂钢丝绳。

（2）当安装销子及螺栓时，必须涂抹防锈油或涂黄干油。

（3）在有防尘圈的部位装销子时，必须注意不要划伤其防尘圈。因此，在插销子时，一边稍稍转动，一边插入。

（4）在调整螺栓等露出的螺纹部分时，为防止生锈，应涂抹黄干油。

（5）紧固螺栓的紧固力矩，应按所规定的紧固力矩进行紧固。

（6）更换易损件时，应先用洗油清洗，然后用高压风吹净后撞入。

（7）各共装部位必须符合装配要求。

（8）各紧固部位必须均匀紧固，防止由于紧固不均匀而造成组件偏斜，影响正常使用。

（9）各部位的连接螺栓必须使用规定的螺栓，不得用其他型号的螺栓代替。

（四）掘进机的调试

1. 掘进机调试前的准备

掘进机在调试前，应注意做好以下几项工作：

（1）对照安装标准和要求，对掘进机进行全面检查，确认安装无误后，方可进行调试工作。

（2）掘进机油箱加足液压油，各齿轮箱加足润滑油。

2. 掘进机的调试过程

1）机械传动系统的调试

（1）第一运输机链条的调整。

① 将铲板压接底板（此时履带部的支重齿处于游动状态）。

② 松开运输机后部的锁紧螺母。

③ 均等地调整左右调整螺栓，使运输机下面的链条具有 70 mm 的下垂度，然后紧固锁紧螺母。

④ 如果链条过于张紧或者左右调整螺栓紧张不均，有可能造成驱动轴的弯曲、轴承的破坏、液压马达的过负荷等现象。

⑤ 当用调整螺栓调整时，仍不能得到预想的效果，则应去掉两个链条的两个链环，再调整至正常的张紧程度。

（2）履带的张紧调整。

（3）第二输送机的调整。

① 松开电滚筒两侧的调整丝杠上的锁紧螺母。

② 均匀的转动张紧丝杠的调整螺母，调节输送带的松紧度。如果输送带松弛，则逐渐拉紧丝杠；如果输送带紧张过度，则逐渐松开丝杠，直至使输送带松紧度适宜为止。

2）液压系统的调试

（1）油液压力的调整。在各类用途的切换阀内，都设有溢流阀，以此来调整系统的压力。具体方法如下：

① 将操作台上方的压力表转至需调整的切换阀位置。

② 取下端帽或帽式螺母，将锁紧螺母松开。

③ 用内六角扳手调整螺丝，使压力升高或降低。

④ 当调至规定的压力后，拧紧锁紧螺母并装好罩子或帽式螺母。

（2）动作方向的调整。掘进机试运转后，如果截割头回转、升降、履带行走、耙爪、第一输送机等不符合掘进机的常规操作需要，就需要对其动作方向进行调整。关于动作方向的调整较为简单，只需要对其有关工作件（液压缸或液压马达）的进、回油管进行调整便可。

学习活动 2 工作前的准备

【学习目标】

（1）认真听讲解，做好笔记。

（2）通过阅读掘进机的安装步骤，掌握具体安装过程。

（3）掌握掘进机的调试内容。

（4）牢记安全注意事项，认识安全警示标志。

（5）按要求穿戴好劳保用品，戴好安全帽。

（6）做好操作前的准备工作。

【建议学时】

2 课时。

一、工具

常用电工工具、密封胶、内六方扳手、锯条、钢刷、破布、柴油、半空油桶、销子、垫圈、螺栓和螺母、大、小锤、轴承拆卸工具、助力器、拉拔器、液压爪拉拔器。

二、设备

掘进机实训设备。

三、安装前的准备

1. 安装硐室

（1）在使用本机组的巷道始端，应根据机器的最大尺寸、部件的最大重量，准备安装硐室。硐室应具备电源、通风、照明条件。

（2）建议该机组安装硐室规格（长×宽×高）：40 m×5.5 m×4 m。

2. 准备工作

（1）JM-14 型回柱绞车 1 台，须安装固定牢靠，严防放在浮煤浮矸上；

（2）在顶板岩层中牢固安装两组滑轮，滑轮架用双螺帽拧紧；

（3）将硐室杂物清理干净；

（4）准备鸭子嘴、吊环、螺丝、吊绳等吊挂用具；

（5）准备方木、垫板；

（6）准备扳手、铜棒、撬杠等安装工具；

（7）若使用手动葫芦，须确认：①吨位是否合适；②大小轮逆止装置是否可靠。

学习活动3 现 场 施 工

【学习目标】

（1）熟练掌握安全知识，并能按照安全要求进行操作。

（2）正确拆装掘进机，通过操作使学生对掘进机的各组成部件和相互之间的关系有初步认识。

（3）通过现场操作掘进机，锻炼动手能力和独立分析问题、解决问题的能力，培养团队合作精神。

【具体操作】

一、拆卸的准备工作

（1）确定负责人并组织学习。

（2）拆卸材料和专用工具的准备。

（3）地面试运转并准备配电。

（4）准备装载运输车辆并排序。

（5）准备装车捆绑材料。

二、拆卸与运输

（1）根据需要通过的巷道断面尺寸（宽和高）大小，提升罐笼容积大小，决定其设备的分解程度和数量。

（2）拆卸配合较紧的零部件时，必须使用专用工具，不得用大锤强行敲打，以避免损伤零部件，造成安装困难。

（3）充分考虑到用台车运输时，其台车的承重能力和运输中货物的窜动，以及用钢丝绳紧固时防止设备带来的不利因素等。

（4）吊装有机加工面的部件时，钢丝绳不得与机加工面直接接触，必须加垫木板。

（5）拆卸液压系统高压胶管时，不必将两端都拆开，只将与液压缸或马达连接的段拆开并用塑料袋布包扎好，然后卷捆在液压操作台上，以利安装。

（6）解体后的各种销子、螺栓、挡板与垫圈等小件物品，应用箱子装好，以免丢失。

（7）电气缆线也不需两端全部拆开，只需将与动力部连接的接头拆开，随电源箱一起运输。

（8）拆卸与安装应保持一组人员，特别是指挥人员不得随意更换，以便熟悉机器的结构，提高操作水平。

三、安装前的准备工作

（1）工具和材料的准备。
（2）工作负责人交代安装注意事项。
（3）检查现场安全情况。
（4）布置吊装设施。
（5）方木与钢管的准备。

四、安装

（1）安装工作由专人负责，统一指挥。
（2）按使用维护说明书指定顺序安装。
（3）采用谁拆卸谁安装的方式。
（4）起吊操作须专职人员进行，严禁无证上岗。
（5）按吊孔和吊环的位置挂绳锁。
（6）部件起吊时，先慢慢试吊，观测各吊绳是否牢靠、受力是否均匀。
（7）部件起吊后，严禁在下面站人或进行其他作业，确需进行部件的摆动、旋转等工作，应使用绳拉或长柄工具推。
（8）吊起的部件安装时，司机必须压好闸，严防松动，对于大型部件，除用闸控制外，还需手动葫芦协助受力，以确保安全组装。
（9）吊起的部件安装时，若需人员进入下方安装，应使用方木打好木垛，确认安全可靠。
（10）液压、水系统各管路、接头须装前擦拭干净。

（11）各处螺栓应均匀紧固，防止紧固不均造成配合部件的偏斜、划伤，重要部位的紧固螺栓，其紧固力矩应符合设计要求。

（12）装销子前，须涂润滑脂，防止锈蚀后无法拆卸，装销子时，一边稍稍转动，一边插入，在有防尘圈的部位，注意不要划伤防尘圈。

（13）所有零部件应安装齐全，严禁随意甩掉任何机构和保护装置。

（14）调整螺栓的露出部分，涂润滑脂，防止锈蚀。

（15）按油质要求加注润滑油和液压油。

（16）安装过程中，严禁接通电源。

（17）初步完成调试后，安装各部分盖板。

五、安装后的检查事项

（1）各处螺栓是否紧固。

（2）油管、水管连接是否正确，各管路铺设是否整齐。

（3）销子卡板是否齐全。

（4）电动机接线端子、进出电缆连接是否可靠。

（5）电控箱的紧固螺栓、垫圈是否齐全，隔爆面是否符合要求。

（6）刮板链、履带链的松紧程度是否合适。

（7）油泵电机、截割电机转向是否正确。

（8）对照操作指示牌操作各手柄，观察各执行元件动作是否正确。

（9）内、外喷雾是否畅通，水压能否达到规定值。

六、调试

1. 机械传动系统的调试

机械传动系统的调试包括第一运输机链条的调试，履带的张紧调试，第二运输机的调试。

2. 液压系统的调试

液压系统的调试包括液压的调试和动作方向的调试。

3. 电气系统的调试

电气系统的调试包括电动机转向的调试和电动机掉电的调试。

学习任务三　刮板输送机

子任务 1　刮板输送机的基本操作

【学习目标】

(1) 通过了解刮板输送机的操作，明确学习任务要求。

(2) 根据任务要求和实际情况，合理制定工作（学习）计划。

(3) 正确认识刮板输送机的类型、组成、型号及主要参数。

(4) 熟练掌握刮板输送机的具体操作。

(5) 正确理解刮板输送机的应用。

(6) 识别工作环境的安全标志。

(7) 严格遵守安全规章制度，规范穿戴工装和劳动防护用品。

(8) 主动获取有效信息、展示工作成果，对学习和工作进行总结与反思。

(9) 能与他人合作，进行有效沟通。

【建议课时】

4 课时。

【设备】

刮板输送机。

【学习任务】

刮板输送机的外形和在煤矿井下使用现场状况如图 3 - 1 所示。它除了运送煤炭外，还兼作采煤机运行轨道、液压支架移动的支点，固定采煤机有链牵引的拉紧装置或无链牵引的齿轨（销轨和链轨），并有清理工作面浮煤，放置电缆、水管、乳化液胶管等功能。

(a) 刮板输送机外形　　　　(b) 刮板输送机井下使用现场

图 3 - 1　刮板输送机

因此其性能、可靠程度和寿命是综采工作面正常生产和取得良好技术经济效果的重要保证。那么怎样做到这些呢？那就要先掌握刮板输送机的结构组成、工作原理及类型等。

学习活动1 明确工作任务

【学习目标】

(1) 通过了解刮板输送机的具体操作，明确学习任务、课时等要求。

(2) 准确叙述刮板输送机的运行与操作步骤。

(3) 详细叙述刮板输送机的操作过程。

【建议学时】

2课时。

一、工作任务

为了能够正确操作刮板输送机，保证刮板输送机安全、有效地运行，能够真正使其起到运输煤炭的作用，就要对刮板输送机的整体结构进行了解。本任务要求根据刮板输送机的应用，结合现场实物，认识和熟悉整机的结构，明确各个组成部件的外形、结构特点、功用和工作原理，熟悉刮板输送机操作前的准备与检查、启动、运行、停止等操作技能。

二、相关理论知识

（一）组成

刮板输送机是目前长壁式采煤工作面唯一的运输设备，虽然其类型和组成部件的形式多种多样，但基本组成和工作原理相同。图3-2所示为刮板输送机，其由机头部（包括机头架、传动装置、链轮组件等）、中间部（分为中部标准槽、调节槽、过渡槽和刮板链

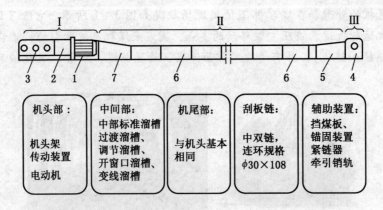

1—电动机；2—液力偶合器；3—减速器；4—机尾；5—机尾过渡槽；
6—中部溜槽；7—机头过渡槽

图3-2 刮板输送机的结构

等）和机尾部（包括机尾架、传动装置、链轮组件等）组成。此外，还有挡煤板、铲煤板、防滑锚固装置、紧链器等附属装置。

（二）工作原理

刮板输送机的工作原理如图 3-3 所示。由绕过机头链轮和机尾链轮的无极循环刮板链作为牵引机构，以溜槽作为承载机构。电动机经过联轴器、减速器驱动链轮旋转，使链轮带动与之啮合的刮板链连续运转，将装在溜槽上的货载从机尾运到机头处卸载。在运行过程中，由于链轮的轮齿依次与刮板链的链环啮合，刮板链绕经链轮时为多边形运动，而不是按圆周运动，因而刮板链在运行中速度和加速度都发生周期性的变化。

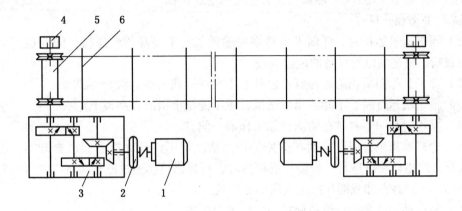

1—电动机；2—液力偶合器；3—减速器；4—链轮组件；5—盲轴；6—刮板链

图 3-3 刮板输送机的传动系统

（三）适用范围

刮板输送机既可用于水平运输，以可用于倾斜运输。当用于倾斜运输时：

（1）向上运输最大倾角不得超过 25°；

（2）向下运输最大倾角不得超过 20°；

（3）当兼作采煤机轨道且工作面倾角超过 10°时，应采取防滑措施；

（4）允许在水平和垂直方向作 2°～4°的弯折，以便与相应的采煤机和自移式液压支架配套使用。

（四）分类和型号

1. 刮板输送机的分类

（1）按刮板链的形式，可分为中单链、边双链、中双链及三链型刮板输送机。

（2）按溜槽的布置方式，可分为重叠式和并列式中部槽刮板输送机。

（3）按溜槽类型，可分为敞底式和封底式中部槽刮板输送机。

（4）按卸载方式，可分为端卸式、侧卸式、交叉侧卸式和 90°转弯刮板输送机。

（5）按功率大小，可分为轻型（单电动机额定功率小于或等于 40 kW）、中型（大于 40 kW，小于或等于 90 kW）和重型（大于 90 kW）刮板输送机。

2. 刮板输送机的型号举例

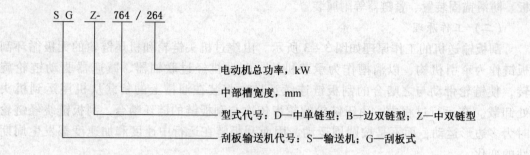

```
S  G  Z-  764 / 264
```
电动机总功率, kW
中部槽宽度, mm
型式代号: D—中单链型; B—边双链型; Z—中双链型
刮板输送机代号: S—输送机; G—刮板式

SGZC－730/264 型: C—侧卸式; 其他符号意义同前。

（五）安全操作规程

（1）当输送机运行时, 任何人不得横跨输送机, 不得翻越输送机, 同时也不充许滞留在卸载端、机尾端以及机身的危险地段。

（2）除了工作面采出的煤和矸石以外, 不允许运载其他物料。

（3）输送机运行时, 不能依靠输送机, 也不能把手指放在刮板上。

（4）操作过程中不要站在输送机靠工作面一侧。

（5）除非输送机检修, 否则在拆掉护板的情况下不许开动机器, 想要开动, 也应在有关人员的严格监视下进行, 当输送机检修时, 刮板仍继续通过链轮运载煤和矸右时, 应格外小心, 不要站在卸载端和机尾端的链轮后面。

（6）与运动部件和运行设备保持一定的安全距离。

（7）当检修设备或输送机运行时, 操作人员应注意人身安全。

（8）所有的螺栓和连接件应正确就位, 并应拧紧。

（9）在工作面输送机上进行任何工作（如更换刮板、链轮、链条等）都应该断开电源。

（10）使用链条张紧装置时, 所有的电器联锁件应全部断电, 使用完毕后, 切记要断开张紧装置。

（11）当工作面输送机停止不动时, 要谨防链条张紧。如果发生链条张紧则在链条上进行任何工作都是危险的。

（12）拆卸和更换液压件时, 应释放掉压力。

（六）安全操作

刮板输送机司机必须是经过安全技术培训、熟悉和掌握所使用的刮板输送机的性能、结构、工作原理, 了解操作规程及维护保养制度, 并经考试合格持有安全操作资格证的人员担任。严禁无证上岗操作。

1. 操作前的准备与检查

为了保证刮板输送机的安全运转, 在其运转前必须进行详细、全面的检查。检查分为一般检查和重点检查。

1）一般检查

首先检查工作环境, 如工作地点的支架、顶板和巷道的支护情况, 检查输送机上有无人员作业,有无其他障碍物,压柱压得是否牢固。然后检查电缆吊挂是否合格,电动机、开关、按钮等各处接线是否良好,如果检查没有发现问题,可将输送机稍加启动,看看输送机是否运转正常,接着再开始重点检查。

2)重点检查

(1)中间部检查。对中间槽、刮板链从头到尾进行一次详细检查。方法是:从机头链轮开始,往后逐级检查刮板链、刮板、连接环以及连接环上的螺栓。检查 4~5 次后,在刮板链上用铅丝绑一个记号,然后开动电动机把带记号的刮板链运行到机头链轮处,再从此记号向后检查,一直到机尾,在机尾的刮板链上再用铅丝绑一个记号,然后从机尾往回检查中部槽对口有无饧茬或搭接不平、磨环、压环、上槽陷入下槽等情况。回到机头处,开动输送机把机头记号运转到机头链轮处,再往后重复以上检查,至此检查了一个循环,发现问题及时处理。

(2)机头检查:

① 有传动小链的刮板输送机,要检查传动小链的链板、销子的磨损变形程度;链轮上的保险销是否正常,必须使用规定的保险销,不得用其他物品代替。

② 检查弹性联轴器的间隙是否正确(一般 3~5 mm),液力偶合器是否完好。

③ 检查减速箱油量是否适当(油面接触大齿轮高度的1/3为宜)。

④ 检查机头座连接螺栓、地脚压板螺栓、机头轴承座螺栓等是否齐全坚固。

⑤ 检查链轮、托叉、护板是否完整坚固。

⑥ 检查弹性联轴器和紧链器的防护罩是否齐全。

(3)机尾检查。机尾有动力驱动时检查内容同机头,无动力驱动时要做以下检查:

① 检查机尾滚筒的磨损与轴承情况(转动灵活)。

② 检查调节机尾轴的装置是否灵活。

③ 检查机尾环境是否良好,如有积水,要挖沟疏通。

经以上检查,确认一切良好,即可开动电动机正式运转。

2. 操作一般步骤

(1)经上述检查无误后,方可发出开车信号。

(2)待前续输送机运行后方可开车。

(3)启动时应断续启动,隔几秒钟后再正式启动。

(4)不能强行启动,如出现刮板输送机连续 3 次不能启动,或切断保险销,必须找出原因并处理后方可再次启动。

(5)在无集中控制系统时,多台刮板输送机的启动都应从外向里,沿逆煤流方向依次启动。

(6)在正常运转时,应注意巡回检查。

(7)停车时应从里向外顺煤流方向依次进行,并拉净刮板输送机上的煤炭。

3. 操作安全注意事项

(1)联络信号齐全可靠,操作信号要正确。

(2)精力集中,不打盹、不睡觉。

(3)随时观察顶板、支柱、电缆及周围环境情况。

（4）操作按钮要放在安全可靠的位置，防止撞、砸。

（5）遇有大块煤炭或矸石要及时处理，以免堵塞溜煤口引起系统堵塞。

（6）听到停机信号时，要及时停机，只有重新听到开机信号后方可开机。

（7）无煤时不使刮板输送机长时间空运转。

（8）经常检查电动机温度是否正常。

（9）停机后，将磁力起动开关打至零位，并加以闭锁。

在生产过程中如需使用刮板输送机运送物料时应注意以下事项：

（1）应在刮板输送机运转的情况下向溜槽内放置物料。

（2）配有双速电动机的刮板输送机应用慢速运送物料。

（3）向溜槽内放置坑木、金属支柱等长物料时应先放入前端，后放入后端，**防止碰人**；物料应放在溜槽中间，防止刮碰槽帮。

（4）物料运送中，要有专人跟随在物料的后端；遇有卡阻情况，应及时发出停机信号，处理后再启动。

（5）要有专人在输送地点接物，两人同时从溜槽中向外搬物料时应先搬后端，后搬前端，以免伤人。

（6）司机在物料碰不着的地方观察和操作，发现物料无人接应时应立即停机。

（7）严禁用刮板输送机运送火药。

学习活动2 工作前的准备

【学习目标】

（1）认真听讲解，做好笔记。

（2）通过熟悉刮板输送机的操作规范，掌握刮板输送机的工作过程。

（3）掌握刮板输送机的操作步骤与注意事项。

（4）牢记安全注意事项，认识安全警示标志。

（5）按要求穿戴好劳保用品，戴好安全帽。

（6）做好操作前的准备工作。

一、工具资料

钢丝钳、活扳手和专用扳手、旋具、铁板等。

二、设备

刮板输送机实训设备。

三、安装前的检查及准备工作

（1）检查传动装置、机头部、机尾部及各部位螺栓是否齐全、紧固；冷却系统是否完好。

（2）检查各中部槽的螺栓、哑铃销连接是否完好。

（3）检查减速器及各润滑部位油量是否符合规定。

（4）检查电缆及各连接处是否完好，确保无失爆。

（5）检查通信、信号系统是否畅通，操作按钮是否灵活、可靠。

（6）开动刮板输送机，试转一周，细听各部位声音是否正常，检查链条松紧程度，刮板螺栓有无丢失或松动。

（7）以上各项检查完好后方可进行操作。

学习活动3　现　场　施　工

【学习目标】

（1）熟练掌握安全知识，并能按照安全要求进行操作。

（2）正确操作刮板输送机，通过操作使学生对设备的组成和工作原理有初步认识。

（3）通过操作设备，锻炼动手能力和独立分析问题、解决问题的能力，培养团队合作精神。

【技能训练】

一、《操作规程》的具体要求

1. 准备工作

（1）认真检查传动装置、机头部螺栓是否齐全紧固。

（2）检查通信信号系统是否畅通，操作按钮是否灵活可靠。

（3）检查减速箱油量是否符合规定，检查液力偶合器水介质及减速箱有无渗漏现象。

（4）点开输送机，无问题后试转一圈，细听各部声音是否正常，检查所有链条、刮板连接螺栓有无丢失或松动和弯曲过大等现象，如有应立即补齐、拧紧或更换。

（5）检查文明生产情况。

2. 运行中的注意事项

（1）细听信号，信号不清不准操作。

（2）经常注意电动机、减速箱的运转声音，如发现异常响声，应立即停机检查，处理后方准重新开动。

（3）经常观察链条、连接环、托叉、护板等状态，发现问题及时处理。

（4）液力偶合器的易熔塞不准使用其他材料代替或堵死。

（5）利用输送机运大件时，必须按矿总工程师批准的安全技术措施执行，严禁损坏设备或伤人。

3. 停机

（1）应把溜槽中的煤炭输送完毕后再停机。

（2）清理机头各部，不得压埋电动机、减速箱，保持良好的文明生产环境。

（3）认真填写工作日志，把当班输送机的运转情况向接班人交代清楚。

二、刮板输送机司机手指口述

1. 岗位职责描述

（1）检查和操作刮板输送机，负责刮板输送机的运行。

（2）检查安全设施是否完好，保证工作面煤的正常运出。

（3）遵守安全技术操作规程，处理运行过程中的异常情况。

（4）负责本岗位设备的整洁和管辖范围内的工业卫生，负责机头喷雾消尘装置开、停和维护。

（5）负责日常保养维护设备。

（6）协助其他运输岗位处理故障。

2. 安全操作要领

（1）熟悉本岗位工作标准及操作顺序，并严格对照执行；和采煤工作面其余工种团结协作，完成好生产任务。

（2）按时上下班，现场交接班；坚守岗位，不脱岗、串岗、睡岗，班中不干私活。

（3）严格按规程、措施及操作标准和程序施工，杜绝违章，确保安全。

（4）对责任范围内的安全隐患及时排查，积极汇报处理，并做好记录。

3. 危险源辨识

（1）电气设备触电会伤人；不擅自接触电气设备可预防。

（2）外露转动和传动部分易夹伤，加装防护可预防。

（3）溜子上的物料顶伤或挤伤，站位正确能预防。

（4）刮板链断裂易打伤，认真检查及时更换可预防。

（5）加油烧伤，停机冷却后加油可预防。

4. 岗位手指口述安全确认

1）班前

（1）机头、机尾支护完好可靠，附近 5 m 范围无杂物、浮煤、积水，洒水设施齐全。确认完毕！

（2）瓦斯浓度符合规定。确认完毕！

（3）各传动部位、减速器、推移装置齐全、完整、紧固、无渗漏。确认完毕！

（4）信号闭锁装置灵敏可靠。确认完毕！

（5）刮板、链条、连接环螺栓无缺失、变形、松动。确认完毕！

（6）与转载机搭接正常。确认完毕！

（7）机头防尘设施、冷却系统完好。确认完毕！

（8）试运转监听无异常声音，可以开机。确认完毕！

2）班中

设备运行正常（声音、温度、震动），链条无卡链、跳链等现象，安全保护装置完好。确认完毕！

3）班后

（1）控制开关零位，已闭锁。确认完毕！

（2）设备周边环境已清理。确认完毕！

（3）可以进行交接。确认完毕！

子任务 2 刮板输送机的使用与维护

【学习目标】

（1）通过了解刮板输送机的维护和检修，明确学习任务要求。

（2）根据任务要求和实际情况，合理制定工作（学习）计划。

（3）掌握正确检修和维护刮板输送机的方法。

（4）熟悉刮板输送机的常见故障。

（5）学会刮板输送机的故障处理方法。

（6）识别工作环境的安全标志。

（7）严格遵守安全规章制度，规范穿戴工装和劳动防护用品。

（8）主动获取有效信息，展示工作成果，对学习和工作进行总结与反思。

（9）能与他人合作，进行有效沟通。

【建议课时】

6 学时。

【学习任务】

刮板输送机在运行过程中，随着使用时间的推移，其零部件不断受到摩擦、冲击等因素的影响，必然要发生零部件的磨损，导致零件的精度及其使用性能丧失。当这种情况超过一定的限度时，必将缩短设备的使用寿命，严重时还会出现机械事故和人身事故。因此，对刮板输送机加强日常维护，坚持预防性检修，就能使刮板输送机不出或者少出故障。

学习活动 1 明确工作任务

【学习目标】

（1）通过了解刮板输送机的运行和操作，明确学习任务、课时等要求。

（2）准确叙述刮板输送机的结构。

（3）准确说出刮板输送机各组成部分的作用。

【建议学时】

2 课时。

一、工作任务

机械磨损会使刮板输送机的性能随着使用时间的延长而逐渐变差。对刮板输送机进行日常维护就是要利用检修手段，有计划地事先补偿设备磨损，恢复设备性能，及时处理设备运行中经常出现的不正常状态，保证设备的正常运行。维护工作做得好，设备使用的时间就长。对刮板输送机要合理地使用，有目的地进行维护和检修，就能把可能发生的故障及时消除，保证刮板输送机安全可靠运转。

二、相关理论知识

刮板输送机的结构主要包括机头动力部、过渡段、中部段、刮板链、机尾动力部、紧链装置、哑铃销、销排等组成，如图3-4所示。

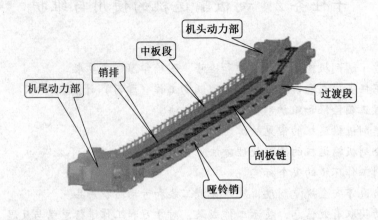

图3-4 刮板输送机的结构

（一）机头动力部

机头动力部由动力部和机头组成。以机头为基础，根据不同工作面的需要可在机头的左侧或右侧将由减速器、联轴器、电动机组成的动力部连接为一体。也可以将动力部按平行布置（图3-5a）和垂直布置（图3-5b）与机头相连接。动力传动的途径是电动机的扭矩经半联轴器到液力偶合器、减速器输入轴，经减速器输出轴内花键与机头链轮轴的外花键啮合，由链轮牵引刮板链循环运转。

(a) 平行布置　　　　　　　　　　　　　　　(b) 垂直布置

图3-5 动力部和机头的布置方式

1. 动力部

动力部是输送机的驱动装置，其主要由电机、减速器、联轴器、联接罩筒、闸盘等零部件组成，如图3-6所示。

动力传递的途径是电动机的扭矩经联轴器、减速器输入轴、经减速器减速后，通过输出轴花键与机头链轮轴的相啮合，由链轮转动牵引刮板链运动。

液力偶合器在电动机和减速器之间，将电动机输入的机械能转化为液体的动能，又将工作液体的动能还原为机械动能，液力偶合器又分为限矩型液力偶合器和调速型液力偶合器。

1）电动机

电动机是刮板输送机动力部必不可少的电气设备，是设备的运动核心，应用于煤矿井下的电动机必须具有防爆功能。如图3-7所示。电动机高速旋转带动液力偶合器转动，通过减速器降低转速增大扭矩将动力传递给链轮组件，从而驱动刮板的平移，实现物料的运输。

图3-6 刮板输送机的动力部　　　　　图3-7 电动机

电动机按冷却方式分为空冷、水冷；按速度等级分为单速、多速；按工作电压等级分为380 V、660 V、1140 V、3300 V；电机的型号：如YBSD-855/430-4/8G。其中：YBS表示单速空冷；YBSS表示单速水冷；YBSD表示水冷多速；G表示高压（3300 V），为Y时表示为硬绕组。

2）减速器

减速器用来传递电动机的动力并为刮板输送机提供符合要求的转速。实物如图3-8所示。

减速器的箱体是对称的上下箱体结构，上下箱体之间用螺栓连接。箱体帮上有4个螺孔，以方便与机头连接。圆弧锥齿轮位于减速器一轴上，它是通过轴端的花键及液力偶合器的轴套传动的。斜齿轮位于二轴上并通过其上的圆弧锥齿轮传递或接受转矩。正齿轮位于三轴上并通过其上的斜齿轮传递和接受转矩。四轴为输出轴，正齿轮传递的转矩通过轴头的花键轴或花键孔直接与链轮滚筒相连接并将动力传递给设备。如图3-9所示。不同型号减速器的结构基本相同，所不同的是一轴轴头伸出的情况有两种：一种是两个双圆头键连接；另一种是外渐开线齿轮连接。四轴与下面设备连接部分的轴头也有内渐开线齿轮和外渐开线齿轮两种结构。

图3-8 减速器

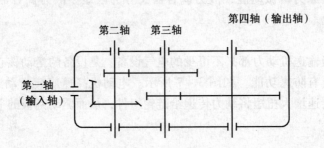

图 3-9 三级减速器传动系统

3）联轴器

联轴器安装在电动机输出轴与减速器输入轴之间，用以传递力矩。联轴器的类型较多，刮板输送机上常用的有木销联轴器、螺栓联轴器、弹性联轴器、胶带联轴器和液力偶合器等。前四种联轴器主要用于要求不高、功率较小的刮板输送机上。功率较大的刮板输送机主要使用液力偶合器。

（1）液力偶合器的组成。液力偶合器是借助液体动能传递力矩的液力元件，其结构如图 3-10 所示。主要由泵轮、涡轮、外壳 3 个主要部件组成。泵轮、外壳与弹性联轴器通过螺栓连接在一起，借助两个滚动轴承支撑在轴套上，通过弹性联轴器与电动机连接，起着主动轴的作用。涡轮与泵轮相对布置，用铆钉固定在轴套上，通过轴套内花键与减速

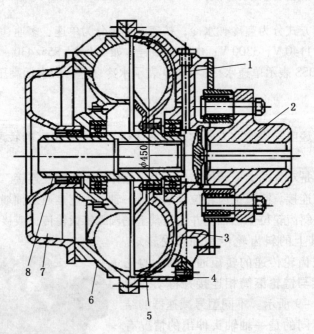

1—注油孔；2—弹性联轴器；3—外壳；4—易熔合金保护塞；

5—涡轮；6—泵轮；7—后辅助室；8—轴套

图 3-10 YL-450 型限矩型液力偶合器

器输入轴连接，起着从动轴的作用。轴套使泵轮与涡轮互为支撑，因而主动轴与从动轴是一种无刚性的机械连接，二者之间可以相互自由转动。在外壳上对称设置两个注油孔和两个易熔合金保护塞。注油孔用于注入工作液体，易熔合金保护塞具有过载保护作用。

（2）液力偶合器工作原理。液力偶合器的工作原理如图3-11所示。当电动机带动泵轮旋转时，泵轮内的液体质点随之旋转，这时液体一边绕泵轮轴线作旋转运动，一边因受离心力作用而沿径向叶道流向泵轮外缘并进入涡轮中。当液体进入涡轮后，对涡轮叶片产生冲击力，并形成冲击力矩推动涡轮旋转，液体被减速降压，液体的动能转换成涡轮的机械能而输出做功。

（3）液力偶合器的运行特点：①改善刮板输送机的启动性能；②具有良好的过载保护性能；③能使多电机驱动时负载分配趋于平衡。

2. 机头

机头主要由机头架、链轮轴组、拔链

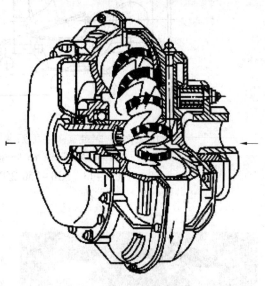

图3-11 液力偶合器液流示意图

器、压块、护板、连接螺栓等组成，如图3-12所示。机头架为左右对称，两侧均可安装动力部，以适应不同工作面的需要。

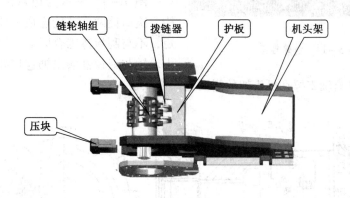

图3-12 机头

1）机头架

机头架是支撑和装配机头传动装置（电动机、液力偶合器、减速器）、链轮组件、盲轴，以及其他附属装置的构件。SGB-750/250型刮板输送机的机头架如图3-13所示，它是一个焊接组件，侧板、中板、底板构成机头架的主体，传动装置固定在机头架上。

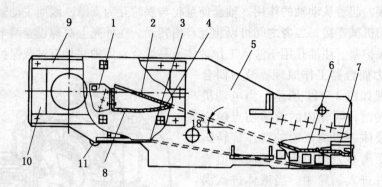

1—固定架；2—中板；3—底板；4—加强板；5—侧板；6—耐磨板；
7—高锰钢端头；8—前梁；9—横垫板；10—立板；11—圆钢

图 3-13　SGB-750/250 型刮板输送机机头架

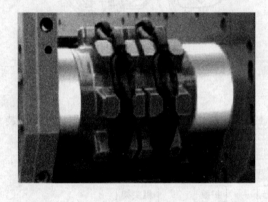

图 3-14　链轮轴组

2）链轮轴组

链轮轴组由链轮和连接滚筒组成，如图 3-14 所示。链轮是传力部件，也是易损件，运转中除受静载荷外，还受脉动和冲击载荷。为此要求链轮既要有较高的强度和耐磨性，又要有良好的韧性，能够承受工作中的冲击载荷，一般由高强度镍合金钢锻造并经电解加工而成。

图 3-15 所示为边双链的链轮轴组结构。滚筒使两个链轮连成一体，它只传递扭矩，不与刮板链啮合摩擦。链轮轴组的一端由轮轴与减速器输出轴连接并支撑在机头架上，另一端通过盲轴支撑在机头架的侧板上。

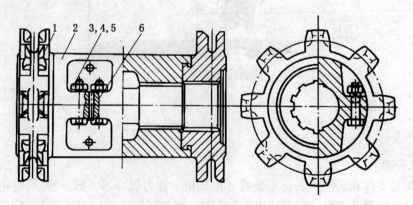

1—链轮；2—剖分式结构；3—螺栓；4—螺母；5—垫圈；6—定位销

图 3-15　边双链刮板输送机链轮轴组结构

图 3 – 16 所示为 SGZ764/500 型中双链式刮板输送机的链轮轴组。该组件两端对称，一端内花键与减速器输出轴连接，另一端与盲轴连接。双链轮由于链中心距较小而做成一体或电解加工后焊接成一体，又分别与两侧滚筒焊接成一体。迷宫盘与双油封组成对轴承的密封。链轮为七齿。

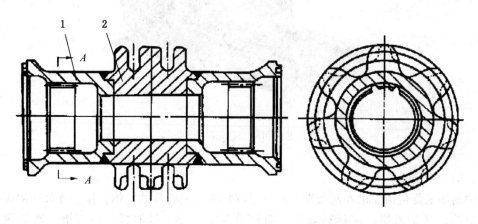

1—滚筒；2—链轮

图 3 – 16 中双链刮板输送机链轮轴组结构

（二）机尾部

综采工作面使用的刮板输送机的功率较大，所以机尾部也安装有驱动装置。机尾部主要由机尾架、传动装置（包括电动机、液力偶合器、减速器）、链轮组件等组成。机尾的结构与机头基本相同，很多零部件通用。机尾设有导向体，用来使机尾架上的上链便于反向引入中部槽。此外，机尾因不卸载，不需要卸载高度，故尺寸比机头小。由于不在机尾紧链，机尾也不设紧链装置。而且为了使输送机下链带出的煤粉能自动装入上槽，在机尾处还安设有回煤罩。图 3 – 17 所示为 SGB764/264 型刮板输送机机尾部结构，其外形如图 3 – 18 所示。

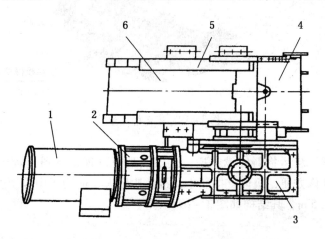

1—电动机；2—连接罩；3—减速器；4—回煤罩；5—压链块；6—机尾架

图 3 – 17 SGB764/264 型刮板输送机机尾部结构

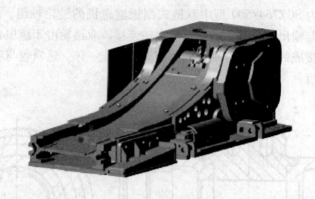

图 3 - 18 机尾部外形

（三）中间部

中间部主要包括溜槽和刮板链。溜槽是刮板输送机机身的主体，作为货载和刮板链的支撑机构，又是采煤机的运行轨道。溜槽分为中部槽、过渡槽、调节槽、紧链槽、变线槽。

1. 溜槽

1）中部槽

中部槽是刮板输送机的机身，由槽帮和中板焊接而成。图 3 - 19 所示为中部槽外形。

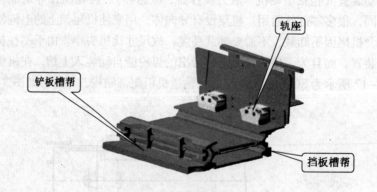

图 3 - 19 中部槽外形

中部槽的上槽为装运物料的承载槽，下槽供刮板返程，下图是敞开式结构。其特点是：结构简单，维修方便，机体支撑面小，接地比压大，适用于中等硬度以上的地板。中部槽长度一般为 1.5 m。其结构如图 3 - 20 所示。

2）调节槽

调节槽的结构与中部槽相同，用来调节刮板输送机的长度，以适应工作面长度变化的需要，其长度一般为 0.5 m 和 1.0 m，安设在机头、机尾附近。

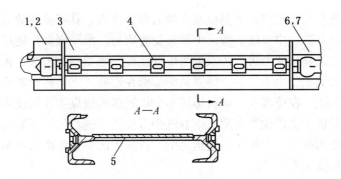

1、2—高锰钢凸端头；3—槽帮钢；4—支座；
5—中板；6、7—高锰钢凹端头

图 3-20　中部槽

3）过渡槽

过渡槽有机头过渡槽和机尾过渡槽两种，分别设在中部槽与机头架、机尾架之间，用于机头架和机尾架的过渡或连接，使机头架、机尾架和中部槽连为整体。过渡槽的外形如图 3-21 所示。

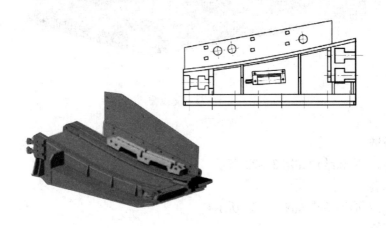

图 3-21　过渡槽

4）紧链槽

紧链槽结构与中部槽完全一样，只是在中板上开有 3 个圆孔或横向长形槽，用来固定紧链器，安装在机头附近。

5）变线槽

变线槽布置在机头架、机尾架与中部槽之间。变线槽的特点是在垂直方向上具有过渡作用；水平方向使采煤机导轨逐渐向工作面煤壁偏移（偏移量为 120 mm），其铲煤板逐渐加宽，保证采煤机割煤通过工作面端头。如图 3-22 所示。

2. 刮板链

刮板链由链条和刮板组成，是刮板输送机的牵引机构，具有推移货载的功能。目前使用的有中单链、边双链、中双链 3 种。中单链受力均匀，水平弯曲性能好，刮板遇刮卡阻塞可偏斜通过；缺点是预紧力大。边双链与单链比较，承受的拉力大，预紧力较低。水平弯曲性能差，两条链子受力不均匀，特别是中部槽在弯曲状态下运行时更为严重，断链事故多，链轮处易跳链。在薄煤层、倾斜煤层和大块较多的硬煤工作面使用性能较好，拉煤能力强。顺槽转载机上也常优先采用。中双链受力比边双链均匀，预紧力适中，水平弯曲性能较好，便于使用在侧卸式机头的输送机上。目前大运量长距离大功率工作面重型刮板输送机普遍采用单链和中双链。

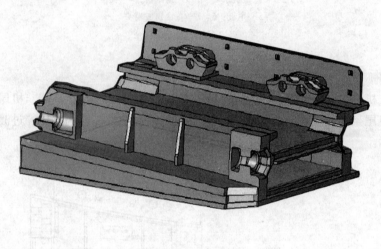

图 3 - 22　变线槽

1）中单链

中单链的外形和结构如图 3 - 23 所示。

2）边双链

边双链的外形和结构如图 3 - 24 所示。

3）中双链

中双链的外形和结构如图 3 - 25 所示。

（四）刮板输送机的附属装置

1. 紧链装置

紧链装置是调整刮板输送机刮板链预张力的装置，通常由紧链器与阻链器共同完成。刮板输送机在安装或运转中，要给予刮板链一定的预紧力，以确保运行时在张力最小点不发生链条松弛或堆积。当链条松弛时，需用紧链装置来拉紧刮板链，调整其长度。

紧链器是直接或配合刮板输送机减速器对链条施加张力的机构，有棘轮式、闸盘式、液压马达式和液压缸式等多种形式。下面介绍其中两种。

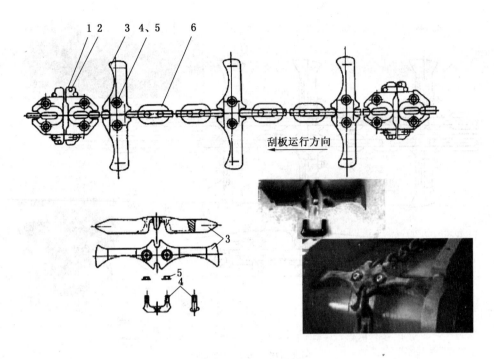

1—接链器；2—开口销；3—刮板；4—螺栓；5—自锁螺母；6—圆环链

图 3 - 23　中单链刮板链

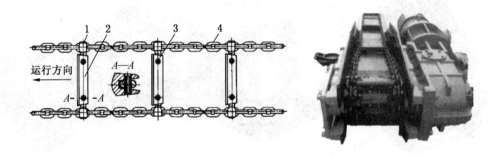

1—连接环；2—刮板；3—弹性圆柱销；4—圆环链

图 3 - 24　边双链刮板链

1）闸盘式紧链器

闸盘式紧链器主要由闸轮、杠杆、抱闸组成。推动杠杆，拉动连杆使抱闸抱紧闸轮，实现制动过程。如图 3 - 26 所示。

2）液压紧链器

液压紧链器由液压马达经一级齿轮驱动减速器，使刮板链缓慢运行以达到紧链目的。其外形如图 3 - 27 所示。

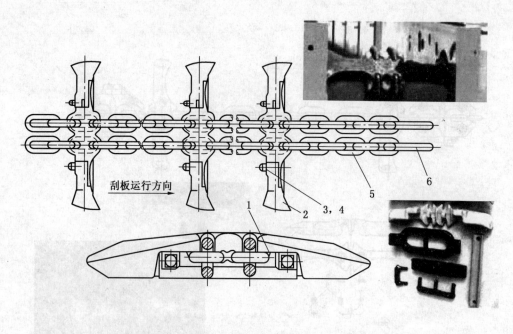

1—卡链横梁；2—刮板；3—螺栓；4—螺母；5—圆环链；6—接链环

图 3 - 25　中双链刮板链

图 3 - 26　闸盘式紧链器　　　　　　图 3 - 27　液压紧链器

2. 液压推移装置

在综合机械化采煤工作面，推移刮板输送机和移动液压支架的工作是紧密相连的，是通过其液压缸和活塞杆分别与输送机、液压支架相连的水平液压千斤顶的动作来完成的。活塞杆伸出时推移输送机，缩回时移动液压支架。供油系统如图 3 - 28 所示。

3. 挡煤板

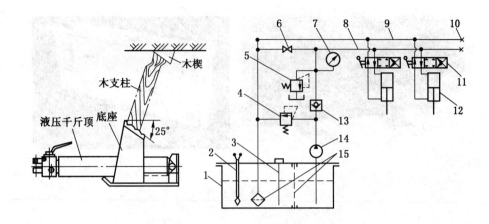

1—油箱；2—过热继电器；3—探油针；4—自动卸载阀；5—溢流阀；6—手动截止阀；7—压力表；
8—高压油管；9—低压油管；10—油堵；11—纵阀；12—液压千斤顶；13—单向阀；
14—齿轮油泵；15—网状过滤器

图 3-28　液压推移装置供油系统

中部槽与调节槽挡煤板的结构基本相同，如图 3-29 所示。挡煤板由电缆槽和底挡板组成，装在输送机靠采空区一侧。它的主要作用是增加中部槽的装煤量，防止煤炭溢出。另外，在挡煤板紧靠中部槽一侧还设有导向管，对采煤机运行起导向定位作用，防止掉道。

图 3-29　挡煤板

电缆槽位于挡煤板的采空区一侧，是输送机固定电缆和冷却水管的支撑体，同时又是采煤机活动电缆、冷却水管运行的支撑体和导向体。如图 3-30 所示。

4. 铲煤板

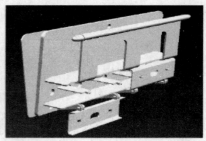

图 3 – 30　电缆槽

　　为了改善采煤机滚筒的装煤效果，在输送机靠煤壁一侧装有铲煤板，其结构如图 3 – 31 所示。铲煤板由立板、斜板、筋板及定位块焊接而成。当输送机向前推移时，铲煤板的斜面把采煤机遗留下来的浮煤推挤到中部槽中去，清除机道上的浮煤，避免输送机倾斜。

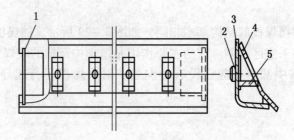

1—筋板；2—定位块；3—立板；4—斜板；5—平板

图 3 – 31　铲煤板

　　（五）刮板输送机的维护

　　设备的维护检修就是当设备在运行过程中出现不正常现象时，在不影响正常运转的情况下，利用停机的间隙及时更换易损件，调整、紧固链条螺栓和润滑、注油等，使设备始终保持完好状态。维护工作的好坏直接影响了设备使用效率和使用寿命。

　　1. 班中日常巡回检查保养

　　班中日常巡回检查是操作者在不停机的情况下进行的检查，也可利用停机的间隙配合检修工进行检查，每班巡回检查要在 2 ~ 3 次以上，发现问题要及时处理。检查内容如下：

　　（1）看减速器、轴承、联轴器等各润滑部位的油量、油位是否正常，轴承等的温度是否在 65 ~ 70 ℃之间。

　　（2）易松动的连接件是否松动，各运行部位是否有异常振动和声响。

　　（3）电流、电压值是否有波动，安全保护装置是否正常可靠，各摩擦部位的接触是否正常。

班中巡回检查中常采用一看、二摸、三听、四嗅、五试、六量。

一看：就是用肉眼对外观进行检查。

二摸：就是用手感觉温度、振动和松紧程度（用手感觉电器时一般用手背）。

三听：就是用耳对设备运行中发出的声音进行辨别（比较正常时和非正常时）。

四嗅：就是用鼻子对设备运行时发出的气味进行鉴别（电器发热有焦热味等）。

五试：就是对安全保护装置定期进行试验，确保其可靠性。

六量：就是用量具和仪器仪表对运行的机件检查测量，重点是易磨损件。

2. 定期检修维护

定期检修是根据设备运行的规律，对其进行周期性维护保养，以保证设备的正常运行。定期检修可分为小修、中修和大修。

1）小修

除日常巡回检查的内容外，小修还有需要更换易损件和停机较长时间检修维护的项目并处理一些影响安全运行的问题。可一天或三五天进行一次。主要项目包括：

（1）检查各传动部位是否有异常声音、剧烈振动和发热等现象。

（2）检查减速器、盲轴、链轮挡煤板和铲煤板连接板螺栓是否松动，以及润滑部位润滑油是否充足、有无变质。

（3）检查刮板、连接链及链环是否损坏，以及刮板链松紧是否合适，是否有跳牙现象。

（4）检查溜槽有无掉销、错口现象及变形情况，检查挡煤板、铲煤板的损坏、变形情况。

（5）检查推进系统软管是否泄漏，液压缸是否损坏，乳化液是否充足、变质，比例是否合乎要求。

（6）检查机头、机尾连接情况及变形情况，以及刮板、链条、压链块的磨损情况。

（7）检查电动机引线的损坏情况。

2）中修

除日常维修和小修的内容外，中修主要是对较大的和关键的零部件进行更换处理。具体内容是液压联轴器、橡胶联轴器、链轮和拨链器的检修和更换，并对电动机和减速器进行较大的维修工作。一般 1~3 个月进行一次。

3）大修

当完成一个工作面的回采工作后，将刮板输送机运到井上并进行全面的大修。

（1）对减速器、液力偶合器进行彻底的清洗和换油。

（2）检查电动机的绝缘、三相电流的平衡情况，并对电动机的轴承进行清洗、加油或更换。

（3）对损坏严重的机件进行修焊、矫正、更新。

（六）常见故障及其处理方法

刮板输送机的常见故障及处理方法见表 3-1。

表3-1 刮板输送机的常见故障分析及处理方法

序号	常见故障	故障原因	处理方法
1	电动机启动不起来或启动后又缓慢停转	1. 电路故障 2. 电压下降 3. 接触器故障 4. 操作程序不对	1. 检查电路 2. 检查电压 3. 检查过载保护继电器 4. 检查操作程序
2	电动机及端头轴承部位过热	1. 超负荷运行时间长 2. 通风散热情况不良 3. 轴承缺油或损坏	1. 减轻负荷，缩短超负荷运行时间 2. 清理电动机周围浮煤及杂物 3. 注油检查轴承是否损坏
3	减速器声音不正常	1. 齿轮啮合不好 2. 轴承或齿轮过渡磨合 3. 减速器内含有金属等杂物 4. 轴承间隙过大	1. 检查调整齿轮啮合情况 2. 更换磨损或损坏的齿轮或轴承 3. 清除减速器内的金属等杂物 4. 调整好轴承轴向间隙
4	减速器油温高	1. 润滑油牌号不合格或润滑油不干净 2. 润滑油过多 3. 散热器通风不好	1. 按规定更换新润滑油 2. 去掉多余润滑油 3. 清除减速器周围煤粉及杂物
5	减速器漏油	1. 密封件损坏 2. 减速器箱体接合面不严，各轴承盖螺栓拧不紧	1. 更换损坏的密封件 2. 拧紧接合面及各种轴承端盖螺栓
6	刮板链突然卡住	1. 刮板链上有异物 2. 刮板链跳出槽帮	1. 清除异物 2. 处理跳出的刮板
7	刮板链卡住，向前向后只能动很短距离	刮板机超载，或底链被回头煤卡住	1. 根据情况铲除上槽煤 2. 清除异物 3. 检查机头处的卸载情况
8	刮板链在链轮处跳牙	1. 刮板链过于松弛 2. 有相拧的路段 3. 双股链伸长不相等 4. 刮板变形严重	1. 重新张紧，缩短刮板链 2. 扭正链条，重新安装 3. 检查链条长度 4. 更换变形严重刮板
9	刮板链跳出溜槽	1. 刮板机不直 2. 链条过松 3. 溜槽损坏	1. 调直刮板机 2. 重新紧链 3. 更换被损坏的溜槽
10	断链	刮板链被异物卡住	1. 清除异物，断链临时接上 2. 开到机头处重新紧链

学习活动2 工作前的准备

【学习目标】

（1）认真听讲解，做好笔记。

（2）通过阅读刮板输送机说明书，掌握其使用和维护方法。

（3）掌握刮板输送机的常见故障及处理方法。

（4）牢记安全注意事项，认识安全警示标志。

（5）按要求穿戴好劳保用品，戴好安全帽。

（6）做好操作前的准备工作。

一、工具资料

扳手、钳子、螺丝刀等专用拆卸工具；刮板输送机说明书。

二、设备

SGW－250型刮板输送机实训设备。

学习活动3 现 场 施 工

【学习目标】

（1）熟练掌握安全知识，并能按照安全要求进行操作。

（2）正确维护刮板输送机，通过操作使学生对刮板输送机的检修和维护内容有初步认识。

（3）通过操作刮板输送机，锻炼动手能力和独立分析问题、解决问题的能力，培养团队合作精神。

【建议课时】

2课时。

【技能训练】

一、常见故障及处理方法

分析刮板输送机的常见故障，并提出正确的处理方法，填好表3－2。

表3－2 刮板输送机常见故障分析及处理方法

类型	故 障 现 象	分析原因	造成的危害	处理方法	备注
电动机部分	电动机启动不起来				
	电动机发热				
	电动机声音不正常				

表 3 - 2（续）

类型	故 障 现 象	分析原因	造成的危害	处理方法	备注
液力偶合器部分	液力偶合器打滑				
	液力偶合器温度过高				
	液力偶合器漏油				
	液力偶合器打滑，温度超过 120～140 ℃，熔合金不熔化				
减速器部分	减速器声音不正常				
	减速器油温过高				
	减速器漏油				
	盲轴轴承温度过高				
刮板链部分	刮板链在链轮处跳牙				
	刮板链卡在链轮上				
	刮板链掉道				
	刮板链过度振动				

二、训练步骤

（1）教师设置"电动机部分"的故障点，由学生分析故障原因，并在教师指导下进行故障处理。

（2）教师设置"液力偶合器部分"的故障点，由学生分析故障原因，并在教师指导下进行故障处理。

（3）教师设置"减速器部分"的故障点，由学生分析故障原因，并在教师指导下进行故障处理。

（4）教师设置"刮板链部分"的故障点，由学生分析故障原因，并在教师指导下进行故障处理。

以上操作均要模拟生产现场环境。

子任务 3　刮板输送机的安装与调试

【学习目标】

（1）通过了解刮板输送机的安装，明确学习任务要求。

（2）根据任务要求和实际情况，合理制定工作（学习）计划。

（3）正确对刮板输送机进行安装。

（4）熟练掌握各部件安装的主要事项。

（5）正确调试刮板输送机。

（6）识别工作环境的安全标志。

（7）严格遵守安全规章制度，规范穿戴工装和劳动防护用品。

（8）主动获取有效信息，展示工作成果，对学习与工作进行总结反思。

（9）能与他人合作，进行有效沟通。

【建议课时】

4 课时。

【设备】

刮板输送机。

【学习任务】

刮板输送机的铺设和安装质量的好坏，对综采工作面的生产影响极大。因此，对刮板输送机必须进行有计划的安装工作。在铺设安装时，应结合各矿井下条件和工作面特点制定出切实可行的安装程序，按规定要求把好安装质量关。

学 习 活 动 1 明 确 工 作 任 务

【学习目标】

（1）通过了解刮板输送机的安装和调试，明确学习任务、课时等要求。

（2）准确叙述刮板输送机的安装步骤和调试内容。

（3）准确说出各组成部分的安装顺序。

【建议学时】

2 课时。

一、工作任务

刮板输送机的安装是指将各部件按照应有的关系进行组合的操作，也指完成这种操作的过程。不论是使用，还是检修，安装都是保证设备质量的最终环节。正确的安装可以保持以前的工序效果，发挥设备的作用。

二、相关理论知识

（一）刮板输送机的安装

1. 安装前的准备工作

（1）参加安装试运行的工作人员，应认真阅读说明书，配套产品的说明书及其他有关资料，熟悉该机的结构、工作原理、操作程序和注意事项。

（2）按出厂发货明细，对所有零部件、附属件、备件及专用工具等，均逐项进行检查，应完整无损。

（3）按照所带技术资料。对所有零部件进行外观质量、几何形状检查，如有碰伤、变形、锈蚀应进行修复和除锈。

（4）实施安装工作面的场所应平坦、开阔，有利于搬运，方便安装操作。

（5）准备好安装工具及润滑油脂。

（6）配备统一的工作指挥人员。

（7）做好输送机下井的各项准备工作。整体下井的部件，紧固螺栓应连接牢固、可靠。对于传动装置仅靠减速器机头架连接的刮板输送机，当矿井条件允许时，应以联轴器连接罩将减速箱、液力偶合器和电动机组装成一体下井，各部件下井前，应清楚地标明运送地点。

2. 安装的一般步骤

1）安装机头

在指定的位置把机头和过渡槽安装好。

2）安装中部槽和刮板链

中部槽和刮板链的安装步骤如下：

（1）把中部槽和刮板链按预定地点摆放好；

（2）将带有刮板的链条穿过机头；

（3）把链条从下向上穿进第一节中部槽的下部导向槽内；

（4）从第一节中部槽的上边将刮板链拉直，推动中部槽，使其与过渡槽相接；

（5）按上述方法继续接长底链，并穿过中部槽，逐级把中部槽接上直至机尾。

3）铺上链

把机尾下部的刮板链绕过机尾轮，放在溜槽的中板上继续接下一段刮板链，再将接好的刮板链刮板歪斜，使链环都进入溜槽槽帮内，然后拉直。依此法将上述刮板链一直接到机头。

4）紧链

使用紧链器将刮板链紧到适宜的松紧程度试运行无问题即可。在行人需要经常跨越输送机的地点装设行人过桥。

3. 安装基本要求

（1）机头铺设的位置必须有设计图纸，特别是综采工作面，应考虑机头与支架的联络关系，保证与相关设备的连接尺寸符合要求。

（2）回采工作面的刮板输送机必须沿机身全长装设能发出停止或开动的信号装置，发出信号点的间距不得超过 15 m。

（3）溜槽铺设要做到平、直、稳，圆环链不得拧麻花。

（4）两台刮板输送机搭接运输时，同向搭接长度不小于 500 mm，机头最低点与机尾最高点的间距不小于 300 mm，刮板输送机与带式输送机搭接时，搭接长度和机头、机尾高度差均不小于 500 mm，两台输送机垂直搭接，浇煤必须浇到下部输送机的中心。卸载中心高度应保持在 300～500 mm，搭接距离应不少于 250 mm。

（5）连接件、紧固件应齐全，连接牢固可靠。机头、机尾架要打压柱，防止机头上翘发生挤人事故和损坏设备。

（6）安装后要进行认真检查并进行试运转。

4. 搬运、安装时的安全注意事项

（1）刮板输送机在装车时，要按井下安装顺序编号装车。对大件一定要固定牢靠，对连接面、防爆面、电器等怕砸、怕碰、怕尘、怕水的部件要管理好，并采取相应的保护措施。

（2）起吊时要检查起吊工具的完好情况和强度，在安全可靠的情况下装、卸车。

（3）运输中沿途各交叉点、上下山等地点要设专人指挥，防止在运输中发生事故。

（4）刮板输送机未进入工作面之前，要先检查铺设地点的煤壁和支护状况，要清理好底板，确认可靠后再进行铺设。

（5）为了减少搬运工作量，输送机一般是从回风巷开始进行安装。安装时要有专人指挥调运，防止在安装中出现挤、砸、压的事故。

（6）刮板输送机铺设要平。如底板有凸起时要整平，相邻溜槽的端头应靠紧，搭接平整无台阶。这是保证安全运转的前提。

（7）安装及投入运转时要保持输送机的平、直、稳、牢，并注意刮板链的松紧程度。要根据链条的松紧情况及时张紧，防止卡链、跳牙、断链及底链脱落等事故发生。

（8）用液压支架或支柱悬吊溜槽时，应随时注意顶板情况，避免冒顶。

（9）工作面安装使用的绳扣、链环、吊钩等必须进行详细检查，确认可靠后方可使用。

5. 安装结束后应检查的项目

（1）减速器注油量是否合适，各润滑系统是否注油，油量是否充足。

（2）各螺栓是否紧固，连接是否可靠。

（3）溜槽间搭接是否正确、平滑、靠紧、无台阶。

（4）刮板链组装是否正确，连接是否牢固。

（5）电源和控制线路是否正确，刮板的方向是否正确，电动机及减速器的冷却装置是否与水源接通。

（二）刮板输送机的调试

1. 试运转

（1）试运转前，操作人员应认真阅读安装与调试说明书、维护使用说明书及相关设备的说明书。

（2）电缆敷设整齐后，接通电源。

（3）添加相应油脂，给联轴器加透平油，减速箱加齿轮油，各注油孔内注入适量的黄油。

（4）在机头过渡槽处，用紧链器紧好链。

（5）试运转时，清除刮板输送机内所有杂物，通知所有人员离开刮板输送机，发出开机信号，进行试运转。

2. 空载运转注意事项

（1）刮板输送机在工作面铺设安装、检查、紧链后，应进行 $0.5 \sim 1\,h$ 的空载试验。

（2）分别点动机头、机尾电动机，检查机头、机尾传动部的电动机旋转方向是否正确、协调一致。然后点动双电动机，检查有无卡链现象。一般情况下，机尾电动机应比机头电动机先启动 $0.5 \sim 2\,s$，使底链比上链先动并且张紧，可防止掉底链。

（3）启动刮板输送机，检查机头、机尾，液力偶合器，减速器，电动机，各连接螺栓，链轮分链器，护板及压链是否完好、紧固，有无异常音响，润滑是否良好，其温度不应突然升高。

（4）检查刮板链的松紧程度，链条与链轮啮合是否正常，有无跳链、卡链现象。刮板输送机空载运转后，各溜槽消除了间隙，因此刮板链会产生松弛现象，必须及时按要求进行紧链。

3. 刮板输送机与配套设备联合运转注意事项

（1）刮板输送机在工作面空载试运转 0.5～1 h，确认一切正常后，方可带负载进行 4 h 的承载试验。

（2）刮板输送机运转后，与配套的采煤机、转载机、破碎机及液压支架进行配套组装，检查配套尺寸是否正确，然后进行联合运转试验。

（3）仔细观察电流表上负荷指示变化，比较 2 个传动部的电流表读数，以检查机头和机尾的负载分配是否均匀，如果 2 个电流表读数之差达到或超过 10%，必须调整负载的分配。

（4）检查各传动装置是否过热，减速器和盲轴是否漏油，声音是否正常。检查刮板链的松紧程度，如果在机头驱动链轮下面刮板链的下垂超过 2 个链环时，必须再次紧链。

学习活动 2　工作前的准备

【学习目标】

（1）认真听讲解，做好笔记。

（2）通过阅读刮板输送机的安装步骤，掌握具体安装过程。

（3）掌握刮板输送机的调试内容。

（4）牢记安全注意事项，认识安全警示标志。

（5）按要求穿戴好劳保用品，戴好安全帽。

（6）做好操作前的准备工作。

一、工具资料

（1）撬棍。准备 3～4 根，长度 0.8～1.2 m。

（2）绳套。其直径一般为 12.5 mm、16 mm、18.5 mm，长度视工作面安装地点和条件而定。一般可准备 1～1.5 m 长的绳套 3 根、2～3 m 长的绳套 3 根及 0.5 m 长的短绳套若干根。

（3）万能套管。既有用于紧固各部螺栓（钉）的套管，又有拆装电动机侧板和接线柱的小套管。

（4）活扳手和专用扳手。同时要准备紧固对口螺钉的开口死扳手和加力套管。

（5）一般可准备 5～8 t 的液压千斤顶 2～3 台。

（6）其他工具。如手锤、扁铲、锉刀，常用的手钳、螺丝刀、小活扳手等。

（7）手动起吊葫芦。2.5 t 和 5 t 的各 2 台。

二、设备

（1）以 SGZ630/264 刮板输送机为例，指导学生正确安装。

（2）刮板输送机实训设备。

三、安装前的检查及准备工作

1. 熟悉设备型号的含义

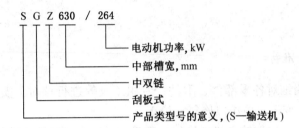

2. 掌握设备的结构（图 3-32）

图 3-32　刮板输送机结构

3. 设备安装工作程序

（1）做好安装前的准备工作：设备、场地、工具材料、工作人员的组织。

（2）刮板输送机的安装操作：设备的运送、安装和调试。

（3）刮板输送机试运转：试运转和设备验收。

4. 设备安装质量要求

（1）机头必须摆好放正，稳固垫实不晃动。

（2）中部槽的铺设要平、稳、直，铺设方向必须正确，即每节的搭接板必须向着机头。

（3）挡煤板与槽帮之间要靠紧，贴严无缝隙。

（4）铲煤板与槽帮之间要靠紧，贴严无缝隙。

（5）圆环链焊口不得朝向中板，不得拧链。双链刮板间各段链环数量必须相等。使用旧链时，长度不得超限，两边长度必须相等，刮板的方向不得装错。水平方向连接刮板的螺栓头部必须朝运行方向，垂直方向连接刮板的螺栓头部必须朝中板。

（6）沿刮板输送机安装的信号装置要符合规定要求。

学习活动3 现 场 施 工

【学习目标】

（1）熟练掌握安全知识，并能按照安全要求进行操作。

（2）正确安装刮板输送机，通过操作使学生对刮板输送机的各组成部件和相互之间的关系有初步认识。

（3）通过操作刮板输送机，锻炼动手能力和独立分析问题、解决问题的能力，培养团队合作精神。

【具体操作】

一、安装前工作准备

（1）按照发货明细对各零部件、附件、专用工具等进行核对。安装前应对各部件进行检查，如有碰伤、变形，应予以修复、校正。

（2）为使操作人员掌握输送机的结构，熟悉安装顺序应在地面进行铺设和调试。

（3）熟悉并准备现场条件，保证工作面的直线性，同时维护好顶板，底板必须清理，若发现有底鼓，安装前应找平。

（4）准备好安装工具及润滑油、润滑脂。

（5）装车、编号、标注运输方向，按照现场安装顺序，依次入井。严禁随意改动顺序和方向。

（6）设备运至工作面按指定的位置放好，并检查设备的完好情况。

二、安装工作过程

（1）安装机头架。输送机的安装应该由机头向机尾依次进行，保证机头与转载机尾部相互位置合理。一般要求机头链轮轴线垂直开切眼中线，并与转载机机尾槽侧帮相重合。

（2）安装中部槽和铺底链。

① 从上顺槽运进中部槽和刮板链到预定地点。

② 将刮板链穿过机头并绕过链轮固定在机头架上。

③ 把刮板链由机头侧向机尾侧穿过第一节过渡槽的下槽后，通连工字型连接块将第一节过渡槽与机头架连接。

④ 用同样的方法安装第二节过渡槽、第一节变线槽、第二节变线槽、中部溜槽，直到机尾部。

注意：中部溜槽安装时每隔10节安装一节观察窗留槽。

（3）安装机尾。机尾部的位置应与工作面的长度相一致，将底链绕过机尾链轮。

（4）铺上链。把机尾下部的刮板链绕过机尾轮，放在溜槽的中板上，继续接下一段刮板链，再将接好的刮板链的刮板倾斜，使2根链环都进入溜槽内，然后拉直，直至机头。

（5）安装机头、机尾传动装置。

（6）装刮板。先安装上部刮板，刮板的间距为 $108 \times 10 = 1080$ mm，刮板大弧面侧朝向运送方向。电动机下链翻到上部时再安装刮板。

（7）安装辅助装置。

① 安装电缆槽及过渡挡板、电缆槽夹板。

② 在机头尾挡板上安装机头、机尾远程注油装置。

③ 机头挡板处安装液压马达控制系统。

④ 安装机头机尾传动部冷却系统。

⑤ 安装液控系统。

⑥ 安装电控系统。

（8）紧链操作。

① 切断刮板输送机供电电源，并闭锁。

② 安装阻链器，把阻链器放在过渡槽中板上，并使键插入键槽的中板上，将阻链器上的支撑板卡在上翼板内。启动低速液压紧链器 PTU，直到刮板链适度张紧，将液压控制阀扳到空挡位（止动位置），断开液压以防反转，便可增加或拆掉链环。

③ 重新连接好刮板链后，可反向启动 PTU，取下阻链器。脱开 PTU，在无矿料的情况下接通电源，启动电动机，运转 5 min，均衡链条预张紧力（注意：执行紧链操作时，必须注意安全，防止意外事故），观察刮板链的松紧程度是否合适。输送机在满负荷运转时，机头链轮处有 1~2 个松弛环是合适的。同时也可用液压张紧装置来调节刮板链的张紧力。链条的松紧状况要经常检查，一般安装后半月内要紧 3~5 次。生产过程中发现链条松要及时紧链。

三、安装后的检查要点

（1）检查所有的紧固件是否松动。

（2）检查减速器、液力偶合器等润滑部位的油量是否充足。

（3）检查刮板链是否有扭绕不正的情况，以及各部件的安装是否正确。

（4）检查控制系统和信号系统是否符合要求。

（5）进行空运转试验，开始时断时续启动，开、停试运转，当刮板链转过一个循环后再正式启动。

四、试运转

1. 试运转的方法

（1）检查后进行空运转试验，断续启动，开、停试运转。

（2）运转 1~2 个循环。

（3）空转 1~2 h。

2. 检查的内容

（1）检查机头、机尾轴的运转方向是否正确，有无异常声响，电动机、减速器温升是否正常。

（2）检查各部件有无挤卡现象。

（3）检查两根链松紧是否一致，以及刮板链的张紧程度是否适当。

（4）检查各部件是否齐全紧固。

（5）检查铲煤板、挡煤板是否紧固。

（6）达到正常运转。

学习任务四　带式输送机

子任务1　带式输送机的基本操作

【学习目标】

(1) 通过了解带式输送机的操作，明确学习任务要求。

(2) 根据任务要求和实际情况，合理制定工作（学习）计划。

(3) 正确认识带式输送机的类型、组成、型号及主要参数。

(4) 熟练掌握带式输送机的具体操作。

(5) 正确理解带式输送机的应用。

(6) 识别工作环境的安全标志。

(7) 严格遵守安全规章制度，规范穿戴工装和劳动防护用品。

(8) 主动获取有效信息，展示工作成果，对学习和工作进行总结与反思。

(9) 能与他人合作，进行有效沟通。

【建议课时】

4课时。

【设备】

带式输送机。

【学习任务】

带式输送机是以输送带兼作牵引机构和承载机构的一种连续运输设备。在煤矿井上、井下和其他许多方面得到了广泛的应用。由于其运输能力大、运距长、工作阻力小、耗电量小，而且运输过程中抛撒煤炭少、破碎性小，降低了煤尘和能耗。因而被广泛应用于煤矿井下的工作面顺槽以及主要运输巷道中。

学习活动1　明确工作任务

【学习目标】

(1) 通过了解带式输送机的具体操作，明确学习任务、课时等要求。

(2) 准确叙述带式输送机的运行与操作步骤。

(3) 详细叙述带式输送机的操作过程。

一、工作任务

带式输送机既是综采工作面巷道的主要运输设备，也是井下上山、下山、运输大巷、副井运煤的主要设备，在煤矿井上、井下和其他许多地方得到了广泛的应用。因此，正确操作带式输送机对提高矿井的产量至关重要。

二、相关的理论知识

（一）组成、工作原理、适用条件及优缺点

1. 组成及工作原理

带式输送机的基本组成及工作原理如图4-1所示。输送带绕经驱动（主动）滚筒和机尾改向（换向）滚筒形成一个无极的环形带。上、下输送带由安装在固定机架上转动的托辊4支撑。上股输送带运送货载称为工作段或重段，由槽形托辊支撑，以增加承载断面积，提高运输能力；下股输送不装运货载称为回空段，常用平形托辊支撑。拉紧装置的作用是为输送带的正常运转提供所需的张紧力。

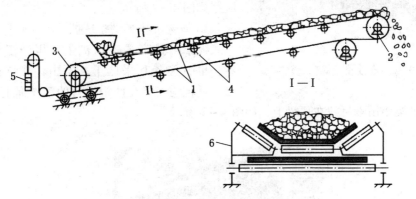

1—输送带；2—驱动滚筒；3—机尾改向滚筒；4—托辊；5—拉紧装置；6—固定机架

图4-1　带式输送机工作原理

带式输送机的工作原理是：主动滚筒在电动机驱动下旋转，通过主动滚筒与输送带之间的摩擦力带动输送带及输送带上的货载一同连续运行，当货载运到端部后，由于输送带的换向而卸载。利用专门的卸载装置也可以在中部任意位置卸载。

2. 适用条件

1）适用倾角

带式输送机即可用于水平运输，又可用于倾斜运输。倾斜向上运输倾角不得大于18°，倾斜向下运输倾角不得超过15°。现在国内已经生产出适应倾角大于30°的特殊带式输送机。为减少输送带的严重磨损，带式输送机不宜运输有棱角的货物。通用型带式输送机不能弯曲。

2）适用地点

带式输送机适用于采区顺槽、采区上下山及主要运输平巷、平硐和主斜井、地面等。

3. 优缺点

1）优点

带式输送机耗电量低，仅为刮板输送机耗电量的五分之一到三分之一，运行平稳、磨损小、货载破碎性小；结构简单、铺设长度长、减少转载次数，节省人员和设备。

2）缺点

输送带成本高，初期投资大且易损坏，不能承受较大的冲击与摩擦；机身高，需专门的装载设备；不适合运送有棱角的货载。另外，对弯曲巷道的适应性较差。

（二）类型

带式输送机的类型很多，适应范围和特征各不相同。煤矿常见的带式输送机主要类型有普通型、绳架吊挂、可伸缩、多点驱动、钢丝绳芯、钢丝绳牵引带式输送机。

1. 普通型带式输送机

图4-2 普通型带式输送机

普通型带式输送机是一种通用固定式输送机，其特点是机架固定在底板或基础上。一般用在永久使用的地点，如选煤厂、井下主要运输巷。该输送机由于拆装麻烦，因而不能满足机械化采煤工作面推进速度快的采区运输的需要。其应用如图4-2所示。

2. 绳架吊挂带式输送机

绳架吊挂带式输送机主要用于工作面运输巷、集中平巷和采区上、下山。其特点是上铰接、托辊均安装在两根平行的钢丝绳上，钢丝绳及下托辊吊架用吊索吊挂在顶梁上，如图4-3所示。

(a) 外形

1—紧绳装置；2—钢丝绳；3—下托辊；4—铰接槽型托辊；5—分绳架；6—中间吊架

(b) 结构

图4-3 绳架吊挂带式输送机

3. 可伸缩带式输送机

由于综合机械化工作面推进速度较快，所以顺槽的长度和运输距离变化也较快，这就要求顺槽运输设备能够快速进行伸长或缩短。

可伸缩带式输送机是以无极挠性输送带载运货物的连续运输机械，其外形如图 4 - 4 所示。可根据工作面的变化调整自身长度，是综采工作面运输巷运输的专用设备。由刮板输送机运来的煤，经桥式转载机卸载装到可伸缩带式输送机上，由它把煤从工作面运输巷运到上、下山或装车站的煤仓中，或直接运到选煤厂。其结构如图 4 - 5 所示。

图 4 - 4 可伸缩带式输送机的外形

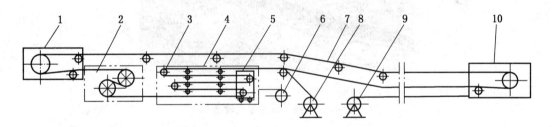

1—卸载端；2—传动装置；3—固定滚筒架；4—储带装置；5—活动小车及活动滚筒；6—拉紧装置；
7—胶带；8—胶带收放装置；9—机尾牵引滚筒；10—机尾

图 4 - 5 可伸缩带式输送机的结构

4. 多点驱动带式输送机

多点驱动带式输送机如图 4 - 6 所示，主要用于长距离、大运量的运输场合，能把牵

图 4 - 6 多点驱动带式输送机

引力分散到各中间驱动部位，使主输送带所受的张力大为降低，在长运距中，可采用低强度的输送带，使初期投资降低。在运输距离分散加长的场合采用这种输送机，可随运距的加长逐渐增加驱动装置，避免在初期设置大功率的驱动装置。

5. 钢丝绳芯带式输送机

钢丝绳芯带式输送机又称强力带式输送机，主要用于平硐、主斜井、大型矿井的主要运输巷道及地面，可作为长距离、大运量的运煤设备。其特点是：用钢丝绳芯输送带替代了普通输送带，输送带强度大，可满足大运量、长距离、大功率的运输需求。其外形如图4-7所示。

图4-7 钢丝绳芯带式输送机

6. 钢丝绳牵引带式输送机

钢丝绳牵引带式输送机是一种特殊形式的强力带式输送机，它以钢丝绳作为牵引机构而输送带只起承载作用，不承受牵引力，使得牵引机构和承载机构分开，从而解决了运输距离长、运输量大、输送带强度不够、运输不平稳的矛盾。其传动系统如图4-8所示。

（三）司机操作规程

1. 上岗条件

（1）井下带式输送机司机必须经过专门培训，经考试合格，持有矿颁发的操作证，方可独立操作。

（2）必须熟悉所有使用带式输送机的结构、性能、工作原理、各种保护的原理和检查试验方法，会维护保养带式输送机、掌握消防器材的正确使用方法，熟悉生产过程和《煤矿安全规程》的有关规定，按本规程要求进行操作，能正确处理一般性故障。

（3）实习司机进行实习操作时，必须经主管部门批准，并指定专人负责指导、监护。

2. 操作准备

1）开机前的检查和准备工作

（1）检查控制开关、综合保护器各旋钮、照明综保、接线盒等电气设备的防爆性能是否良好，各种保护及信号系统是否灵敏可靠，开关手把是否打在正转位置。

（2）缆线应悬挂整齐、牢固、无破损。

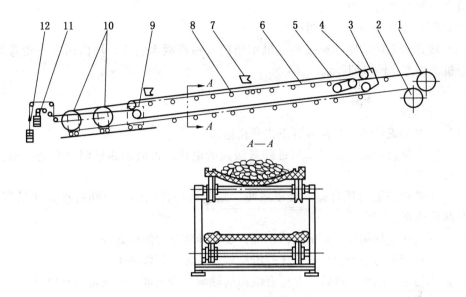

1—传动轮；2—导绳轮；3—卸载漏斗；4—输送带换向滚筒；5—输送带；6—牵引钢丝绳；
7—给煤机；8—托绳轮；9—输送带张紧车；10—钢丝绳张紧车；11、12—拉紧重锤

图 4-8　钢丝绳牵引胶带输送机传动系统示意图

（3）减速箱油质、油量合格，液力偶合器油合格，油泵及冷却器是否正常，机头、机尾各轴承润滑良好，对轮和连接螺丝符合要求，防护装置齐全可靠。

（4）输送带接头无掉卡和扯边现象，机头、机尾挡煤板（护皮）应完整无缺，皮带松紧适度。

（5）沿带式输送机巡视一周，检查上、下托辊是否齐全灵活，输送带卡子无脱落，巷道有无冒落现象。

2）启动

确认上述检查无问题，则可发出开机信号，启动带式输送机运转。启动后，应空转一周，检查电动机及运转系统、制动装置是否正常，带式输送机的各种保护是否灵敏，带式输送机联锁是否可靠。遇有问题及时停机处理。

3. 安全规定

（1）带式输送机司机应和维护电钳工协同配合，随时注意观察带式输送机运行情况，发现问题及时处理。

（2）及时清理随煤运下的木料、大块煤、矸石等杂物，防止堵塞煤仓或扯裂输送带，并保证带式输送机周围清洁。

（3）带式输送机运行中，严禁更换上、下托辊和清理机尾滚筒浮煤，严禁不经过桥跨越输送带。

（4）停机处理故障，应闭锁开关，并悬挂警示牌。

（5）输送带运行中，不得向输送带和滚筒之间撒任何杂物。

（6）带式输送机巷内严禁存入汽油、煤油和变压器油。常用的润滑油、棉纱等，必

须存放在盖严的铁箱（筒）内。

（7）严禁输送带拉水打滑运行。

（8）输送带系统的防灭火设施、供水闸门及喷雾洒水装置，均由司机负责管理，并做到开机即喷雾，停机即停水。

4. 正常操作

1）开机运转

（1）检查后确认各部合格方可正式开机运转。

（2）输送机启动前，先启动靠近卸载滚筒的电机，再启动靠近储带仓的电机，以避免启动时的载荷。

（3）经常检查液力偶合器、表压系统、减速器是否漏油，定期检查充油是否合适，并及时调整补充。

（4）运输中应仔细检查各部运输情况，发现异常及时停机处理。

（5）输送带张力是否合适，有无打滑跑偏、卡等不正常现象。

（6）减速器、电机、联轴器及所有滚筒的轴承是否正常，声响是否有异常。

（7）装载点应保证载卸在输送带的中间位置，不允许在较大的高度内直接卸载，以防砸伤输送带和引起输送带跑偏。

（8）检修时应停机，并悬挂标志牌。

2）停机

（1）停机前清理干净整个机身周围的煤和杂物。

（2）拉空输送带上的煤后，方可停机切断电源。

3）缩机

（1）当转载机沿带式输送机机尾运行到极限位置时，应及时将带式输送机缩短。

（2）缩机前仔细检查储带仓的张紧绞车，托辊小车及机尾拉紧绞车是否完好，运输是否正常，钢丝绳磨损及断丝是否超限，如有隐患必须处理，方可进行缩机。

（3）清除机尾部障碍物，根据所需缩短距离，从近机尾处开始拆除相应的机身中间架及纵梁。

（4）利用机尾自移绞车前拉机尾装置，同时开动张紧绞车向后拉滚动小车，使松的输送带进入储带仓中。

（5）调整机尾部使之平直。

（6）利用张紧绞车将输送带张紧，张紧力的大小以不打滑及启动时底带不振动为宜。

（7）若储带仓中输送带已储满，可利用卷带装置或人工操作将输送带从储带仓中取出，为缩机准备条件。

4）注意事项

遇到下列情况之一时，不准开车：

（1）信号不清。

（2）制动系统不灵敏。

（3）任何一项保护装置失灵。

（4）润滑系统、液压系统油量超限，油质不清。

（5）设备转动部位温度超限。

（6）耦合器漏液、弹性盘磨损超限。

5．收尾工作

（1）每班工作结束后，清点工具、备品，清理机尾、机头卫生。

（2）在现场向接班司机详细交代本班输送机运转情况，出现的故障和存在的问题，按规定填好各种记录和本班工作日志，对存在的问题要及时向值班领导汇报。

学习活动 2　工作前的准备

【学习目标】

（1）认真听讲解，做好笔记。

（2）通过熟悉带式输送机的操作规范，掌握其工作过程。

（3）掌握带式输送机的操作步骤与注意事项。

（4）牢记安全注意事项，认识安全警示标志。

（5）按要求穿戴好劳保用品，戴好安全帽。

（6）做好操作前的准备工作。

一、工具资料

带式输送机说明书。

二、设备

带式输送机实训设备。

学习活动 3　现　场　施　工

【学习目标】

（1）熟练掌握安全知识，并能按照安全要求进行操作。

（2）正确操作带式输送机，通过操作使学生对设备的组成和工作原理有初步认识。

（3）通过操作设备，锻炼动手能力和独立分析问题、解决问题的能力，培养团队合作精神。

【技能训练】

一、岗位描述

1．强力带式输送机司机岗位责任

（1）强力带式输送机司机应熟悉设备构造、性能及工作原理。

（2）强力带式输送机司机必须经过专门培训后持证上岗。

（3）负责设备、工具、器材等齐全完好，保持机房及设备整洁、卫生，做到文明生产。

2．设备性能

我矿使用的是大倾角强力带式输送机，型号为×××，最大输送量为×××，最大输送速度为×××，输送带宽度为×××，倾角为×××，整部带式输送机总长×××m。使用两台型号为YKK400-4的电机，额定电压为6 kV，功率为450 kW。

配备两台弗兰德减速器，最大额定功率为360 kW。使用一台自冷盘式制动装置，型号为KPZY-6-9，液压站额定压力6 MPa，额定流量9 L/min，整机功率4 kW。

二、操作前安全检查

（1）外露的转动和传动部位易绞伤，加装护罩或遮拦等防护设施，停止运行必须闭锁开关可预防。

（2）输送带上的"四超"物料碰伤或挤伤。立即停机、去除"四超"物料可预防。

（3）带电的设备触电伤人。严格按规程操作，不擅自接触电气设备可预防。

（4）电气火灾烧伤。保持消防设施齐全、完好、有效可预防。

三、现场手指口述安全确认

1. 开车前手指口述

（1）高压柜工作正常，仪表指示正确（不允许高出正常电压值的+10%、-5%）。确认完毕！

（2）高压变频柜工作正常，仪表、指示灯指示正确。确认完毕！

（3）经仔细检查，电动机完好、联轴器完好、各部滚筒完好、减速器完好、清扫装置完好、液压制动系统完好、逆止器完好，机头溜槽无杂物。确认完毕！

（4）带式输送机各保护装置：堆煤保护完好，烟雾保护完好，跑偏保护完好，纵撕保护完好，急停拉线保护完好。各种保护齐全完好，确认完毕！

（5）消防器材齐全（消防锹完好，灭火器完好）。确认完毕！

（6）电脑数据正确，信号装置完好。确认完毕！

（7）运行记录填写齐全，真实有效。确认完毕！

2. 开车顺序手指口述

（1）首先与给煤机司机进行联系准备开车，然后再向前一级生产系统各输送带发出开车信号。

（2）待前一级生产系统各岗位回点正常后，逐级启动生产系统输送带，然后启动强力输送带，带式输送机正常运转后，最后启动给煤机。

（3）输送带正常启动，无异常。确认完毕！

3. 运行中检查内容及手指口述

（1）司机每两小时巡回检查一次，检查开关柜及变频柜各指示灯指示是否正确，电动机及轴承、减速器、各部滚筒、制动器、逆止器无振动现象，用手触摸各装置温度正常，倾听各部位运转声音正常。

（2）输送带运行中，司机接到停机信号或不明信号，均应以停机信号处理，立即停车。

（3）输送带运行中，司机不得在转动部位清理浮煤，不得直接或间接接触任何转动部位。

（4）输送带运行无异常。确认完毕!

4. 停机

1）正常停机

接到停机命令后，先停给煤机，使输送带上的煤拉空后，按规定操作停车。带式输送机正常停机。确认完毕!

2）紧急停机

遇到紧急情况，可使用紧急停车按钮停机，并向上级领导汇报停机原因，及时通知维修工处理。

带式输送机紧急停车，已汇报队部。确认完毕!

子任务2 带式输送机的使用与维护

【学习目标】

（1）通过了解带式输送机的使用和维护，明确学习任务要求。

（2）根据任务要求和实际情况，合理制定工作（学习）计划。

（3）掌握正确检修和维护带式输送机的方法。

（4）熟悉带式输送机的常见故障。

（5）学会带式输送机的故障处理方法。

（6）识别工作环境的安全标志。

（7）严格遵守安全规章制度，规范穿戴工装和劳动防护用品。

（8）主动获取有效信息，展示工作成果，对学习和工作进行总结与反思。

（9）能与他人合作，进行有效沟通。

【建议课时】

6学时。

【学习任务】

对带式输送机定期进行检查与维护，是保证输送机的安全运转、减少维修费用和停机损失、提高设备的有效利用率，以及保证生产顺利进行的有效措施。因此，在设备使用过程中，应根据输送机结构原理及设备的完好标准，做好设备的日常维护工作，坚持每天进行巡视，发现问题，及时处理。

学习活动1 明确工作任务

【学习目标】

（1）通过了解带式输送机的运行和操作，明确学习任务、课时等要求。

（2）准确叙述带式输送机的结构。

（3）准确说出带式输送机各组成部分的作用。

【建议学时】

2课时。

一、工作任务

井下带式输送机工作环境恶劣，载荷分布不均且波动大，加之使用管理等原因，在长距离运行过程中，输送机就会出现输送带跑偏、纵撕、打滑、断带、堆煤等故障。严重的故障就是事故，会对生产人员及设备造成安全威胁，甚至影响整个矿井的正常生产。该任务就是分析常见故障出现的原因，及时采取处理措施，避免发生更大的生产事故，保证生产顺利进行。

二、相关理论知识

（一）主要结构

现以滚筒驱动带式输送机为例，简单介绍带式输送机的基本结构。

带式输送机的主要组成部分有输送带、托辊与机架、传动装置、拉紧装置、储带装置、清扫装置和制动装置等。

1. 输送带

输送带既是承载机构，又是牵引机构。

输送带种类很多。按带芯结构材料分为钢丝绳芯输送带、尼龙芯输送带、维棉芯输送带和帆布芯输送带；输送带按覆盖层所用的材料分为橡胶带、橡塑带和塑料带；按用途分为耐热、耐寒、耐油、耐酸、耐碱和花纹等输送带；按阻燃性能分为非阻燃带和阻燃带。

1）输送带的类型

常用的输送带有3种类型，即普通输送带、钢丝绳芯输送带和钢丝绳牵引输送带。在这里只介绍前两种输送带的结构。

（1）普通输送带。

普通输送带可用在固定式、绳架吊挂式和可伸缩带式输送机上。

具体构成：带芯、上下覆盖层、边缘保护层。其结构如图4-9所示。

带芯：由各种织物（棉织物、化纤织物以及混纺材料等）或钢丝绳构成，是骨架层，

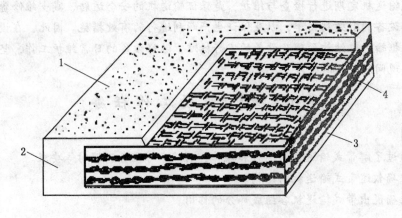

1—上覆盖胶；2—边条胶；3—下覆盖胶；4—带芯

图4-9 输送带的结构

几乎承受输送带工作时的全部负荷。

覆盖胶：保护中间带芯不受机械损伤和腐蚀。

上覆盖胶层较厚（3~6 mm），是承载面，直接承受物料的冲击和磨损。

下覆盖胶层较薄（1.5 mm，减小托辊的压陷阻力），与支撑托辊接触，主要承受压力。

侧边覆盖胶是当跑偏使侧面和机架相碰时，保护其不受机械损伤。

① 橡胶带。橡胶带是多层芯输送带，由多层浸胶帆布作带芯，经压延成型、贴覆盖胶和边胶、硫化结合成整体。如图4-10a所示。

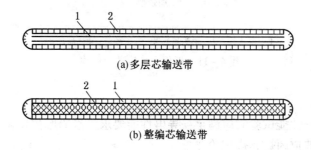

(a) 多层芯输送带

(b) 整编芯输送带

1—带芯；2—橡胶保护层或聚氯乙烯覆盖层

图4-10 普通输送带带芯结构

② 塑料带。塑料带是整编芯输送带。由维尼龙和棉混纺织物编织成整体平带芯，经浸渍糊状聚氯乙烯塑化后，与刻有花纹的软聚氯乙烯覆盖面加热挤压而成。如图4-10b所示。

优点：生产工艺简单、原料丰富、成本低、质量好。整编带芯厚度小，不会发生层间开裂，覆盖层损坏易修复。还具有耐油、耐酸、耐腐蚀等特点。

缺点：伸长率较大，不耐低温，易老化，摩擦因数较低。

③ 橡塑带。橡塑带的结构同塑料带，上下覆盖面用橡胶经硫化压制而成。除具有塑料带的优点外，还具有柔韧性好，不易打滑，爬坡角度大，低温适应性强等特点。

（2）钢丝绳芯输送带。钢丝绳芯输送带是用细钢丝绳做带芯（以承受拉力），外面覆盖橡胶制成强力输送带。分为普通型和加强型两种。

① 普通型。普通型由纵向排列的（高强度的钢丝顺绕制成的）钢丝绳作带芯外包中间胶和覆盖胶制成。如图4-11a所示。

② 加强型。加强型又称防撕裂型，在纵向钢丝绳与覆盖胶之间加了1~2层由合成纤维线绳或钢丝横向排列组成的横向加强层，增强了防撕裂性。如图4-11b所示。

优点：强度高，伸长小，抗冲击和耐弯曲性能好；带体柔软，成槽性好故可长距离、大运量、高速度地铺设和运行。

输送带阻燃要求：普通橡胶带和塑料带为易燃品，在煤矿井下使用很不安全。我国规定禁止在煤矿井下使用非阻燃输送带，并已制定出《矿用阻燃输送带》标准。

所谓阻燃带是指在生产输送带过程中加入一定量的阻燃剂和抗静电剂等材料，经塑化

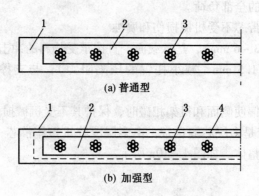

(a) 普通型

(b) 加强型

1—覆盖胶；2—中间胶；3—钢丝绳芯；4—加强层

图4-11 钢丝绳芯输送带结构

和硫化而成。

阻燃带在做安全性能试验时应满足：导电性能要求、滚筒摩擦试验要求、酒精喷灯燃烧试验要求、常规巷道丙烷燃烧试验要求。

2）输送带的连接

输送带出厂标准长度为100 m，使用时要按照需求进行连接。接法有机械连接法、硫化连接法、冷粘连接法、塑化连接法等。

（1）机械连接法。机械连接法接头如图4-12所示。机械连接法接头处的强度被削弱，只达到原强度的35%~40%，且使用寿命短。在拆装式的带式输送机上应用较多。

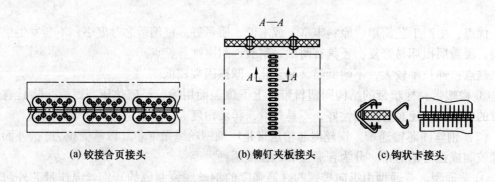

(a) 铰接合页接头　　　　(b) 铆钉夹板接头　　　　(c) 钩状卡接头

图4-12 机械方法连接接头

（2）硫化连接法。硫化连接法是先将输送带按帆布层切成阶梯形斜角切口，并使接头处很好的搭接，将连接用的胶料置于连接部位，在一定的压力、温度和时间作用下，使缺少弹性和强度的生胶变成具有高弹性、高黏结强度的熟胶，从而使得两条输送带的芯体连在一起。如图4-13所示。

特点：不可拆卸的连接形式；接头强度高，且接口平整；对滚筒表面不产生损害；接头静强度可达输送带本身强度的85%~90%。

硫化连接法常用于多层芯输送带和钢绳芯输送带的连接。

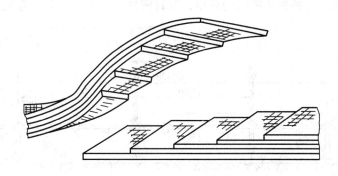

图 4 – 13　硫化胶合接头

（3）冷粘连接法。也称冷硫化，是将糊状的胶料涂在阶梯形切口上，不需加热，施加适当的压力保持一定时间即可。

主要适用于多层芯输送带。

（4）塑化连接法。对于整编芯体的输送带，是将接头处的编织体拆散，然后将拆散的两端互相编结，包覆塑料片后施加适当的温度和压力。塑化接头的强度可达到输送带本体强度的 75% ~ 80%。主要适用于塑料带。

2. 托辊和机架

1）机架

机架的作用是支撑滚筒、托辊及承受输送带的张力。

机架按结构可分为落地式和绳架吊挂式两种。

（1）落地式机架。落地式机架的结构如图 4 – 14 所示，它分为固定式和可拆移式两种。固定式是将机架固定在地基上，用于主要运输巷道和永久铺设的地点；而可拆移式是在机架与机架之间、托辊与机架之间的连接都采用插入式，用销钉固定，整个机架没有一个螺栓。主要用于采区平巷。

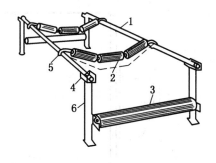

1—纵梁；2—铰接槽形托辊；3—平形托辊；

4—弹簧销；5—弧形弹性挂钩；6—支撑架

图 4 – 14　落地式机架

（2）吊挂式机架。吊挂式机架由两根纵向平行布置的钢丝绳组成，每隔 60 m 安装一个落地式紧绳托架。这种机架的结构简单，节省钢材，又便于拆装。布置方式如图 4 - 15 所示。

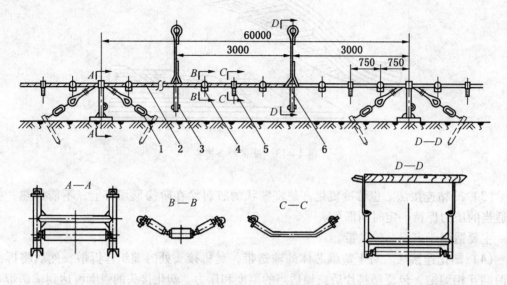

1—紧绳装置；2—钢丝绳；3—下托辊；4—铰接托辊；5—分绳架；6—中间吊架

图 4 - 15　吊挂式机架

2）托辊

托辊用来支撑输送带，减少输送带运行阻力，并使输送带悬垂度不超过一定限度，以保证输送带运行平稳。

托辊安装在机架上，主要由轴、轴承、管体及密封圈等组成。其结构如图 4 - 16 所示。

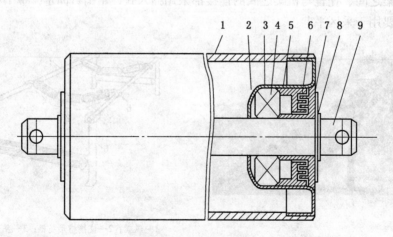

1—管体；2、7—垫圈；3—轴承座；4—轴承；5、6—密封圈；8—挡圈；9—心轴

图 4 - 16　托辊的结构

托辊按用途不同可分为槽形托辊、平形托辊、调心托辊和缓冲托辊4种。

（1）槽形托辊。槽形托辊用于输送散装货载，一般由3个托辊组合而成，槽角一般为30°。槽形托辊中的3个托辊是互相铰接的，其中两个侧托辊挂在机架上。上托辊的间距一般为1.5 m。其结构如图4-17所示。

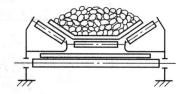

图4-17 槽形托辊

（2）平形托辊。平形托辊用于支撑回空段输送带，一般为长托辊。下托辊的间距一般为3 m。下托辊轴头卡在机架的支座里。其结构如图4-18所示。

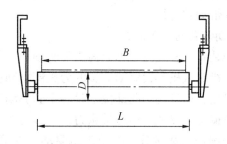

图4-18 平形托辊

（3）调心托辊。调心托辊多用在固定式带式输送机上。因该种输送机的托辊是固定地安装在机架上的，当输送带跑偏时，不能用挪动托辊位置的办法来纠正跑偏现象，故在带式输送机的重载段每隔10组托辊设置一组回转式槽形调心托辊，回空段每隔6~8组设置一组平形调心托辊。结构如图4-19所示。

当输送带跑偏碰到侧边的立辊时，立辊带动回转架转动，使输送带向中心移动，则槽形托辊和平形托辊亦随之摆动，使跑偏的输送带被纠正过来。作用如图4-20所示。

（4）缓冲托辊。缓冲托辊装在带式输送机的装载处，用以缓和货载对输送带的冲击，从而保护输送带。这种托辊的结构与一般托辊相同，只是在套筒上套以若干个橡胶圈。缓冲托辊的结构如图4-21所示。

托辊组的间距应保证输送带的下垂度不超过托辊间距2.5%。

上托辊间距：1000~1500 m；

下托辊间距：2000~3000 m(或取上托辊间距的2倍)。

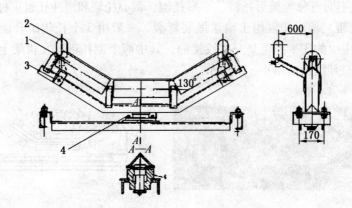

1—槽型托辊；2—立辊；3—回转架；4—轴承座

图 4 – 19　回转式调心托辊

3. 驱动装置

驱动装置是带式输送机的动力源，它通过液力偶合器和减速器将电动机的动力传递给输送带，并带动它运行。

1）驱动装置的布置形式

按驱动装置的布置位置可分为头部驱动、头尾驱动和多点驱动 3 种类型，如图 4 – 22 所示。仅在机头或机尾设驱动装置的为头部驱动；两端都设驱动装置的为头尾驱动；不仅在机头、机尾，而且在中间部位也设若干套驱动装置的为多点驱动。头尾驱动和多点驱动用于长距离输送，以减小输送带张力。

按驱动滚筒的数量分，有单滚筒驱动、双滚筒驱动及多滚筒驱动 3 种。单滚筒驱动用于功率不大的小型输送机上，双滚筒驱动及多滚筒驱动用于功率较大的大中型输送机上。

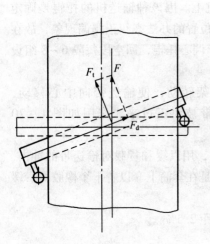

图 4 – 20　斜置托辊的纠偏作用

2）驱动装置的组成

驱动装置由电动机、联轴器、减速器、传动滚筒、导向滚筒及控制装置等部分组成。如图 4 – 23 所示。

（1）电动机。电动机一般采用交流电动机，电压等级一般采用 660 V/1140 V。随着技术不断进步，目前，矿井带式输送机的电机也逐步采用了 6000 V 高压电动机。电动机是带式输送机的原动力。

（2）联轴器。带式输送机通常采用液力联轴节和柱销联轴节。

（3）减速器。带式输送机的减速器一般采用标准齿轮减速器，以达到一定的传动比，使驱动滚筒转速降低。

（4）传动滚筒。传动滚筒是传递动力的主要部件。

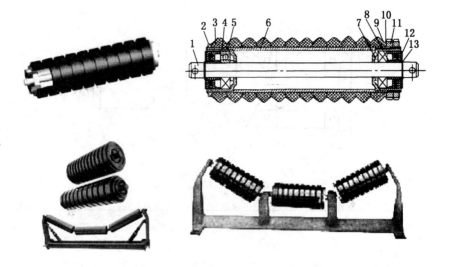

1—轴；2、13—挡圈；3—橡胶圈；4—轴承座；5—轴承；6—管体；7—密封圈；
8、9—内外密封圈；10、12—垫圈；11—螺母

图4-21 缓冲托辊

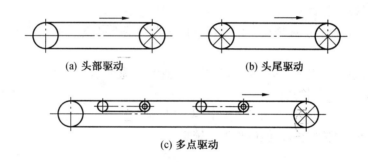

(a) 头部驱动   (b) 头尾驱动

(c) 多点驱动

图4-22 驱动装置布置位置图

依靠它与输送带之间的摩擦力带动输送带运行。

按其表面不同可分为钢制光面滚筒、包胶滚筒和陶瓷滚筒等。

① 钢制光面滚筒制造简单，但表面摩擦因数小，一般用在短距离输送机中。

② 包胶滚筒和陶瓷滚筒表面摩擦因数大，适用于长距离大型带式输送机。用于井下时，胶面应采用阻燃材料。

（5）导向滚筒。导向滚筒的作用是增大驱动滚筒围包角及改变输送带的运行方向，从而使驱动滚筒有足够的牵引力。导向滚筒应根据驱动滚筒的设置以及现场条件来设置。

4. 拉紧装置

拉紧装置的作用：一是保证输送带有足够的张力，使滚筒与输送带之间产生必要的摩擦力；二是限制输送带在各托辊之间的悬垂度，确保输送机的正常运转。

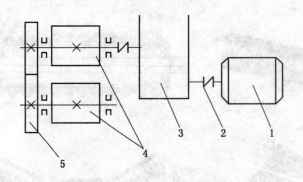

1—电动机；2—联轴器；3—减速器；4—传动滚筒；5—传动齿轮

图4-23 驱动装置的组成

拉紧装置应布置在输送带张力最小处或靠近驱动滚筒的松边处，以使拉紧力和拉紧行程最小，拉紧响应速度最快。

按拉紧装置在工作过程中拉紧力是否可调分为固定式拉紧装置和自动式拉紧装置两类。

1）固定式拉紧装置

固定式拉紧装置的特点是在工作过程中拉紧力恒定不可调。常用的固定式拉紧装置有以下几种：

（1）螺旋式拉紧装置。如图4-24所示，这种拉紧装置由于行程小，只适用于长度小于80 m、功率较小的输送机。

（2）重力式拉紧装置。布置方式如图4-25所示。这种拉紧装置的主要特点是输送带伸长、变形不影响拉紧力，但体积大、笨重。

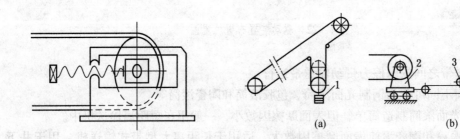

1—重锤；2—拉紧滚筒小车；3—滑轮；4—绞车

图4-24 螺旋式拉紧装置　　　　图4-25 重力式拉紧装置

（3）固定绞车拉紧装置。布置方式如图4-26所示。这种拉紧装置使用的是电动绞车和普通测力机构。特点是体积小，拉力大，应用广泛。

以上几种固定式拉紧装置的拉紧力大小，是按整机重载启动时，满足输送带与驱动滚筒不打滑所需张力确定的，而输送机在稳定运行时所需张紧力较启动时小，由于拉紧力恒定不可调，所以输送带在稳定运行工况下，仍处于过张紧状态，从而影响其寿命、增加能耗。

2）自动式拉紧装置

自动式拉紧装置的特点是在工作过程中拉紧力大小可调，即输送机在不同的工况下（启动、稳定运行、制动）工作时，拉紧装置能够提供合理的所需拉紧力。它适应于大型带式输送机。常用的自动式拉紧装置有以下几种。

（1）自动液压绞车拉紧装置。如图 4 - 27 所示，工作时，液压绞车、拉紧力传感器及电气控制装置（采用 PLC 控制）相互配合，来调整启动、运行、制动及打滑时所需的牵引力。其主要优点是动态响应快、拉紧行程大，具有发展前途。

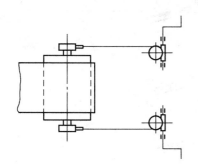

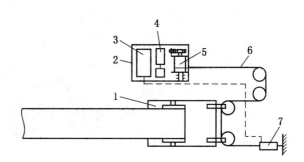

1—输送带拉紧小车；2—拉紧站；3—控制柜；4—液压泵；
5—液压绞车；6—钢丝绳；7—拉紧力传感器

图 4 - 26　固定绞车拉紧装置　　　　图 4 - 27　自动液压绞车拉紧装置

（2）自动电动绞车拉紧装置。其组成方式、布置方式与自动液压绞车拉紧装置基本相似，但使用的是电动绞车。工作时，通过测力机构的电阻应变式张力传感器模拟反应并转换为电信号，与电控系统给定值比较，控制绞车的正转、反转和停止，实现自动调整拉紧力。其缺点是动态响应差。

5. 储带装置

储带装置是用来把可伸缩带式输送机伸缩前后的多余输送带暂时储存起来，以满足采煤工作面持续前进或后退的需要，它装设在带式输送机机头传动装置的后面。

6. 制动装置

带式输送机在倾斜巷道向上运输时，应设置制动装置，以防止输送机在停止运转后输送带在货载重量的作用下使输送机逆转。

制动装置包括逆止器和制动器。

1）逆止器

逆止器用于倾角大于 4°向上运输的满载输送机，在突然断电或发生事故时停车制动，防止倒转。

逆止器包括带式逆止器、滚柱式逆止器等。

（1）带式逆止器。带式逆止器主要靠制动带与输送带之间的摩擦力制止输送带倒行。制动力的大小决定于制动带塞入输送带与滚筒之间的包角及输送带的张力。优点是结构简单,容易制造。缺点是必须倒转一段距离才能制动,而输送带倒行将使装载点堆积洒料。主要适用于倾角和功率不大的输送机。其结构如图 4 – 28 所示。

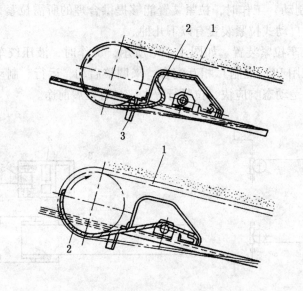

1—输送带;2—制动带;3—固定挡块

图 4 – 28　带式逆止器

(3) 滚柱式逆止器。停车后,输送带倒转时,星轮反向转动,滚柱挤入切口的窄侧,滚柱愈挤愈紧,将星轮楔住,滚筒被制动后不能旋转。优点是空行程小,动作可靠。其结构如图 4 – 29 所示。

2) 制动器

(1) 闸瓦制动器。闸瓦制动器采用了电动液压推杆实现制动,并将其装在减速器输入轴的制动轮联轴上。通电后,由电液驱动器推动松闸。失电时弹簧抱闸制动力是由弹簧和杠杆加在闸瓦上的。其结构如图 4 – 30 所示。

(2) 盘式制动器。主要用于大型带式输送机,安装在电动机与减速器之间,水平、向上、向下运输时均可采用。

7. 清扫装置

清扫装置安设在卸载端,用来清扫输送带表面上的粘附物料。

目前我国带式输送机上使用较多的是刮板式清扫器。其刮板(用橡胶带制成)靠重砣的重量紧贴在输送带上,将卸载后输送带表面的粘附物料刮掉。这种重砣刮板式清扫装置的使用效果不好。近年来,各部门已广泛使用弹簧式清扫刮板,其效果较好。除在输送机的卸载端外,还在靠近机尾换向滚筒内侧处安设有清扫装置,一般为犁形清扫装置,使刮板紧贴输送带的内表面(回空段输送带的上表面),清扫运输时撒落和粘附的物料。

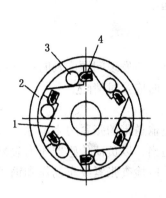 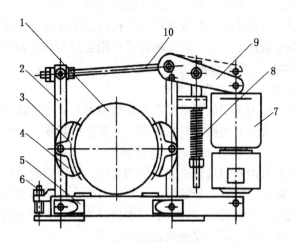

1—星轮；2—固定套圈；
3—滚柱；4—弹簧柱销

图 4-29 滚柱式逆止器

1—制动轮；2—制动臂；3—制动瓦衬垫；4—制动瓦块；
5—底座；6—调整螺钉；7—电力液压推动器；
8—制动弹簧；9—制动杠杆；10—推杆

图 4-30 电动液压推杆制动器

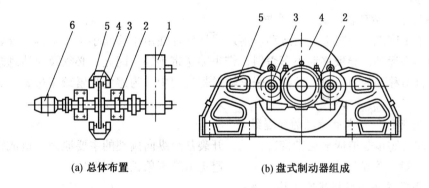

(a) 总体布置　　　　　　　　(b) 盘式制动器组成

1—减速器；2—制动盘轴承座；3—制动缸；4—制动盘；5—制动缸支座；6—电动机

图 4-31 盘式制动器

清扫装置对双滚筒传动的带式输送机，尤其是分别传动的带式输送机更为重要。因为输送带装煤的上表面要与传动滚筒表面接触，若清扫不净，煤粉会粘结在传动滚筒表面，使输送带磨损过快，还会造成两个传动滚筒直径的差异，从而使电动机功率分配不均，甚至发生事故。

1）板式清扫器

板式清扫器安设在带式输送机机头卸载滚筒下部的机头架上，用以对卸载后残载、粘集在输送带承载面上的煤粉和污物进行清扫。一般有弹簧式清扫器和重砣式清扫器两种型式。这两种清扫器结构简单，在各类带式输送机上得到了广泛应用。

2）犁式清扫器

犁式清扫器安设在带式输送机机尾滚筒的前部，用以清扫输送带非承载面的杂物，以免其进入机尾滚筒。犁式刮板也是由两层钢板夹一层橡胶板组成，依靠自身重量压在输送带的非承载面上，为了伸缩输送带可用悬吊器将犁板吊起。

（二）使用和维护

1. 对清扫器的检查维护

对清扫器巡视的要点是检查接触情况和其零件的完整性，发现问题应及时调整；对损坏的零件应及时更换；对积聚在清扫器上的煤粉，在停车时应及时清除。

2. 输送带张紧情况的检查维护

滚筒打滑是输送带张力不足的表现，这可以通过调整输送带的张紧力来消除；而张紧力过大则会引起下胶带的振动，所以对张力的调整必须适当，以负荷传感器压力表数值控制或视输送带在传动滚筒上不产生打滑为宜。与此同时，应检查张紧绞车动作和钢丝绳磨损及滑轮润滑情况，发现问题及时处理。

3. 减速器、液力偶合器、电动机及所有滚筒轴承温度的检查维护

润滑不良、超负荷运行或零件磨损是引起轴承温度异常的主要原因，它预示着隐患事故即将发生。通过温度检查，能提前发现问题，及早分析处理。对减速器和液力偶合器有渗漏油情况的设备，应定期检查充油量，并及时予以补充；对漏油严重的，应及时更换或修理密封零件。

4. 移动小车活动情况的检查维护

移动小车应能在导轨上自由运动。落地式导轨往往由于移动小车止爬钩与导轨接头干涉而影响一侧运动，导致移动小车歪斜，带来输送带跑偏。因此，必须及时清理阻碍移动小车前后自由移动的障碍物，尤其在张紧输送带过程中，为避免张紧绞车过载，必须及时清理。

5. 输送带跑偏、卡磨情况的检查维护

长时间的跑偏是造成输送带带边拉毛、开裂甚至纵向撕裂的主要原因。造成输送带跑偏的因素很多，发现跑偏，及时纠正调整，避免卡磨现象长时间发生。

6. 输送带接头和磨损情况的检查维护

断带通常发生在接头或磨损严重处，为避免满载运行时产生断带而带来不必要的麻烦，对受损严重的输送带，特别是接头处必须及时割除重做。重做时应保证割口与输送带中心线垂直。

7. 托辊接触情况的检查维护

所有托辊在出厂时，轴承和密封圈中已注足量的锂基润滑脂，一般在运行过程中不再注油。巡视过程中主要观察托辊是否与输送带接触，并能自由地运转。如果发现因不接触或因异物卡住外壳而不转动，则应及时调整或排除异物。如果因托辊轴承进煤泥而不能转动，则应取下轴承加以清洗和检查，并重新装配注油。

8. 紧固件的检查维护

原则上对整机每个螺栓应经常检查，发现松动，立即拧紧。对运转过程中经常处于振动状态下的紧固螺栓，如驱动装置、机尾装载段、张紧绞车及各滚筒安装定位螺栓应重点检查。

9. 装载情况的检查维护

偏载将会引起输送带跑偏。如果在机尾装载段发现偏载，必须及时调整。

10. 对底板上浮煤和积水的日常清理

机身、机尾部的下托辊位置较低，浮煤堆积和煤水浸泡将会影响下托辊或机尾滚筒正常运转，增大整机运行阻力。因此，必须经常清理。

11. 电控和安全装置的检查

每周必须至少检查一次所有控制和安全装置的运行情况。

12. 润滑点的检查维护

按润滑周期表定期给润滑点补充或更换润滑剂。巡视过程中发现油脂污损情况，可以提前更换或补充。

（三）带式输送机常见故障及其处理方法

1. 输送带跑偏

1）故障原因

（1）机架和滚筒水平未校正。

（2）物料偏载，托辊不正。

（3）输送带接头与中心线不垂直。

2）处理方法

（1）重新校正位置。

（2）改进物料承载及卸载位置。

（3）清除表面煤泥。

2. 减速器过热

1）故障原因

（1）减速器中油量过多或太少。

（2）油液使用时间过长。

（3）润滑条件恶化，使轴承损坏。

（4）冷却装置未使用。

2）处理方法

（1）按规定量注油。

（2）清洗内部，及时换油修理或更换轴承，改善润滑条件。

（3）接上水管，利用循环水降低油温。

（4）使用冷却装置。

3. 托辊不转或转动不灵活

1）故障原因

（1）托辊与输送带不接触。

（2）托辊外壳被煤泥卡阻或托辊端面与托辊支座发生干涉。

（3）托辊密封不佳，使煤粉进入轴承而引起轴承卡阻。

2）处理方法

（1）垫高机架，使托辊与输送带接触。

（2）清除煤泥，调整干涉部位，使端面脱离接触。

（3）更换托辊，上井检修。

4. 输送机无法启动

1）故障原因

（1）过负荷运行。

（2）电气线路损坏。

2）处理方法

（1）减轻货载。

（2）检查线路，修理损坏部分。

5. 输送带接头处拉断

1）故障原因

接头质量差，拉力大。

2）处理方法

重做接头。

6. 输送带断带

1）故障原因

（1）输送带张紧力过大。

（2）装载分布严重不均匀或严重超载。

（3）转动滚筒或机尾滚筒带入较大的异物。

（4）输送带接头质量不符合要求。

（5）输送带磨损超限、老化或输送带本身质量不合格。

2）处理方法

（1）加强输送机的检查和维护，使其经常处于完好状态。

（2）改善生产环境，使输送机有一个良好的工作环境。

（3）经常检查和调整张紧装置，使输送带张力适宜。

（4）装载时要均匀，防止集中超载。

（5）保持输送带运行不跑偏，托辊、滚筒转动灵活。

（6）做输送带接头时，要严格按标准施工，使用合格的输送带扣，并经常检查接头。

（7）及时更换磨损超限的输送带，使用合格的阻燃输送带。

7. 输送带在滚筒上打滑

1）故障原因

（1）输送带张力不够。

（2）机头部淋水大或在输送带上拉水煤，造成驱动滚筒和输送带间的摩擦因数降低。

（3）输送带上货载多。

（4）严重跑偏，输送带被卡住。

（5）清扫器失效，造成滚筒与输送带间有大块异物。

2）处理方法

（1）加强输送机的运行管理，教育司机增强岗位责任心，发现输送带打滑时及时处理。

　　(2) 使用输送带打滑保护装置。

　　(3) 清理输送带。

　　(4) 检查修理清扫器。

学习活动2　工作前的准备

【学习目标】

　　(1) 认真听讲解，做好笔记。

　　(2) 通过阅读带式输送机说明书，掌握带式输送机的使用和维护方法。

　　(3) 掌握带式输送机的常见故障及处理方法。

　　(4) 牢记安全注意事项，认识安全警示标志。

　　(5) 按要求穿戴好劳保用品，戴好安全帽。

　　(6) 做好操作前的准备工作。

一、工具资料

扳手、钳子、螺丝刀；带式输送机说明书。

二、设备

带式输送机实训设备。

学习活动3　现场施工

【学习目标】

　　(1) 熟练掌握安全知识，并能按照安全要求进行操作。

　　(2) 正确维护带式输送机，通过操作使学生对带式输送机的检修和维护内容有初步认识。

　　(3) 通过操作带式输送机，锻炼动手能力和独立分析问题、解决问题的能力，培养团队合作精神。

【技能训练】

一、日常检查与维护的内容

运行中的带式输送机每日最少要有2~4 h的集中检查维修时间。日常检查和维护的内容包括：

　　(1) 输送带的运行是否正常，有无卡、磨、偏等不正常现象，输送带接头是否平直良好。

　　(2) 上、下托辊是否齐全，转动是否灵活。

　　(3) 输送机各零部件是否齐全，螺栓是否紧固、可靠。

　　(4) 减速器、联轴器、电动机及滚筒的温度是否正常，有无异响。

　　(5) 减速器和液力偶合器是否有泄漏现象，油位是否正常。

　　(6) 输送带张紧装置是否处于完好状态。

（7）各部位清扫器的工作状况是否正常。

（8）检查、试验各项安全保护装置。

（9）检查有关电气设备（包括电缆等）是否完好。

（10）认真填写日检记录。

上述检查若出现异常情况应立即安排检修，及时排除故障。

二、司机巡回检查的内容

司机的巡回检查是一项重要的制度，巡回检查的重点内容包括：

（1）各发热部位温度是否超过规定要求。

（2）制动系统是否工作正常，间隙是否符合要求。

（3）电动机和减速器运转有无异响。

（4）输送带张紧力是否适当。

（5）输送带在运行中是否有异常跑偏。

（6）安全保护装置是否动作可靠。

（7）消防水路是否畅通。

（8）信号装置是否正常。

三、检修维护带式输送机时的注意事项

（1）带式输送机驱动装置、液力偶合器、传动滚筒、尾部滚筒等转动部位要设置保护罩和保护栏杆，防止发生绞人事故。

（2）带式输送机运行中，禁止用铁锹和其他工具刮输送带上的煤泥或用工具拨正跑偏的输送带，以免发生人身事故。

（3）输送机停运后，必须切断电源。不切断电源，不准检修。挂有"有人工作、禁止送电"标志牌时，任何人不准送电开机。

（4）在对输送带做接头时，必须远离机头转动装置 5 m 以外，并派专人停机、停电、挂停电牌后，方可作业。

（5）在清扫滚筒上粘煤时，必须先停机，后清理。严禁边运行边清理。

（6）在检修输送机时，应制订专门措施。在实施中，工作人员严禁站在机头、尾架、传动滚筒及输送带等运转部位上方工作。

（7）带式输送机司机检查减速器内润滑油是否需要补充或更换。

（8）带式输送机司机对滚筒轴承进行注油。

（9）带式输送机司机对输送带进行维护和保养。

（10）带式输送机司机正确维护和使用带式输送机。

子任务3 带式输送机的安装与调试

【学习目标】

（1）通过了解带式输送机的安装，明确学习任务要求。

（2）根据任务要求和实际情况，合理制定工作（学习）计划。

（3）正确对带式输送机进行安装。

（4）熟练掌握各部件安装的主要事项。

（5）正确调试带式输送机。

（6）识别工作环境的安全标志。

（7）严格遵守安全规章制度，规范穿戴工装和劳动防护用品。

（8）主动获取有效信息，展示工作成果，对学习和工作进行总结与反思。

（9）能与他人合作，进行有效沟通。

【建议课时】

4 课时。

【设备】

带式输送机。

【学习任务】

带式输送机从地面运往工作面时，输送机要拆开运送。运到指定地点后，必须对其进行安装和调试，才能保证其正常工作和安全运行。所以在工作面上的安装是一项非常重要、技术性要求比较高的工作，要按照一定的顺序进行，以保证安装工作快速、高效、优质。该任务主要是根据可伸缩带式输送机的基本结构，对输送机进行安装，以培养学生的动手能力。

学习活动 1　明确工作任务

【学习目标】

（1）通过了解带式输送机的安装和调试，明确学习任务、课时等要求。

（2）准确叙述带式输送机的安装步骤和调试内容。

（3）准确说出各组成部分的安装顺序。

【建议学时】

2 课时。

一、工作任务

在可伸缩带式输送机的安装过程中，首先要进行技术准备，其次要按照一定的安装顺序进行操作，否则将影响安装进度和安装质量。对整机的安装要求是做到"横平、竖直"。安装质量将会直接影响整机的正常运行和使用寿命。

二、相关理论知识

（一）安装

1. 安装要求

（1）清理和平整机头、张紧装置及机尾地基。机头底部固定在水泥基础上。

（2）机头、张紧装置、机身、机尾的中心线必须保证成一直线。

（3）各种滚筒、铰接托辊、H架安装时应保证与输送机中心线垂直。

（4）输送带的接头必须保证正和直。

2. 安装步骤

安装应由专业施工人员进行安装，安装必须符合 MT 654—1997《煤矿用带式输送机安全规范》中相关要求。

安装输送机前应在巷道支架顶梁上标出输送机的安装中心线的记号，以保证机头、张紧装置、机尾的中心线保持一致，然后按以下步骤进行安装：

（1）按安装基准线安装固定机头部，再安装张紧装置。

（2）移置机尾到安装地点，并对准安装中心线将机尾摆放固定好，将尾部改向滚筒调至最前端。

（3）沿巷道底板铺设下输送带，并连接输送带接头。

（4）按 3 m 间距按基准线安装支架和纵梁钢管，并安装下托辊。

（5）按 15 m 间距安装铰接托辊，并保证与机身中心线垂直。

（6）铺设上输送带，连接上输送带接头。

（7）用张车通过钢丝绳拉托辊小车调节输送带张力至适宜程度。

（二）调试

1. 试运转前准备工作

（1）全面检查各部分安装位置。

（2）各润滑部位注油。

（3）液力偶合器注入清水。

（4）所有清扫器安装后，其刮板与输送带的接触长度不得小于85%。

（5）触动"启动"按钮，观察输送带运行方向是否正确，以及证实各部位无阻碍或卡住情况后方可开车试运转。

2. 试运转

带式输送机各部件安装完毕后，首先进行空载试运行，运载时间不得小于 2 h，并对各部件进行观察、检验及调整，为负载试运行做好准备。

1）试运转前准备工作

（1）检查基础及各部件中联接螺栓是否紧固。

（2）检查电机、减速器、轴承座等润滑部位是否按规定加入足够的润滑油。

（3）点动电机，确认电机转动方向。

2）空载试运行中观察内容

（1）观察输送带有无跑偏，如果跑偏量超过带宽的5%，就进行调整，调整方法按后面所述方法进行。

（2）检查设备各部分有无异常声音和异常振动。

（3）检查润滑油、轴承等处温升是否正常。

（4）检查减速器、液力偶合器以及其他润滑部位有无泄漏现象。

（5）检查制动器、各种限位开关、保护装置等动作是否灵敏可靠。

（6）检查清扫器与输送带的接触情况。

（7）检查拉紧装置运行是否正常，有无卡死等现象，调整托辊小车位置。

3）负载运行

设备通过空载试运行并进行必要的调整后运行，目的在于检测有关技术参数。

加载方式：加载量应从小到大逐渐增加，加载负荷量按 20%—50%—80%—100%，在各种负荷下运行时间不得小于 2 h。

3. 试运行中可能出现的故障及排除方法

检查滚筒、托辊等旋转部件有无异常声音，滚筒温升是否正常，如有不转动的托辊应及时调整或更换。

观察物料是否位于输送带中心，如有落料不正和偏向一侧的现象，需调整漏斗位置或增加挡板。

启动时输送带与传动滚筒间是否打滑，如有打滑现象，可逐渐增大拉紧装置的拉紧力，直到不打滑为止。

4. 输送带跑偏的调整

由于各种原因，输送机运转中可能发生输送带跑偏的问题，因而需在试运转中进行调整，使输送带保持在正中位置运转。如果输送带跑偏超过带度5%，则需要调跑偏。跑偏调整一般在运转中进行，调整时应各部位相互配合。

调整输送带跑偏的部位为机头卸载滚筒，转向架改向滚筒，托辊小车改向滚筒、机尾滚筒、铰接托辊。调整方法为：

（1）首先检查物料在输送带上对中情况，并作调整。

（2）调节跑偏的方法应根据输送带运行方向和跑偏方向来确定，调整改向滚筒和托辊时的一般原则：如跑偏调整，如图 4-32 所示，在改向滚筒处输送带往哪边跑即调紧哪边，在托辊处输送带往哪边跑，就在这边将托辊朝输送带运行方向移动一定距离。但一次不能调得太多，应观察输送带运行的情况适当进行调整。

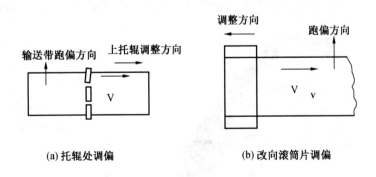

(a) 托辊处调偏　　　　　　　　　(b) 改向滚筒片调偏

图 4-32　跑偏调整示意图

（3）如果输送带张力较小，适当增加张紧力对防止跑偏有一定的作用。

（4）上述方法无效时，应检查输送机及接头中心线直线度是否符合要求，必要时应重新接头。

学习活动2 工作前的准备

【学习目标】

（1）认真听讲解，做好笔记。

（2）通过阅读带式输送机的安装步骤，掌握具体安装过程。

（3）掌握带式输送机的调试内容。

（4）牢记安全注意事项，认识安全警示标志。

（5）按要求穿戴好劳保用品，戴好安全帽。

（6）做好操作前的准备工作。

图4-33 带式输送机的实训工具

一、工具

YL-235A光机电一体化实训装置中的带式输送机采用内六角头螺栓做紧固零件，因此在拆卸带式输送机时，应使用内六角扳手，如图4-33所示。该套内六角扳手为YL-235A光机电一体化实训装置自带工具。除了工具之外，还要准备一个存放拆卸下来的零件、元件和部件的容器，以免丢失。

二、设备

YL-235A光机电一体化实训装置。

三、安装前的检查及准备工作

输送机是使用非常广泛的机电设备，带式输送机在物料输送、产品生产线、物件分拣中是不可缺少的设备。带式输送机的主要结构如图4-34所示，由机架、输送皮带、皮带

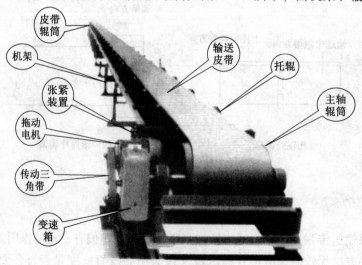

图4-34 带式输送机的结构

辊筒、张紧装置、主轴和传动装置等。机身采用优质钢材连接而成，由前后支腿形成机架，机架上装有皮带辊筒、托辊等，用于带动和支撑输送皮带。

通过完成带式输送机机架的拆装和带式输送机的安装与调整两个的工作任务，了解带式输送机的基本结构，学会带式输送机的安装。

学习活动3 现 场 施 工

【学习目标】

（1）熟练掌握安全知识，并能按照安全要求进行操作。

（2）正确拆装带式输送机机架，通过操作使学生对带式输送机的各组成部件和相互之间的关系有初步认识。

（3）通过操作带式输送机，锻炼动手能力和独立分析问题、解决问题的能力，培养团队合作精神。

【具体操作】

一、拆装要求

带式输送机机架及各部分的名称如图4-35所示。

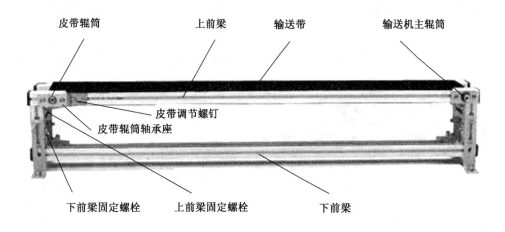

图4-35 带式输送机机架及部件名称

（1）拆卸带式输送机机架，取下输送带和输送机主轴、副轴。

（2）组装皮带输送机机架，并满足：① 带式输送机主动轴与支撑轴应在同一平面，两轴的不平行度应不超过0.5 mm；②调节两轴之间的距离，使输送带的松紧适度；③转动带式输送机主动轴时，输送带应能运动，无卡阻、无打滑。

二、拆装步骤

（1）拆卸带式输送机机架方法和步骤如图4-36所示。

（2）皮带输送机机架组装的方法与步骤如图4-37所示。

(a) 用 2mm 内六角
扳手松开调节螺钉

(b) 用 4mm 内六角扳手
松开轴承座紧固螺钉

(c) 用 4mm 内六角扳手
松开上前梁两端固定螺钉

(d) 取出上前梁

(e) 取出皮带托辊

(f) 取出皮带辊筒

(g) 取出主轴辊筒

(h) 完成拆卸

图 4-36 带式输送机拆卸方法与步骤

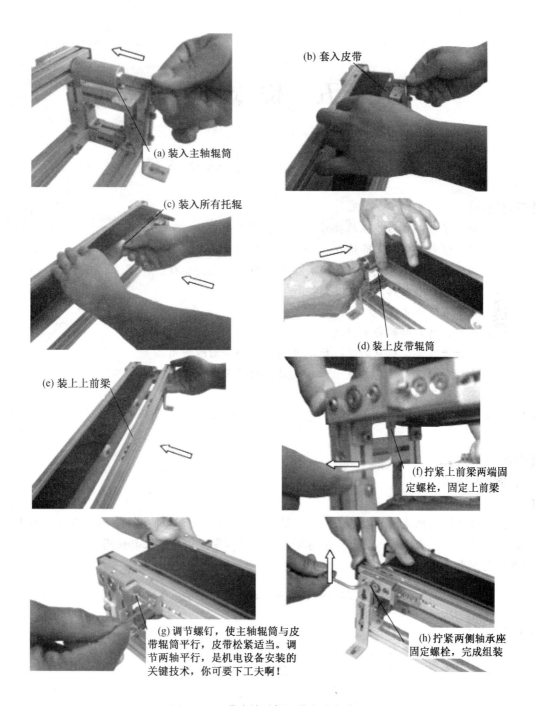

(a) 装入主轴辊筒

(b) 套入皮带

(c) 装入所有托辊

(d) 装上皮带辊筒

(e) 装上上前梁

(f) 拧紧上前梁两端固定螺栓，固定上前梁

(g) 调节螺钉，使主轴辊筒与皮带辊筒平行，皮带松紧适当。调节两轴平行，是机电设备安装的关键技术，你可要下工夫啊！

(h) 拧紧两侧轴承座固定螺栓，完成组装

图 4-37 带式输送机组装方法与步骤

学习任务五　桥式转载机

子任务1　桥式转载机的基本操作

【学习目标】

(1) 通过了解桥式转载机的操作，明确学习任务要求。

(2) 根据任务要求和实际情况，合理制定工作（学习）计划。

(3) 正确认识桥式转载机的类型、组成、型号及主要参数。

(4) 熟练掌握桥式转载机的具体操作。

(5) 正确理解桥式转载机的应用。

(6) 识别工作环境的安全标志。

(7) 严格遵守安全规章制度，规范穿戴工装和劳动防护用品。

(8) 主动获取有效信息、展示工作成果，对学习和工作进行总结与反思。

(9) 能与他人合作，进行有效沟通。

【建议课时】

4课时。

【设备】

桥式转载机。

【学习任务】

桥式转载机是机械化采煤采区内煤炭运输系统中普遍采用的一种中间转载输送设备。桥式转载机安装在采煤工作面运输平巷中，与可伸缩带式输送机配套使用，将工作面运出的煤转送到平巷带式输送机上去。

学习活动1　明确工作任务

【学习目标】

(1) 通过了解桥式转载机的具体操作，明确学习任务、课时等要求。

(2) 准确叙述桥式转载机的运行与操作步骤。

(3) 详细叙述桥式转载机的操作过程。

【建议学时】

2课时。

一、工作任务

桥式转载机实际上是一种可以纵向整体移动的短的重型刮板输送机。它的长度小，便于随着采煤工作面的推进而整体移动，不必频繁地缩短带式输送机的长度，从而简化了工序，提高了劳动生产率。本任务要求正确操作桥式转载机。

二、相关理论知识

在机械化采煤工作面中使用较多的 SZZ764/160 桥式转载机如图 5-1 所示。它的作用：一是它能够将货载抬高，向带式输送机装载；二是可以减少工作面巷道中可伸缩带式输送机伸缩、拆装的次数。这样便于加快采煤工作面的推进速度，提高生产效率，增加煤炭产量。

图 5-1 桥式转载机外形图

（一）组成

桥式转载机实际上是一种可以纵向移动的短距离刮板输送机，也称刮板转载机。桥式转载机的组成如图 5-2 所示。它主要由机头部（包括传动装置、机头架、链轮组件、紧链装置和支撑小车）、机身部（标准槽、凹槽、凸槽）、机尾部（机尾架、机尾轴、压链板）等部分组成。机头部也叫行走部，安装有传动装置。

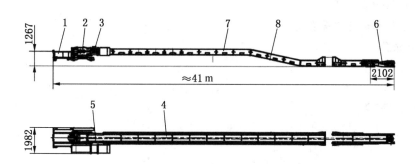

1—行走部；2—机头传动部；3—紧链装置；4—溜槽；5—刮板链；
6—机尾部；7—挡板；8—封底板

图 5-2 桥式转载机组成

（二）工作原理

桥式转载机工作原理如图 5-3 所示。桥式转载机的机尾安装在工作面可弯曲刮板输送机机头下面的巷道底板上，接收从工作面运出的煤。机头安放在移动小车架上，小车放在带式输送机机尾架的轨道上。启动转载机，机头传动部的电动机经液力偶合器、减速器带动机头的链轮，链轮带动绕过机头链轮、机尾滚筒的刮板链，刮板链沿着运煤方向把中部槽内的煤运到卸载端。

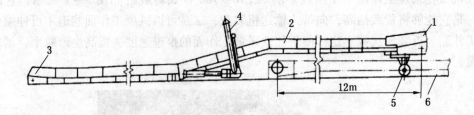

1—机头部；2—机身部；3—推移装置；4—机尾部；5—行走部；6—带式输送机机尾

图5-3　桥式转载机工作原理

（三）特点和适用范围

1. 特点

该桥式转载机为中双链刮板转载机，主要用于煤矿井下回采工作面顺槽中。在工作面刮板输送机和顺槽可伸缩带式输送机之间起转载输送煤炭的作用，煤炭由工作面刮板输送机经转载机转载到带式输送机上运走。

2. 主要用途及适用范围

该桥式转载机用于高产、高效综合机械化采煤工作面顺槽中，转载输送煤炭时，可与多种工作面刮板输送机、破碎机及带式输送机配套使用。若与可伸缩带式输送机配套使用时，将转载机的小车搭接在带式输送机的两侧轨道上，并能沿其作整体运动，从而使转载机随工作面输送机的推移步距作整体调整。这样就可避免顺槽带式输送机的频繁移动，确保工作面生产循环的顺利进行。

（四）技术参数及型号含义

1. 技术参数

输送量	1000 t/h
出厂长度	40.2 m
刮板链链速	1.28 m/s
与可伸缩带式输送机最大有效重叠长度	12.4 m
可伸缩带式输送机可伸缩长度	12 m
爬坡角度	10°
爬坡长度	5.9 m
架桥段直线长度	12.685 m
电动机：	
型号	YBS-160B
功率	160 kW
转速	1470 r/min

电压	1140/660 V

液力偶合器：

型号	YOXD560
工作介质	水
注液量	20.5 L

减速器：

型号	JS160 型
减速器速比	1∶23.67

刮板链：

型式	中双链
圆环链规格	26 mm×92 mm
刮板间距	920 mm
链间距	120 mm
链破断负荷	833 kN

中部槽：

外形尺寸	1500 mm×764 mm×222 mm

紧链装置：

型式	闸盘紧链
紧链力	117 kN

2. 型号含义

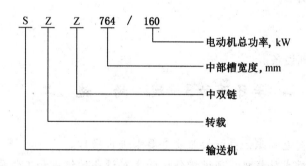

（五）司机岗位职责

（1）熟悉所操作的转载机的技术特征及安全规程、操作规程、作业规程的规定。

（2）检查工作地点周围的顶板、煤帮、支护及其他安全情况。

（3）按规定检查转载机。

（4）开车时精神要集中，注意启动、停止信号及前部带式输送机的运转情况，及时开停转载机。

（5）注意转载机运煤情况，发现漏煤要及时处理。

（6）发现转载机有异常声响及事故时要及时停机处理。

（7）清理带式输送机机尾和滚筒处的煤粉。

（8）准备零部件及其他易消耗品。

（9）配合检修工人拉移转载机。

（10）填写好工作日志。

（六）操作规程

（1）转载机司机必须经过安全培训，达到"三懂"（懂结构、懂性能、懂原理）、"四会"（会使用、会维护、会保养、会处理故障），经考试合格取得操作资格证后持证上岗。

（2）与工作面刮板输送机司机、运输巷带式输送机司机密切配合，统一信号联系，按顺序开、停机。有大块煤、矸在破碎机的进料口堆积外溢时，应停止工作面刮板输送机。若大块煤、矸不能进入破碎机或有金属物品时，必须停机处理。

学习活动2 工作前的准备

【学习目标】

（1）认真听讲解，做好笔记。

（2）通过熟悉桥式转载机的操作规范，掌握桥式转载机的工作过程。

（3）掌握桥式转载机的操作步骤与注意事项。

（4）牢记安全注意事项，认识安全警示标志。

（5）按要求穿戴好劳保用品，戴好安全帽。

（6）做好操作前的准备工作。

一、工具资料

桥式转载机说明书。

二、设备

桥式转载机实训设备。

学习活动3 现 场 施 工

【学习目标】

（1）熟练掌握安全知识，并能按照安全要求进行操作。

（2）正确操作桥式转载机，通过操作使学生对设备的组成和工作原理有初步认识。

（3）通过操作设备，锻炼动手能力和独立分析问题、解决问题的能力，培养团队合作精神。

【技能训练】

一、司机岗位

1. 岗位职责

（1）检查和操作转载机，负责转载机的运行。

（2）检查安全设施是否完好，保证工作面煤的正常运出。

（3）遵守安全技术操作规程，处理运行过程中的异常情况。

（4）负责本岗位设备的整洁和管辖范围内的工业卫生，负责机头喷雾灭尘装置开、停和维护。

（5）负责日常保养维护设备。

（6）协助其他运输岗位处理故障。

2. 安全操作要领

（1）转载机、破碎机范围内，要保持卫生清洁，无杂物、无淤泥、无积水等，清理的杂物要及时运走并保持班班防尘。

（2）接班后认真检查，确保转载机、破碎机各部位螺栓紧固，电动机、减速器运转正常，信号按钮灵敏可靠。发现问题及时向班组长或工区值班汇报，并及时处理。

（3）按时上下班，现场交接班；坚守岗位，不脱岗、串岗、睡岗，班中不干私活。

（4）严格按规程、措施及操作标准和程序施工，杜绝违章，确保安全。

3. 危险源辨识

（1）电气设备触电会伤人，不擅自接触电气设备可预防。

（2）外露转动和传动部分易夹伤，加装防护可预防。

（3）刮板输送机上的物料顶伤或挤伤，站位正确能预防。

（4）刮板链断裂易打伤，认真检查及时更换可预防。

（5）加油烧伤，停机冷却后加油可预防。

二、岗位手指口述安全确认

1. 班前

（1）工作面超前支护完好可靠、安全出口畅通。确认完毕！

（2）附近 20 m 内瓦斯浓度符合规定。确认完毕！

（3）电动机、减速器、推移装置、机头、机尾各部螺栓齐全、完整、紧固、无渗漏。确认完毕！

（4）信号闭锁装置灵敏可靠。确认完毕！

（5）溜槽封闭、连接装置完好。确认完毕！

（6）刮板、链条、连接环螺栓无缺失、变形、松动。确认完毕！

（7）与其他设备搭接合理可靠。确认完毕！

（8）机头防尘设施、冷却系统完好。确认完毕！

（9）试运转监听无异常声音，可以开机。确认完毕！

2. 班中

设备运行正常（声音、温度、振动），链条无卡链、跳链、安全保护装置完好。确认完毕！

3. 班末

（1）启动器开关已打到零位，设备已闭锁。确认完毕！

（2）工作区域环境已清理，可以进行交接班。确认完毕！

三、桥式转载机的操作

（1）转载机的运转要遵守有关安全规程。

（2）开机或停机顺序要遵守工作面的操作规定。

（3）开机。桥式转载机与破碎机、刮板输送机配套使用时，一定要按照破碎机→桥式转载机→刮板输送机的顺序依次启动。

（4）停机。停机应按照刮板输送机→桥式转载机→破碎机的顺序进行操作。为了便于桥式转载机的启动，应首先使刮板输送机停车，待卸空转载机中部槽内存有的物料后，才能使转载机停车。

（5）合上磁力起动器手把，发出开机信号，确定机械运转部位处无人员后，先点动两次，再启动试运转，确认无误后进入正常运转。

（6）圆环链链条必须有适当的预紧力。一般机头链轮下链条的松弛量为圆环链节距的2倍为宜。

（7）当转载机中部槽内存有物料时，无特殊原因不能反转。

（8）发生故障后，必须及时停止桥式转载机。

四、注意事项

（1）在减速器、盲轴、液力偶合器和电动机等传动装置处，必须保持清洁，以防止过热，否则会引起轴承、齿轮和电动机等零部件损坏。

（2）链子必须有适当的张紧力，一般机头链轮下的松弛量为2倍圆环链节距为宜。

（3）机尾与工作面输送机的机头搭接位置应保持正确（侧卸输送机时应连接正确），拉移转载机，应保证行走部在带式输送机导轨上顺利移动，若歪斜则应及时调整。

（4）每次锚固柱时，必须选择在顶、底板坚固处，锚固必须牢固可靠。

（5）转载机应避免空负荷运转，无正当理由不应反转。

（6）转载机严禁运输材料。

五、整体推移

（1）桥式转载机在采煤工作面使用时，可按照采煤工艺进行整体移动。当采空区运输巷进行沿空留巷时，在工作面推进5 m的过程中，不必移动转载机；当采空区运输巷随采煤而回撤时，转载机应与工作面输送机同步前进。

（2）转载机在采煤工作面平巷中使用时，可以由绞车牵引移动，由液压支架的水平液压缸和专设推移液压缸推移。专设推移液压缸放置在平巷的适当地方，推移液压缸的活塞与转载机连接，另一端与固定在顶板和底板间的锚固座相连接。通过操纵推移液压缸可实现转载机的整体推移，同时可伸缩带式输送机必须伸缩一次。

（3）转载机在掘进巷道中使用时，可用绞车牵引移动，也可用掘进机牵引。当转载机机头小车及传动装置移动到带式输送机处后，转载机才能继续移动。

子任务2　桥式转载机的使用与维护

【学习目标】

（1）通过了解桥式转载机的维护和检修，明确学习任务要求。

（2）根据任务要求和实际情况，合理制定工作（学习）计划。

（3）掌握正确检修和维护桥式转载机的方法。

（4）熟悉桥式转载机的常见故障。

（5）学会桥式转载机的故障处理方法。

（6）识别工作环境的安全标志。

（7）严格遵守安全规章制度，规范穿戴工装和劳动防护用品。

（8）主动获取有效信息，展示工作成果，对学习和工作进行总结与反思。

（9）能与他人合作，进行有效沟通。

【建议课时】

6 学时。

【学习任务】

桥式转载机在采煤工作面担负着煤炭转载运输任务，要保证其正常运转，就必须对其进行维护，并严格按照操作规程的规定使用，这样就能保证其安全、经济、可靠、有效地运行。

学习活动1　明确工作任务

【学习目标】

（1）通过了解桥式转载机的运行和操作，明确学习任务、课时等要求。

（2）准确叙述桥式转载机的结构。

（3）准确说出桥式转载机各组成部分的作用。

【建议学时】

2 课时。

一、工作任务

在生产实际中，只有保证正确地维护和使用桥式转载机，才能及时发现故障，消除故障隐患，使其在良好状态下运行。维护工作做好了，就能在设备运转时发现问题并及时排除，提高运行效率，延长设备的使用寿命。

二、相关理论知识

（一）结构

SZZ764/160 型刮板转载机主要由机头传动部、行走部、紧链器、过渡槽、中部槽、凸凹槽，以及刮板链、挡板、底板和机尾部组成。

1. 行走部

行走部安装在转载机机头下面，可根据要求改进设计与不同的带式输送机配套，转载机与带式输送机的重叠长度是随着转载机的移动而改变的。每前进 12 m 转载机移动相同距离时，将带式输送机的输送带缩短一次。

行走部的结构如图 5 - 4 所示，行走部是通过底盘用 M30 螺栓与机头架及过渡槽相连接，左右卸料挡板及左右车架的滚轮骑在带式输送机的导轨上，使转载机只能沿着导轨移动，转载机的机头和过渡槽的重量是通过底盘、平台、支撑架作用于左右车架上，并通过支撑架上的转轴,使转载机的机头可以摆动一定的角度。平台前装有缓冲装置,使从机头卸下的大块煤通过缓冲装置上的缓冲板滑到带式输送机上,防止损坏输送带。卸料挡板是为了防止煤落在带式输送机外边而设置的。

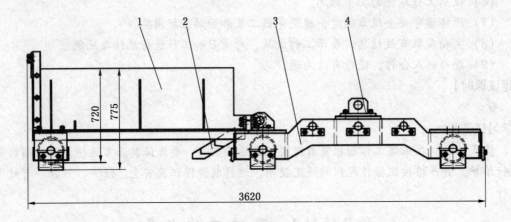

1—卸料挡板;2—缓冲装置;3—车架;4—横梁

图 5 - 4　行走部

2. 机头传动部

机头传动部主要由机头架、盲轴、链轮、舌板、闸盘紧链器、减速器、液力偶合器和联接罩部件组成,如图 5 - 5 所示。

1)减速器

SZZ764/160 转载机用减速器采用一级圆锥齿轮和两级圆柱齿轮传动的三级减速结构型式。此减速器与刮板输送机平行布置,可用于正反方向运转。具有体积小、重量轻、效率高、承载能力大、使用寿命长等特点。主要适用于矿用输送机的传动部件,也可用于其他机械传动部件。

(1)减速器的结构。减速器是一级圆锥齿轮和两级圆柱齿轮三级减速结构,第一级为圆锥齿轮传动,第二、三级为圆柱齿轮传动。传动结构如图 5 - 6 所示。

(2)减速器的工作原理。减速器采用一级圆锥齿轮和两级圆柱齿轮传动,输入与输出轴垂直布置,通过切换不同大小的齿轮来变换速度和扭矩,传递动力。输入的转速快、扭矩小;经三级传动后,输出转速慢、扭矩大,从而达到减速的目的。

2)联接罩

联接罩是用来连接减速器与电动机,保护高速旋转的液力偶合器和弹性联轴器,防止液力偶合器的易熔合金熔化后把液喷到外边,同时,联接罩又作为闸盘紧链器制动装置的机座,将闸盘式紧链器的制动装置固定在联接罩上。联接罩上的一侧窗口用来向液力偶合器注液和更换易熔合金塞,另一侧窗口用来通风散热。

3)液力偶合器

液力偶合器安装在减速器和电机之间,使电机启动平稳,增加启动转矩,保护过载,减缓传动系统的冲击振动,在多电动机传动中能使各电动机的负荷均匀平稳。

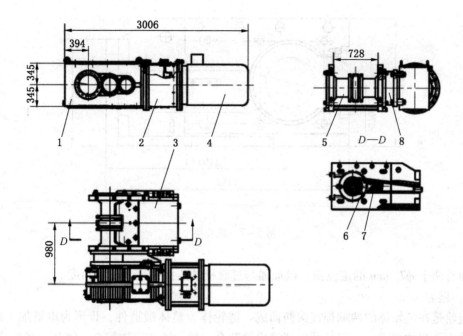

1—减速器；2—联接罩；3—机头架；4—电动机；5—链轮组件；
6—拨链器；7—舌板；8—连接垫架

图5-5 机头传动部

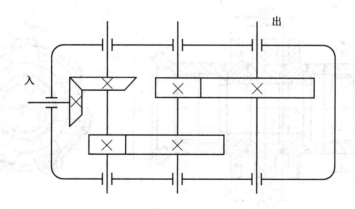

图5-6 减速器传动结构

4）机头架

该转载机机头架是由侧板、底板、中板等焊接成的框架形结构。在机头架两侧均可安装减速器和盲轴。其结构如图5-7所示。

机头架上设有安装拨链器和舌板的固定架。拨链器是利用焊接在固定架上的圆钢固定其安装位置，并插入在链槽内以便使链条从链轮脱开。当需要更换拨链器时，拆卸舌板即可更换，不需拆卸链轮。机头架与过渡槽的连接，是除用4条M36螺栓之外，还在机头

191

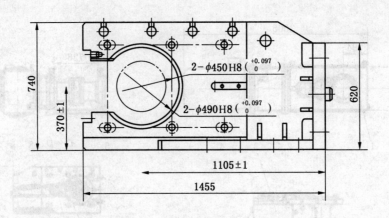

图 5-7 机头架

架端面有两个 $\phi75$ mm 的定位销，以加强与过渡槽的连接强度及安装精度。

5）链轮

链轮是在链轮体的两端焊接滚筒而成。链轮体为整体锻造件，齿形为电解加工成形，滚筒的内孔为内花键，一端与减速器输出轴配合，另一轴与盲轴配合，因此，减速器的输出转矩是通过减速器输出轴，链轮滚筒和链轮体传给刮板链的。安装链轮时，应清除花键外的防锈层，擦洗花键后涂上黄油，然后再安装。其结构如图 5-8 所示。

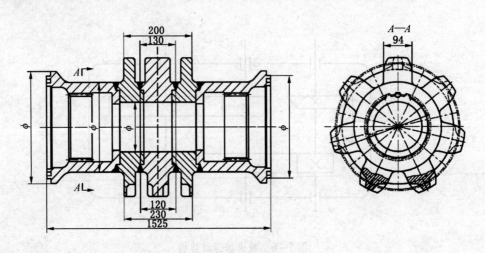

图 5-8 链轮

6）盲轴

盲轴的花键轴架在盲轴箱体内的两套滚动轴承上，箱体既作轴承座又作为滚动轴承的润滑油池。

安装轴时，应先擦洗花键，涂上黄油后，再安装在机头架一侧，花键轴通入在链轮一端的花键孔内。

使用前应用量油尺检查盲轴中的油位，检查迷宫环上的注油孔的通道，盲轴中的注油量为4升，迷宫环上的黄油是利用注油枪通过油杯注入的，注油杯量应为迷宫环上挤出新的黄油为止，盲轴上的迷宫轴承盖与链轮端部之间迷宫环上的黄油只作为密封用，不作为润滑使用。

3. 闸盘紧链器

闸盘紧链器包括制动装置和阻链器等部分。

1）制动装置

制动装置包括夹钳部分和制动轮，夹钳部分安装在联接罩上，制动轮安装在减速器第一轴圆弧锥齿轮上，当夹钳部分不安装时，必须用盖板盖住联接罩上的夹钳部分安装口。

作用在制动轮上的夹紧力是通过手轮来控制的。当手轮顺时针旋转时，使制动板以销轴为支点，向夹紧闸盘方向旋转，制动板上闸块抱紧闸盘对闸盘产生制动力进行制动。当手轮反时针旋转时，制动力逐步减小，直至使制动板的闸块离开闸盘，制动力完全消失。

2）阻链器

紧链时阻链器固定在阻链器槽上是用来固定刮板链的，如图5-9所示。

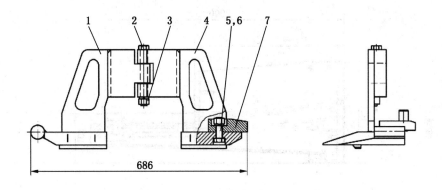

1—左阻链架；2—螺栓；3—螺母；4—右阻链架；5、6—螺栓；7—闸块

图5-9　阻链器

闸块在使用过程中会磨损，其磨损量取决于制动次数、制动时间的长短和制动力的大小等。新闸块在夹紧状态下，两块闸块外口最上端之间的最小距离应为45 mm。随着使用，间距会不断增大，但最大距离不能超过75 mm，超过75 mm应更换新闸块。

（1）紧链步骤如下：

① 当进行紧链时，阻链器固定在阻链器槽上。

② 将电机反转启动，直到链轮停止转动为止。

③ 立即转动制动手轮，闸住制动轮，并切断电动机电源。

④ 慢慢松开制动装置手轮，使制动装置闸块放松夹紧力，直到链子所需要的预张力为止。

⑤ 重新转动制动装置手轮，使闸块再次闸死制动轮，以便安全拆链和接链。

⑥ 缩短和接长链子后，慢慢完全松开手轮，再将电机正向启动，使刮板运行一段距离，然后停车取下阻链器，应取下制动装置，用专用盖子盖住制动装置夹钳部分的安装口。

（2）使用与维护。

① 夹紧力的检查。制动装置安装之后应进行检查。当手轮按顺时针旋转时，闸盘夹紧制动轮使之制动。在正式安装前，可临时用 16 mm 钢板代替制动轮进行夹紧动作的实验及夹紧力的调整。

② 闸块位置的检查及调整。闸块应有正确的安装位置，以保证有效起到制动作用，当安装新闸块时，两块闸块之间的最大距离应为 18 ~ 20 mm，然后拧紧螺钉固定住制动板的位置。

4. 溜槽

溜槽包括过渡槽、中部槽、凸槽、凹槽等。

1）过渡槽

过渡槽由槽帮钢、中板、接口板、端头和支座等焊接而成，其结构如图 5 – 10 所示。过渡槽端与机头架连接，另一端与中部槽连接，底板与行走部连接，过渡槽与中部槽连接端有耐磨的高锰钢凹端头。

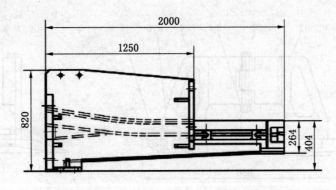

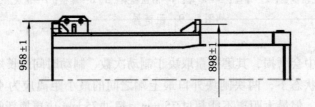

图 5 – 10　过渡槽

2）中部槽

中部槽由槽帮钢、中板、端头和支座等焊接而成。中部槽槽帮的外侧焊有支座，用于固定挡煤板，其结构如图 5 – 11 所示。槽帮钢的端头处焊有前、后端头，以增加耐磨性和强度，中部槽之间用哑铃销连接，接口板互相搭接防止煤粉漏进底槽内。

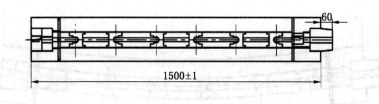

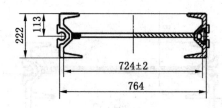

图 5 - 11 中部槽

安装中部槽时，需将凸端头指向运输方向，中部槽之间，尤其架桥段和爬坡的中部槽之间必须靠紧，以便顺利安装架桥段和爬坡段挡板。

3）凸槽和凹槽

为了转载机的机头与可伸缩带式输送机机尾搭接，保证有足够的搭接长度和空间，由凹槽把地面水平段的溜槽引向爬坡（10°），然后，通过凸槽把爬坡度（10°）的溜槽引向水平架空，使溜槽与安装在行走部上的机头相连，形成转载机机头与带式输送机机尾搭接的空间。

凸槽和凹槽的结构与中部槽结构基本相同，只是各自弯曲10°，并在槽帮内侧弯曲段堆焊耐磨材料以增加耐磨性。如图 5 - 12、图 5 - 13 所示。

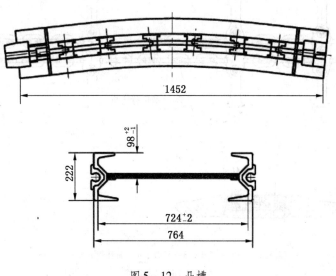

图 5 - 12 凸槽

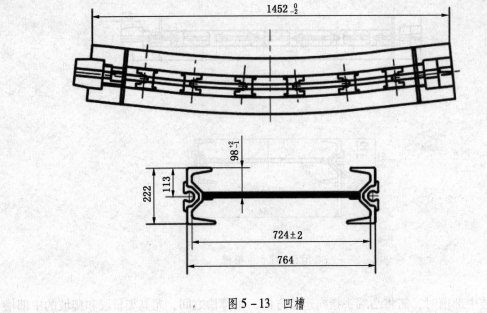

图 5-13 凹槽

5. 刮板链和调节链

1）刮板链

刮板链是转载机的重要部件，在工作过程中承受较大的静负荷和动负荷，并与溜槽相摩擦。因此，要求刮板链不仅强度高，耐磨，而且要具有一定的韧性和抗腐蚀性。

该转载机刮板链为中心双链型式，由圆环链、刮板、E 型螺栓、螺母、接链环组成，其结构如图 5-14 所示。每 10 环处安装一块刮板，即每块刮板间距为 920 mm。刮板采用

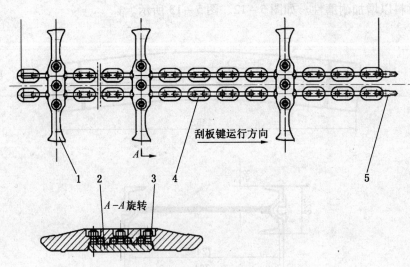

1—刮板；2—E 型螺栓；3—螺母；4—圆环链；5—接链环

图 5-14 刮板链

合金钢锻造刮板,刮板与链条由 E 型螺栓用防松螺母连接在一起。组装刮板时注意刮板上标记的运行方向。使用中应经常检查螺栓是否松动,若有松动应立即拧紧。

安装刮板链时必须注意:

固定刮板链时,圆环链的立环焊口背离溜槽中板,即上链立环焊口朝上。每段两条链子总节距长选择配合,要求两条链子总节距差不得大于 8 mm,相邻刮板之间两条链子总节距长度差不得大于 4.8 mm。

2) 调节链

该转载机除了提供标准长度的刮板链外,还提供调节链,用来调节刮板链的长度,以适应转载机长度的变化,调节链的结构形式完全与标准刮板链相同,只是每段长度不同而已。

6. 机尾部

机尾部主要由机尾链轮组件、机尾架等组成,其结构如图 5–15 所示。

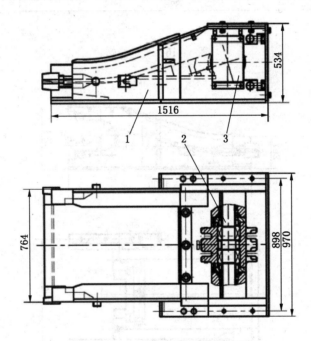

1—机尾架;2—机尾链轮;3—护罩

图 5–15　机尾部

机尾链轮为六齿链轮,其结构如图 5–16 所示。整个链轮由轴及两套滚动轴承、轴承盖组成,轴的两端架在架体上,并用销轴卡在机尾架体缺口内,轴承用 20 号机油润滑。

机尾架由两侧板、中板、凸端头及固定拨链器的架体等焊接组成。上槽帮弯曲段上边焊有耐磨板。如图 5–17 所示。

回煤板安装在机尾架的端部,它的主要作用是将底刮板链带回的煤利用刮板翻到机尾架中板上,再由刮板链运走。

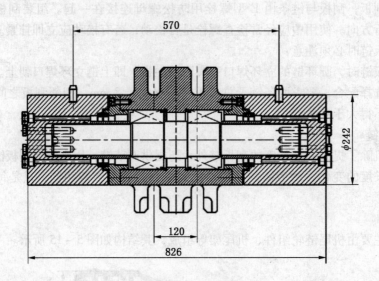

图 5-16 机尾链轮

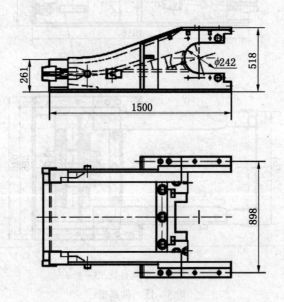

图 5-17 机尾架

7. 挡板

该转载机的各种挡板分别安装在过渡槽、中部槽、凸凹槽以及机尾部等处。

1）架桥挡板

架桥挡板主要用于架桥段，架桥段挡板包括 0.75 m 挡板、架桥挡板、凸槽左右挡板、凹槽左右挡板和凹槽下左右挡板、左右连接挡板等。

这几种挡板的结构形式基本相同，都是由弯板、立板、两头经加工的联接板、筋板及定位块焊接组成。

架桥挡板是用 M27 螺栓安装在溜槽上，挡板的定位块限制挡板与溜槽之间的相对位置，除了 0.75 m 挡板外，其余挡板都跨接在两节溜槽之间，0.75 m 挡板主要用作调节挡板之用。由于架桥段的挡板和底板构成封闭的框架，因此其具有足够的强度，防止架桥段和爬坡段不至于下落塌腰。

2）水平段挡板

水平段安装的挡板由过渡槽左右挡板、西槽左右挡板、凹槽左右和凹槽下左右搭板及架桥挡板组成，这些挡板之间由 M30 螺栓连接，因此中部槽之间不能活动。为了转载机的移动，在凹槽下左右挡板上分别设有拉移座与拉移装置连接。

3）机尾部挡板

机尾部安装的挡板由机尾左右低挡板、机尾左右高挡板、机尾低挡板和架桥挡板组成。挡板之间用 M30 螺栓连接。

4）底板

该转载机的底板有架桥爬坡段和水平地面段两种型式。架桥爬坡段的底板之间用 M20 螺栓相互连接，加强了架桥爬坡段中部槽和挡板的整体刚度。水平地面段的底板和架桥爬坡段的底板相似，只是没有底板间的相互连接螺栓。凸槽底板和架桥段的底板基本相同，只是为了适应凸槽的变化弯曲了一定角度。凹槽底板一部分在地面上一部分和爬坡段底板相连，因此其结构介于二者之间。其余的底板与上边叙述结构相似，只是长短不同。

（二）桥式转载机的维护

桥式转载机的维护实行班检、日检、周检、月检工作制。

1. 每班检查

（1）检查溜槽、舌板、拨链器有无损坏，损坏的进行更换。

（2）检查可预示溜槽联接件损坏的槽间间隙和溜槽的脱开情况，更换损坏的连接件。

（3）目测检查链条、刮板和接链环有无损坏，弯曲变形的刮板必须更换。

（4）目测检查电缆与电缆槽是否损坏。

（5）目测检查液压装置及液压管路有无损坏或渗漏。

（6）检查机尾部底链是否带回煤较多，需要时分析原因。

2. 每日检查

（1）重复每班检查项目。

（2）检查链条能否顺利通过机头、尾链轮，拨链器功能是否良好。

（3）减速器有无异常声响、振动和过热，注油量是否满足要求，机头架上的联接螺栓有无松动。

（4）检查链轮有无损坏，链轮轴承应润滑良好，无过热。

（5）转载机链条无缠结，无损坏的接链环，无松弛和丢失的螺栓，无损坏或断裂的刮板。

3. 每周检查

（1）进行每日检查项目。

（2）检查传动装置是否安全，有无损坏，连接罩内应无堆积的煤粉或其他矿物。

（3）检查电机接线端是否清洁，电缆插销、插座是否安全。

（4）检查所有的油位是否满足要求，链轮组件的润滑是否良好，有无油液渗漏。

（5）检查链轮体的磨损与损坏情况。

（6）检查舌板、拨链器的磨损与变形情况。

（7）检查溜槽的磨损与损坏情况，以及各紧固件，松动的要拧紧。

4. 每月检查

（1）进行每周检查内容。

（2）检查减速器中油的情况，需要时更换。

（3）检查两条链子的伸展情况，如果伸长量达到或超过原始长度的 25% 时则需要更换，注意链条更换时必须成对更换。

5. 大修

当一个工作面采完后，应将设备升井进行全面检查。

6. 链条的维护

（1）当链条是新的时，应每日检查张紧力，通过伸缩机头进行微调，因为突然快速的拉伸会损坏链条。

（2）几周后链条会中断快速延伸，这时做周检就足够了。

（3）链条的拉伸应在每月基础上监测，当伸长量达到或超过原始长度的 2.5% 时，应考虑链条的未来寿命，必要时成对更换。

（4）要注意及时更换丢失、损坏的刮板和 E 型螺栓。

（三）常见故障及处理方法

桥式转载机的常见故障及处理方法见表 5-1。

表 5-1 桥式转载机的常见故障及处理方法

序号	常 见 故 障	故 障 原 因	处 理 方 法
1	电动机启动不起来或启动后又缓慢停转	1. 电路故障 2. 电压下降 3. 接触器故障 4. 操作程序不对	1. 检查电路 2. 检查电压 3. 检查过载保护继电器 4. 检查操作程序
2	电动机发热	电动机风扇吸入口堵塞或散热片不干净	清理风扇吸入口和散热片
3	液力偶合器满载时不能传递转矩	液力偶合器冲液量不足	注入规定量的水
4	液力偶合器易熔塞熔化或爆破片损坏	转载机运转不稳定或刮板被卡，使液力偶合器转差率过大，致使液力偶合器温度超过规定温度	清除联接罩内妨碍液力偶合器旋转的任何凸起物，更换易熔塞或爆破片
5	液力偶合器发热	1. 连接罩通风不畅通 2. 冲液量不足，转差率太大	1. 清理连接罩通风孔 2. 注入规定量水

表 5-1（续）

序号	常 见 故 障	故 障 原 因	处 理 方 法
6	减速器油温高	1. 润滑油牌号不合格或润滑油不干净 2. 润滑油过多 3. 散热器通风不好	1. 按规定更换新润滑油 2. 去掉多余润滑油 3. 清除减速器周围煤粉及杂物
7	刮板链突然卡住	1. 刮板链上有异物 2. 刮板链跳出槽帮	1. 清除异物 2. 处理跳出的刮板
8	刮板链卡住，向前向后能动很短距离	转载机超载，或底链被回头煤卡住	根据情况铲除上槽煤，清除异物，检查机头处的卸载情况
9	刮板链在链轮处跳牙	1. 刮板链过于松弛 2. 有相拧的路段 3. 双股链伸长不相等 4. 刮板变形严重	1. 重新张紧，缩短刮板链 2. 扭正链条，重新安装 3. 检查链条长度 4. 更换变形严重刮板
10	刮板链跳出溜槽	1. 转载机不直 2. 链条过松 3. 溜槽损坏	1. 调直转载机 2. 重新紧链 3. 更换被损坏的溜槽
11	断链	刮板链被异物卡住	清除异物，断链临时接上，开到机头处重新紧链

学习活动 2 工作前的准备

【学习目标】

（1）认真听讲解，做好笔记。

（2）通过阅读桥式转载机说明书，掌握其使用和维护方法。

（3）掌握桥式转载机的常见故障及处理方法。

（4）牢记安全注意事项，认识安全警示标志。

（5）按要求穿戴好劳保用品，戴好安全帽。

（6）做好操作前的准备工作。

一、工具资料

扳手、钳子、螺丝刀等专用拆卸工具；桥式转载机说明书。

二、设备

桥式转载机实训设备。

学习活动3 现场施工

【学习目标】

(1) 熟练掌握安全知识，并能按照安全要求进行操作。

(2) 正确维护桥式转载机，通过操作使学生对桥式转载机的检修和维护内容有初步认识。

(3) 通过操作桥式转载机，锻炼动手能力和独立分析问题、解决问题的能力，培养团队合作精神。

【技能训练】

一、常见故障及处理方法

分析桥式转载机的常见故障，并提出正确的处理方法，填好表5-2。

表5-2 桥式转载机的常见故障及处理方法

类型	故障现象	分析原因	造成的危害	处理方法	备注
电动机部分	电动机启动不起来				
	电动机启动后又缓慢停转				
	电动机发热				
液力偶合器部分	液力偶合器满载时不能传递转矩				
	液力偶合器发热				
	液力偶合器易熔塞熔化				
减速器部分	减速器油温高				
刮板链部分	刮板链突然卡住				
	刮板链卡住，向前向后能动很短距离				
	刮板链在链轮处跳牙				
	刮板链跳出溜槽				
	刮板链断链				

二、训练步骤

(1) 教师设置"电动机部分"的故障点，由学生分析故障原因，并在教师指导下进行故障处理。

(2) 教师设置"液力偶合器部分"的故障点，由学生分析故障原因，并在教师指导下进行故障处理。

(3) 教师设置"减速器部分"的故障点，由学生分析故障原因，并在教师指导下进行故障处理。

(4) 教师设置"刮板链部分"的故障点，由学生分析故障原因，并在教师指导下进行故障处理。

子任务3　桥式转载机的安装与调试

【学习目标】

（1）通过了解桥式转载机的安装，明确学习任务要求。

（2）根据任务要求和实际情况，合理制定工作（学习）计划。

（3）正确对桥式转载机进行安装。

（4）熟练掌握各部件安装的主要事项。

（5）正确调试桥式转载机。

（6）识别工作环境的安全标志。

（7）严格遵守安全规章制度，规范穿戴工装和劳动防护用品。

（8）主动获取有效信息，展示工作成果，对学习和工作进行总结与反思。

（9）能与他人合作，进行有效沟通。

【建议课时】

4 课时。

【设备】

桥式转载机。

【学习任务】

桥式转载机是机械化采煤运输系统中普遍使用的一种中间转载设备，它随工作面的转移而移动，所以安装检修工作必不可少。本任务要求正确安装桥式转载机，使其能安全、正常、高效地运行，完成采煤工作面的生产运输任务。

学习活动1　明确工作任务

【学习目标】

（1）通过了解桥式转载机的安装和调试，明确学习任务、课时等要求。

（2）准确叙述桥式转载机的安装步骤和调试内容。

（3）准确说出各组成部分的安装顺序。

一、工作任务

桥式转载机的长度较短，便于随着采煤工作面的推进和带式输送机的伸缩而整体移动。在生产实际中，只有正确掌握整体安装程序，才能在最短的时间内顺利完成井下安装和使用任务。

二、相关知识

（一）桥式转载机的安装

1. 安装前的准备

先安装好可伸缩带式输送机机尾（包括转载机机头小车和小车的行走轨道），然后将各部件搬运到相应的安装位置，按顺序堆放；准备好起吊和支撑材料，以便吊起部件和安装机头及桥结构时架设临时木垛。

2. 安装

（1）从机头小车上卸下定位板，将机头小车的车架和横梁连接好，然后把小车安装在带式输送机机尾部的轨道上，并安上定位板。

（2）吊起机头部，放在机头行走小车上，将机头架下部固定梁上的销轴孔对准小车横梁上的孔，并插上销轴，拧上螺母，用开口销锁牢。

（3）搭起临时木垛，将中部槽的封底板铺好，铺上刮板链，将溜槽装上去，将链子拉入链道，再将两侧挡板安上，并用螺栓将溜槽及封底板固定。依此逐节安装。相邻侧板间均以高强度紧固螺栓连接好，以保证桥部结构的刚度。

（4）安装弯折处凹凸溜槽及倾斜段溜槽时，应调整好位置和角度，再拧紧螺栓，并需先搭建临时木垛来支撑。

（5）水平装载段的安装方法与桥拱部分相同。

（6）最后接上机尾，将溜槽、封底板、两侧挡板全部用螺栓紧固好，即可拆除临时木垛，试运转传动机构。

（7）将导料槽装到带式输送机机尾部轨道上，置于转载机机头前面，上好导料槽与机头小车的连接销轴。

（8）进行试运转时，针对出现问题重新调试安装。

3. 安装注意事项

（1）注意将传动装置装在人行道一侧，以便检查和维护。

（2）刮板链的连接螺栓头应朝向刮板链的运行方向；链条不许有拧麻花现象，两个锚链轮不得错位。

（3）临时木垛支撑必须牢固；起吊部件过程中必须注意安全，不得碰撞巷道支护和挤伤人员。

（4）安装过程中要执行敲帮问顶制度，并且设专人监护。

（5）试运转时通知所有人员撤离附近，以防断链伤人。

（二）桥式转载机的调试

1. 试运转前的检查

（1）检查信号装置、电话、照明灯等是否工作正常。

（2）检查拉移装置的液压管路连接是否正确。

（3）检查减速器、盲轴和液力偶合器等注油量和注液量是否正确，各润滑部位是否按规定进行润滑。

（4）检查溜槽中是否有工具和其他异物。

2. 空转试运转时的检查

（1）检查电器控制系统运转是否正常。

（2）检查减速器和液力偶合器有无渗漏现象，是否有异常声响，是否有过热现象。

（3）检查刮板链运行情况，有无刮卡现象，刮板链过链轮是否正常，刮板链在机头链轮下边有适当松弛量，但不能过大，否则应重新紧链。

（4）试运转后须检查固定刮板 E 型螺栓的松动情况，若有松动，必须拧紧。

（5）当配有破碎机时，应检查电气控制系统的协调性。

学习活动2 工作前的准备

【学习目标】

（1）认真听讲解，做好笔记。

（2）通过阅读桥式转载机的安装步骤，掌握具体安装过程。

（3）掌握桥式转载机的调试内容。

（4）牢记安全注意事项，认识安全警示标志。

（5）按要求穿戴好劳保用品，戴好安全帽。

（6）做好操作前的准备工作。

一、工具及资料

桥式转载机说明书。

二、设备

桥式转载机实训设备。

学习活动3 现场施工

【学习目标】

（1）熟练掌握安全知识，并能按照安全要求进行操作。

（2）正确安装桥式转载机，通过操作使学生对桥式转载机的各组成部件和相互之间的关系有初步认识。

（3）通过操作桥式转载机，锻炼动手能力和独立分析问题、解决问题的能力，培养团队合作精神。

【具体操作】

一、安装标准及要求

分析桥式转载机的安装标准及要求，提出合理的检查方法，填好表5-3。

表5-3 桥式转载机的安装标准及要求

序号	项目	标 准 及 要 求	检查方法	检查记录	备注
1	安装条件	1. 桥式转载机巷道有经过审查的设计，并按设计施工			
		2. 桥式转载机巷道施工完毕由矿分管领导组织验收，并有记录			
		3. 桥式转载机巷道高度不低于2.4 m，输送机机头、机尾处与巷帮的距离不小于1 m			
		4. 桥式转载机巷道平直			

表 5-3（续）

序号	项目	标 准 及 要 求	检查方法	检查记录	备注
1	安装条件	5. 司机有操作硐室，操作硐室设在机头的侧前方，严禁设在机头正前方			
		6. 桥式转载机配套的电气设备不得占用人行道并且与巷帮的间隙不小于 0.5 m			
		7. 巷道内的积水点处必须有水仓			
		8. 桥式转载机的溜头与带式输送机机尾采用固定搭接方式，缩短输送带时必须整体牵移			
		9. 桥式转载机巷道的风速不低于 0.25 m/s，巷道温度不得超过 26 ℃			
		10. 桥式转载机机头、机尾处设有防尘灭火水管			
2	设备完好	符合《桥式转载机完好标准》			
3	安装标准	1. 桥式转载机的选型符合设计要求			
		2. 安装后桥式转载机试运转			
		3. 机道有人横过的地方应设过桥且稳固可靠，过桥有扶手			
		4. 机头、机尾要安设带专用柱窝的底托梁，以便于打压杆			
		5. 各类电气设备上台上架、标志齐全			
		6. 信号畅通可靠。管线吊挂高度不得低于 1.8 m			
		7. 每部桥式转载机链条、刮板的完好率不得低于 95%			
		8. 溜槽挡板高度不低于 400 mm，每节溜槽支撑辊不少于两件			
		9. 放顶煤转载机在破碎之前安装防人员进入保护装置			
4	其他	1. 机道清洁卫生，无淤泥积水杂物			
		2. 备用设备、材料存放整齐，并挂牌管理。无闲置设备			
		3. 每条机道张挂机道示意图、岗位责任制、刮板输送机司机操作规程、岗位作业标准等牌板。吊挂高度 1.5 m 以上			
		4. 管线吊挂分开，高度不低于 1.6 m；电缆悬挂间距不超过 0.3 m，垂度不大于 5%；2 台以上小电机集中上板并吊挂			
		5. 机头、机尾安设照明灯			
		6. 有完整的设备安装验收报告			

二、训练步骤

（1）教师指出"安装条件"的标准，提出安装要求，由学生分析检查方法，并在教师指导下进行记录。

（2）教师指出"设备完好"的标准，提出具体要求，由学生分析检查方法，并在教师指导下进行记录。

（3）教师指出"安装标准"的数据，提出安装要求，由学生分析检查方法，并在教师指导下进行记录。

（4）教师指出"其他方面"的标准，提出安装要求，由学生分析检查方法，并在教师指导下进行记录。

综采机械工作页

目　　录

学习任务一　采　煤　机

子任务 1　采煤机的基本操作

【学习目标】

(1) 通过了解采煤机的操作，明确学习任务要求。

(2) 根据任务要求和实际情况，合理制定工作（学习）计划。

(3) 正确认识采煤机的类型、组成、型号及主要参数。

(4) 熟练掌握采煤机的具体操作。

(5) 正确理解采煤机的应用。

(6) 识别工作环境的安全标志。

(7) 严格遵守安全规章制度，规范穿戴工装和劳动防护用品。

(8) 主动获取有效信息，展示工作成果，对学习和工作进行总结与反思。

(9) 能与他人合作，进行有效沟通。

【建议课时】

4 课时。

【设备】

采煤机。

【学习任务】

　　矿山机械在煤炭生产中占有非常重要的地位。目前，我国越来越多的矿山使用了综合机械化采煤设备，国有重点煤矿的机械化程度由改革开放初期的 30% 提高到 80% 以上，采煤机械化的迅速发展极大地改善了煤矿生产条件，降低了工人的劳动强度，提高了工作效率，大大降低了生产成本，为煤矿安全生产提供了必要的条件，对于迅速提高我国原煤产量，促进煤炭工业的整体发展起到了极其重要的作用。

学习活动 1　明确工作任务

【学习目标】

(1) 通过了解采煤机的运行和操作，明确学习任务、课时等要求。

(2) 准确叙述采煤机的结构。

(3) 准确说出采煤机各组成部分的作用。

【工作任务】

　　综合机械化采煤工艺包括落煤、装煤、运输、支护、处理采空区。其中采煤机完成落煤和装煤两大工序，因此说采煤机是综采工作面的核心设备。要了解采煤机的落煤和装煤工序是如何完成的，就需要学习采煤机的操作过程。

采煤机的基本操作主要包括采煤机操作前的检查、启动操作、牵引操作、停机操作。

学习活动2 工作前的准备

【学习目标】

(1) 认真听讲解，做好笔记。

(2) 通过熟悉采煤机的操作规范，掌握采煤机的工作过程。

(3) 掌握采煤机的操作步骤与注意事项。

(4) 牢记安全注意事项，认识安全警示标志。

(5) 按要求穿戴好劳保用品，戴好安全帽。

(6) 做好操作前的准备工作。

一、工具材料

采煤机说明书。

二、设备

(1) 以 MLS3-170 型采煤机为例，讲述操作前的准备工作。

(2) 采煤机实训设备。

学习活动3 现 场 施 工

【学习目标】

(1) 熟练掌握安全知识，并能按照安全要求进行操作。

(2) 正确操作采煤机，通过这项操作使学生对设备的组成和工作原理有初步认识。

(3) 通过操作设备，锻炼动手能力和独立分析问题、解决问题的能力，培养团队合作精神。

一、应知任务

1. 简述采煤机的特点、分类及适用范围。

2. 滚筒式采煤机一般由哪几部分组成？各部分的作用是什么？

3. 画出滚筒采煤机的总体结构示意图。

4. 简述滚筒采煤机的割煤方法。

5. 采煤机滚筒的旋转方向如何？有什么特点？

6. 操作采煤机之前应做好哪些准备工作？

7. 简述启动采煤机的操作步骤和方法。

8. 操作采煤机运行时应注意哪些事项？

9. 何谓正常停机？何谓紧急停机？

二、应会任务

1. 岗位描述

1）自我状态描述

我叫×××，是本班采煤机司机，持有效证件上岗。本班共出勤××人，正在进行采煤工作。现将本工种手指口述进行演示。

2）岗位职责描述

（1）负责采煤机安全操作，并对采煤机的运行状况进行检查，及时汇报采煤机在运行中出现的各种故障并协助检修人员处理问题。

（2）认真填写采煤机运转记录，搞好本岗位的安全生产工作。

（3）忠于职守，尽职尽责，确保采煤机安全运转。

（4）采煤机司机必须具有一定的电工和机修知识，熟知三大规程。

（5）采煤机司机在工作中应做到"三懂""四会"。"三懂"即懂性能，懂结构，懂原理；"四会"即会操作，会维护，会保养，会处理一般故障。

2. 工作现场"手指口述"安全操作确认

（1）操作前的检查内容。手指喷雾、冷却水、电气控制系统、各手把、按钮、调高系统、滚筒截齿、齿座、行走机构、各油标、压力表、有无漏油、拖移电缆、采煤机停溜闭锁、滚筒、采煤机信号口述：机组完好，网已吊好，喷雾开好，滚筒前后 5 m 范围内无其他人员，试运转正常，信号已确认，可以开机。确认完毕！

（2）操作中的检查内容。手指采煤机前后、过中间巷及两端头、采煤机运行情况口述：前后无人，可以开机。确认完毕！

（3）离开时的检查内容。手指离合器、隔离开关口述：机组离合器、隔离开关已打开。确认完毕！

3. 采煤机的操作程序

1）启动顺序

（1）合隔离，急停解锁。

（2）供水喷雾。

（3）按动电动机启动停止按钮，切断电源，待马达即将停转时，合上牵引部离合器。

（4）按动电动机启动停止按钮，切断电源，待电动机快要停转时，合上截割部离合器。

（5）启动电动机，使滚筒旋转，检查滚筒的旋向是否正确。

（6）调节滚筒高度。

（7）调整左、右挡煤板的位置。

（8）调整机身的倾斜程度。

（9）将选择开关转到接通位置约 1 min 后，再将其转到停用位置，然后把开关阀手把转到"开"位，并按需要的牵引方向和速度转动调速换向手把或操作增减速按钮，使采煤机牵引。

（10）若使用电动机功率调整器时，先把选择开关转到"→0"位置，并按需要的牵引方向把调速换向手把转到比需要的速度略大的位置上，再把开关阀手把转到"开"位，然后把选择开关转到"接通"位置，采煤机就开始牵引并按电动机功率自动调速。

2）停止顺序

（1）将开关阀手把转到"停位"，或把调速换向手把转到"零位"，或按下减速按钮，或把选择开关转到"→0"位置，均能停止牵引。

（2）待滚筒内余煤排净后，停止电动机并切断电动机电源。

（3）关闭水开关阀，停止冷却与喷雾。

4. 实习（训）步骤

（1）操作前要对设备作全面的检查，确保设备供电系统安全无误后方可启动。

（2）按操作步骤依次完成合隔离开关、供水、合牵引部离合器、合截割部离合器、判断滚筒旋向、调整滚筒高度、调整挡煤板位置、调整机身的倾斜度、调节牵引速度等一系列操作。

（3）操作停机步骤，依次完成停止牵引、停止电动机、切断电源、停止供水等操作。

（4）操作结束后，按要求做好必要的维护检查工作。

5. 安全注意事项

（1）所有操作必须在教师在场的情况下完成，操作人员必须懂得采煤机安全操作规程及安全停送电程序。

（2）久停首次启动时，在切断冷却水的情况下让电动机空运转十几分钟，使液压系统中的空气排出。

（3）运转中不得强行把开关阀手把固定在"开"的位置。

（4）油位不符合要求或无冷却水时，不得开电动机。

（5）挡煤板应始终处于浮动状态。

（6）每隔1 h应把升高的摇臂降低一次，以使润滑油流回行星减速箱内。

（7）长时间停止运转时应把摇臂减速箱放平，并把隔离开关扳到断开位置。

学习活动4 总 结 与 评 价

一、应知任务考核标准（满分100分）

1. 简述采煤机的特点、分类及适用范围。（15分）

2. 滚筒式采煤机一般由哪几部分组成？各部分的作用是什么？（15分）

3. 画出滚筒采煤机的总体结构示意图。（10分）

4. 简述滚筒采煤机的割煤方法。（10分）

5. 采煤机滚筒的旋转方向如何？有什么特点？（10分）

6. 操作采煤机之前应做好哪些准备工作？（10分）

7. 叙述启动采煤机的操作步骤和方法。（10分）

8. 操作采煤机运行时应注意哪些事项？（10分）

9. 何谓一般停机？何谓紧急停机？（10分）

二、应会任务考核标准（满分100分）

应会任务考核标准见表1-1。

表1-1 应会任务考核标准

序号	考核内容	配分	考核项目	评 分 标 准	扣分	得分
1	岗位描述操作	10	1. 自我状态描述 2. 岗位职责描述	缺一项扣5分		
2	"手指口述"安全操作确认	10	1. 操作前安全检查 2. 操作中安全检查 3. 离开时安全检查	分析有误或表达不完整，每处扣5分		
3	采煤机启动操作	30	1. 启动采煤机牵引部 2. 启动采煤机截割部 3. 调整采煤机滚筒高度和机身	1. 采煤机牵引部启动操作不正确扣10分 2. 采煤机截割部启动操作不正确扣10分 3. 采煤机滚筒调整操作不正确扣10分		

表 1-1（续）

序号	考核内容	配分	考核项目	评分标准	扣分	得分
4	采煤机停机操作	30	1. 停止采煤机截割部 2. 停止采煤机牵引部 3. 停止电源 4. 停止喷雾	1. 停止截割部操作不正确扣10分 2. 停止牵引部操作不正确扣10分 3. 停止电源和喷雾操作不正确扣10分		
5	操作安全注意事项	10	按照操作要求安全操作	1. 不按操作规程操作扣3分 2. 没有空运转操作扣3分 3. 润滑不到位扣4分		
6	安全文明生产	10	1. 遵守安全规程 2. 清理现场卫生	1. 不遵守安全规程扣5分 2. 不清理现场卫生扣5分		
开始时间			学生姓名		考核成绩	
结束时间			指导教师	（签字） 年 月 日		
同组学生						

三、教师评价

教师评价表见表 1-2。

表 1-2 教 师 评 价 表

应知任务评价	应会任务评价

子任务2　采煤机截割部的维护

【学习目标】

（1）通过了解采煤机截割部的操作和维护，明确学习任务要求。

（2）根据任务要求和实际情况，合理制定工作（学习）计划。

（3）正确认识掘进机采煤机截割部的各组成部分及主要作用。

（4）正确操作和维护采煤机截割部。

（5）正确理解采煤机截割部的维护方法。

（6）识别工作环境的安全标志。

（7）严格遵守安全规章制度，规范穿戴工装和劳动防护用品。

（8）主动获取有效信息，展示工作成果，对学习和工作进行总结与反思。

（9）能与他人合作，进行有效沟通。

【建议课时】

4 课时。

【设备】

采煤机截割部。

【学习任务】

采煤机的截割部是采煤机的工作机构，其作用是落煤和装煤。同时还作为降尘系统内喷雾压力水的通道；采煤机截割部在工作时大约消耗整机功率的 80% 以上。因此，其结构、参数的合理与否，直接关系到采煤机的生产率、传动效率、能耗和使用寿命。

学习活动 1 明确工作任务

【学习目标】

（1）通过了解采煤机截割部的运行和操作，明确学习任务、课时等要求。

（2）准确叙述采煤机截割部的结构。

（3）准确说出采煤机截割部的各组成部分的作用。

【工作任务】

采煤机工作环境非常恶劣，经常需要更换滚筒和截齿。因此它们的维护和保养就显得特别重要。截割部的维护保养工作主要包括：截割部减速器润滑维护，截割部减速器运行状态监测，截割滚筒的更换，截齿的更换等。

学习活动 2 工作前的准备

【学习目标】

（1）认真听讲解，做好笔记。

（2）通过阅读采煤机说明书，掌握采煤机截割部的操作和维护方法。

（3）掌握截割部的常见故障及处理方法。

（4）能牢记安全注意事项，认识安全警示标志。

（5）按要求穿戴好劳保用品，戴好安全帽。

（6）做好操作前的准备工作。

一、工具资料

采煤机说明书。

二、设备

采煤机实训设备。

三、开机前的检查及准备工作

（1）各零部件是否齐全完好。

（2）各操作手把的位置是否正确，操作是否灵活可靠。

（3）检查各连接处有无漏油现象及松动情况。

（4）各操作按钮是否准确、灵活。

（5）检查各箱体内的润滑油是否适量。

（6）检查电气系统及设备的绝缘、隔爆性能。

（7）向各注油点按规定注油。

（8）按照设备的摆放位置，明确工作面的一般布置方式，确定相关的工作参数，如机头、机尾的相对位置，煤壁及采高，工作面推进的方向等。

（9）熟悉所使用采煤机的型号、组成结构、工作性能、工作方式等。

（10）熟悉采煤机供电系统及主要设备的作用及使用操作方法。

（11）熟悉采煤机操作及控制装置的作用及操作使用方法。

学习活动3 现 场 施 工

【学习目标】

（1）熟练掌握安全知识，并能按照安全要求进行操作。

（2）正确维护采煤机截割部，通过操作使学生对采煤机截割部的检修和维护内容有初步认识。

（3）通过操作采煤机，锻炼动手能力和独立分析问题、解决问题的能力，培养团队合作精神。

一、应知任务

1. 截齿有哪几种？应如何选用？

2. 螺旋滚筒的结构由哪几部分组成？各自的作用如何？

3. 截割部的传动方式有哪几种？各有什么特点？

4. 简述 MG300/700 - WD 型采煤机截割机构的特点，并画出其截割部传动系统。

5. MG300/700 - WD 型采煤机摇臂减速箱的结构如何？各部分是如何工作的？

6. MG300/700 - WD 型采煤机内喷雾装置的结构如何？截割部减速器漏油的原因有哪些？

7. 截割部的润滑方式有哪些？

8. 截割部的维护工作内容有哪些？质量标准是什么？

二、应会任务

1. 常见故障及处理方法

分析采煤机截割部的常见故障，并提出正确的处理方法。填好表 1-3。

表 1-3 采煤机截割部故障分析及处理方法

部位	故 障 现 象	可能原因	处理方法	备注
截割部	开车时摇臂立即升起或下降			
	摇臂升不起，升起后自动下降或升起后受力下降			
	液压油箱和摇臂温度过高			
	挡煤板翻转动作失灵			
	离合器手把蹩劲			

2. 训练步骤

（1）教师设置"摇臂部分"的故障点，由学生分析故障原因，并在教师指导下进行故障处理。

（2）教师设置"液压油箱部分"的故障点，由学生分析故障原因，并在教师指导下进行故障处理。

（3）教师设置"挡煤板部分"的故障点，由学生分析故障原因，并在教师指导下进行故障处理。

（4）教师设置"离合器部分"的故障点，由学生分析故障原因，并在教师指导下进行故障处理。

以上操作均要模拟生产现现场环境。

学习活动4 总 结 与 评 价

一、应知任务考核标准（满分100分）

1. 截齿有哪几种？应如何选用？（10分）

2. 螺旋滚筒的结构中哪几部分组成？各自的作用如何？（10分）

3. 截割部的传动方式有哪几种？各有什么特点？（10分）

4. 简述 MG300/700 - WD 型采煤机截割机构的特点，并画出其截割部传动系统。（10分）

5. MG300/700 - WD 型采煤机摇臂减速箱的结构如何？各部分是如何工作的？（15分）

6. MG300/700 - WD 型采煤机内喷雾装置的结构如何？截割部减速器漏油的原因有哪些？（15分）

7. 截割部的润滑方式有哪些？（15分）

8. 截割部维护的工作内容有哪些？质量标准是什么？（15分）

二、应会任务考核标准（满分100分）

应会任务考核标准见表1-4。

表1-4 应会任务考核标准

序号	考核内容	配分	考核项目	评 分 标 准	扣分	得分
1	截割部摇臂部分故障分析	20	1. 开车时摇臂立即升起或下降 2. 摇臂升不起，升起后自动下降或升起后受力下降	根据故障现象分析原因，并进行正确处理，缺一项扣10分		
2	截割部液压油部分故障分析	20	液压油箱和摇臂温度过高	根据故障现象分析原因，并进行正确处理，缺一项扣10分		
3	截割部挡煤板部分故障分析	20	挡煤板翻转动作失灵	根据故障现象分析原因，并进行正确处理，缺一项扣10分		
4	截割部离合器部分故障分析	20	离合器手把憋劲	根据故障现象分析原因，并进行正确处理，缺一项扣10分		

表1-4（续）

序号	考核内容	配分	考核项目	评分标准	扣分	得分
5	故障处理操作安全注意事项	10	按照操作要求安全操作	1. 不按操作规程操作扣5分 2. 没有按照教师指导操作扣5分		
6	安全文明生产	10	1. 遵守安全规程 2. 清理现场卫生	1. 不遵守安全规程扣5分 2. 不清理现场卫生扣5分		
	开始时间		学生姓名		考核成绩	
	结束时间		指导教师		（签字）　　年　月　日	
	同组学生					

三、教师评价

教师评价表见表1-5。

表1-5　教师评价表

应知任务评价	应会任务评价

子任务3　采煤机牵引部的维护

【学习目标】

(1) 通过了解采煤机牵引部的操作和维护，明确学习任务要求。

(2) 根据任务要求和实际情况，合理制定工作（学习）计划。

(3) 正确认识采煤机牵引部的各组成部分及其主要作用。

(4) 正确操作和维护采煤机牵引部。

(5) 正确理解采煤机牵引部的维护方法。

(6) 识别工作环境的安全标志。

(7) 严格遵守安全规章制度，规范穿戴工装和劳动防护用品。

(8) 主动获取有效信息，展示工作成果，对学习和工作进行总结与反思。

(9) 能与他人合作，进行有效沟通。

【建议课时】

4课时。

【设备】

采煤机牵引部。

【学习任务】

随着采煤机械化程度的不断提高，采煤机的应用越来越广泛。由于煤矿井下工作条件非常复杂，因而造成采煤机的故障率比较高。牵引部是采煤机的重要组成部分，它不但负担采煤机工作时的移动和非工作时的调动，而且牵引速度的大小直接影响工作机构的效率和质量，并对整机的生产能力和工作性能产生很大影响。因此，必须做好牵引部的维护和保养。

学习活动1 明确工作任务

【学习目标】

(1) 通过了解采煤机牵引部的运行和操作，明确学习任务、课时等要求。

(2) 准确叙述采煤机牵引部的结构。

(3) 准确说出采煤机牵引部各组成部分的作用。

【工作任务】

采煤机工作任务非常繁重，经常需要沿工作面运行，并且还需要对其进行过载保护。因此，牵引部如何进行维护和保养就显得特别重要。采煤机牵引部维护保养工作主要包括液压牵引部的调整维护、液压油维护、常见故障处理等。

学习活动2 工作前的准备

【学习目标】

(1) 认真听讲解，做好笔记。

(2) 通过阅读采煤机说明书，掌握采煤机牵引部的操作和维护方法。

(3) 掌握牵引部的常见故障及其处理方法。

(4) 牢记安全注意事项，认识安全警示标志。

(5) 按要求穿戴好劳保用品，戴好安全帽。

(6) 做好操作前的准备工作。

一、工具资料

采煤机说明书。

二、设备

采煤机实训设备。

学习活动3 现场施工

【学习目标】

(1) 熟练掌握安全知识，并能按照安全要求进行操作。

（2）正确维护采煤机牵引部，通过操作使学生对采煤机牵引部的检修和维护内容有初步认识。

（3）通过操作采煤机，锻炼动手能力和独立分析问题、解决问题的能力，培养团队合作精神。

一、应知任务

1. 采煤机牵引部的作用是什么？对采煤机牵引部有何要求？

2. 牵引部传动装置有哪几种类型？

3. 无链牵引机构的形式有哪几种？各有何特点？

4. 液压牵引有何优缺点？电牵引有何优点？

5. MG300/700 – WD 型采煤机的牵引部由哪几部分组成？各有何作用？

6. 简述 MG300/700 – WD 型采煤机牵引部的完好标准。

7. 简述 MG300/700 – WD 型采煤机牵引部的维护内容。

二、应会任务

1. 常见故障及处理方法

分析采煤机牵引部的常见故障，并提出正确的处理方法，填好表1-6。

表1-6 采煤机牵引部的故障分析及处理方法

部位	故 障 现 象	可能原因	处理方法	备注
牵引部	调高油缸在下降时"点头"			
	牵引电机后部积油太多			
	牵引部与行走箱接合面漏油			
	制动器故障			

2. 训练步骤

（1）教师设置"调高油缸部分"的故障点，由学生分析故障原因，并在教师指导下进行故障处理。

（2）教师设置"牵引电机部分"的故障点，由学生分析故障原因，并在教师指导下进行故障处理。

（3）教师设置"行走箱部分"的故障点，由学生分析故障原因，并在教师指导下进行故障处理。

（4）教师设置"制动器部分"的故障点，由学生分析故障原因，并在教师指导下进行故障处理。

以上操作均要模拟生产现场环境。

学习活动4 总结与评价

一、应知任务考核标准（满分100分）

1. 采煤机牵引部的作用是什么？对采煤机牵引部有何要求？（15分）

2. 牵引部传动装置有哪几种类型？（15分）

3. 无链牵引机构的形式有哪几种？各有何特点？（15分）

4. 液压牵引有何优缺点？电牵引有何优点？（10分）

5. MG300/700-WD型采煤机的牵引部由哪几部分组成？各有何作用？（15分）

6. 简述MG300/700-WD型采煤机牵引部的完好标准。（15分）

7. 简述MG300/700-WD型采煤机牵引部的维护内容。（15分）

二、应会任务考核标准（满分100分）

应会任务考核标准见表1-7。

表1-7 应会任务考核标准

序号	考核内容	配分	考核项目	评分标准	扣分	得分
1	牵引部调高油缸部分故障分析	20	牵引部调高油缸在下降时"点头"	根据故障现象分析原因，并进行正确处理，缺一项扣10分		
2	牵引部牵引电机部分故障分析	20	牵引电机后部积油太多	根据故障现象分析原因，并进行正确处理，缺一项扣10分		
3	牵引部行走箱部分故障分析	20	牵引部与行走箱接合面漏油	根据故障现象分析原因，并进行正确处理，缺一项扣10分		
4	牵引部制动器部分故障分析	20	制动器故障	根据故障现象分析原因，并进行正确处理，缺一项扣10分		
5	故障处理操作安全注意事项	10	按照操作要求安全操作	1. 不按操作规程操作扣5分 2. 没有按照教师指导操作扣5分		
6	安全文明生产	10	1. 遵守安全规程 2. 清理现场卫生	1. 不遵守安全规程扣5分 2. 不清理现场卫生扣5分		
开始时间			学生姓名		考核成绩	
结束时间			指导教师	（签字） 年 月 日		
同组学生						

三、教师评价

教师评价表见表1-8。

表1-8 教 师 评 价 表

应 知 任 务 评 价	应 会 任 务 评 价

子任务4 采煤机电气系统的维护

【学习目标】

（1）通过了解采煤机电气系统的操作和维护，明确学习任务要求。

（2）根据任务要求和实际情况，合理制定工作（学习）计划。

（3）正确认识采煤机电气系统的各组成部分及其主要作用。

(4) 正确操作和维护采煤机电气系统。

(5) 正确理解采煤机电气系统的维护方法。

(6) 识别工作环境的安全标志。

(7) 严格遵守安全规章制度，规范穿戴工装和劳动防护用品。

(8) 主动获取有效信息，展示工作成果，对学习和工作进行总结与反思。

(9) 能与他人合作，进行有效沟通。

【建议课时】

4 课时。

【设备】

采煤机电气系统。

【学习任务】

交流电牵引采煤机是为了适应综采工作面自动化开采技术的发展，满足煤矿高产高效需求而开发研制的新一代双滚筒采煤机。其电控系统是针对采煤机的应用特点，满足综采工作面自动化开采技术发展的需要而设计的，具有安全、稳定、高效的特点。

学习活动1　明确工作任务

【学习目标】

(1) 通过了解采煤机电气系统的运行和操作，明确学习任务、课时等要求。

(2) 准确叙述采煤机电气系统的结构。

(3) 准确说出采煤机电气系统各组成部分的作用。

【工作任务】

正确检查、维护采煤机电气系统，准确判断、分析和处理电气系统的故障，熟悉采煤机电气设备的组成，熟悉电气系统检查、维护的内容和常见电气故障的类型。

学习活动2　工作前的准备

【学习目标】

(1) 认真听讲解，做好笔记。

(2) 通过阅读采煤机说明书，掌握采煤机电气系统的操作和维护方法。

(3) 掌握采煤机电气系统的常见故障及其处理方法。

(4) 牢记安全注意事项，认识安全警示标志。

(5) 按要求穿戴好劳保用品，戴好安全帽。

(6) 做好操作前的准备工作。

一、工具资料

采煤机说明书。

二、设备

采煤机实训设备。

学习活动3 现 场 施 工

【学习目标】

（1）熟练掌握安全知识，并能按照安全要求进行操作。

（2）正确维护采煤机电气系统，通过操作使学生对采煤机电气系统的检修和维护内容有初步认识。

（3）通过操作采煤机，锻炼动手能力和独立分析问题、解决问题的能力，培养团队合作精神。

一、应知任务

1. 采煤机电气系统由哪几部分组成？

2. 画出采煤机电气系统分布图。

3. 简述 MG300/700 - WD 型交流电牵引采煤机电控箱的结构及各部分的作用。

4. MG300/700 - WD 型交流电牵引采煤机电气系统能实现哪些控制作用？

5. MG300/700 - WD 型交流电牵引采煤机电气系统的维护包括哪几项检查内容？

二、应会任务

1. 常见故障及处理方法

分析采煤机电气系统的常见故障，并提出正确的处理方法。填好表1-9。

表1-9 采煤机电气系统的故障分析及处理方法

部位	故 障 现 象	可能原因	处理方法	备注
电气系统	采煤机无法启动			
	采煤机不自保			
	截割电机无法启动			
	变频装置无法供电			
	调高系统无法升降			
	采煤机牵引控制故障			
	遥控装置故障			
	显示器故障			

2. 训练步骤

（1）教师设置"采煤机电机不启动和不自保部分"的故障点，由学生分析故障原因，并在教师指导下进行故障处理。

（2）教师设置"变频装置部分"的故障点，由学生分析故障原因，并在教师指导下进行故障处理。

（3）教师设置"调高系统部分"的故障点，由学生分析故障原因，并在教师指导下进行故障处理。

（4）教师设置"遥控和显示部分"的故障点，由学生分析故障原因，并在教师指导下进行故障处理。

以上操作均要模拟生产现场环境。

学习活动4 总结与评价

一、应知任务考核标准（满分100分）

1. 采煤机电气系统由哪几部分组成？（20分）
2. 画出采煤机电气系统分布图。（20分）
3. 简述 MG300/700 - WD 型交流电牵引采煤机电控箱的结构及各部分的作用。（20分）
4. MG300/700 - WD 型交流电牵引采煤机电气系统能实现哪些控制作用？（20分）
5. MG300/700 - WD 型交流电牵引采煤机电气系统的维护包括哪几项检查内容？（20分）

二、应会任务考核标准（满分100分）

应会任务考核标准见表1-10。

表1-10 应会任务考核标准

序号	考核内容	配分	考核项目	评分标准	扣分	得分
1	电机部分故障分析	20	1. 采煤机无法启动 2. 采煤机不自保 3. 截割电机无法启动	根据故障现象分析原因，并进行正确处理，缺一项扣10分		
2	变频装置部分故障分析	20	变频装置无法供电	根据故障现象分析原因，并进行正确处理，缺一项扣10分		
3	调高系统部分故障分析	20	调高系统无法升降	根据故障现象分析原因，并进行正确处理，缺一项扣10分		
4	遥控和显示部分故障分析	20	遥控和显示故障	根据故障现象分析原因，并进行正确处理，缺一项扣10分		
5	故障处理操作安全注意事项	10	按照操作要求安全操作	1. 不按操作规程操作扣5分 2. 没有按照教师指导操作扣5分		
6	安全文明生产	10	1. 遵守安全规程 2. 清理现场卫生	1. 不遵守安全规程扣5分 2. 不清理现场卫生扣5分		
开始时间			学生姓名		考核成绩	
结束时间			指导教师		（签字）　　年　月　日	
同组学生						

三、教师评价

教师评价表见表1-11。

表1-11　教师评价表

应知任务评价	应会任务评价

子任务5　采煤机辅助装置的维护

【学习目标】

(1) 通过了解采煤机辅助装置的操作和维护，明确学习任务要求。

(2) 根据任务要求和实际情况，合理制定工作（学习）计划。

(3) 正确认识采煤机辅助装置各组成部分及其主要作用。

(4) 正确操作和维护采煤机辅助装置。

(5) 正确理解采煤机辅助装置的维护方法。

(6) 识别工作环境的安全标志。

(7) 严格遵守安全规章制度，规范穿戴工装和劳动防护用品。

(8) 主动获取有效信息、展示工作成果，对学习和工作进行总结与反思。

(9) 能与他人合作，进行有效沟通。

【建议课时】

4课时。

【设备】

采煤机辅助装置。

【学习任务】

在采煤机运行过程中，除了以上主要组成部分外，还需要有辅助装置的配合才能正常工作。作为采煤机司机，必须能对采煤机辅助装置进行正确的检查与维护，根据采煤机辅助液压系统的工作状况判断、分析与处理故障。

学习活动1　明确工作任务

【学习目标】

(1) 通过了解采煤机辅助装置的运行和操作，明确学习任务、课时等要求。

(2) 准确叙述采煤机辅助装置的结构。

（3）准确说出采煤机辅助装置各组成部分的作用。

【工作任务】

正确检查、维护采煤机辅助装置，准确判断、分析和处理辅助液压系统故障；熟悉采煤机辅助装置的组成、作用和要求；熟悉辅助液压系统的工作原理。

学习活动2 工作前的准备

【学习目标】

（1）认真听讲解，做好笔记。

（2）通过阅读采煤机说明书，掌握采煤机辅助装置的操作和维护方法。

（3）掌握采煤机辅助装置的常见故障及处理方法。

（4）牢记安全注意事项，认识安全警示标志。

（5）按要求穿戴好劳保用品，戴好安全帽。

（6）做好操作前的准备工作。

一、工具资料

采煤机说明书。

二、设备

采煤机实训设备。

学习活动3 现 场 施 工

【学习目标】

（1）熟练掌握安全知识，并能按照安全要求进行操作。

（2）正确维护采煤机辅助装置，通过操作使学生对采煤机辅助装置的检修和维护内容有初步认识。

（3）通过操作采煤机，锻炼动手能力和独立分析问题、解决问题的能力，培养团队合作精神。

一、应知任务

1. MG300/700 – WD 型交流电牵引采煤机的辅助装置包括哪几部分？

2. 采煤机辅助装置的液压螺母是如何实现防松目的的？

3. 拖缆装置的组成和作用如何?

4. 试分析喷雾冷却系统的工作原理。

5. 采煤机辅助液压系统包括哪几部分? 各部分是如何工作的?

二、应会任务

1. 常见故障及处理方法

分析采煤机调高液压系统的常见故障,并提出正确的处理方法。填好表 1 – 12。

表 1 – 12 采煤机调高液压系统的故障分析及处理方法

部位	故 障 现 象	可能原因	处理方法	备注
辅助液压系统	摇臂不能动作			
	摇臂调高速度下降			
	摇臂锁不住,有下沉现象			
	手动能够动作,电控不能动作			

2. 训练步骤

模拟生产现场环境,教师设置"摇臂液压系统部分"的故障点,由学生分析故障原因,并在教师指导下进行故障处理。

学习活动4 总 结 与 评 价

一、应知任务考核标准 (满分100分)

1. MG300/700 – WD 型交流电牵引采煤机的辅助装置包括哪几部分? (20 分)
2. 采煤机辅助装置的液压螺母是如何实现防松目的? (20 分)
3. 简述拖缆装置的组成和作用。(20 分)
4. 试分析喷雾冷却系统的工作原理。(20 分)
5. 采煤机辅助液压系统包括哪几部分? 各部分是如何工作的? (20 分)

二、应会任务考核标准（满分100分）

应会任务考核标准见表1-13。

表1-13 应会任务考核标准

序号	考核内容	配分	考核项目	评 分 标 准	扣分	得分
1	摇臂不能动作故障分析	20	1. 调高泵损坏 2. 调高油缸损坏	根据故障发生的部位进行正确处理，缺一项扣10分		
2	摇臂调高速度下降故障分析	20	1. 系统泄漏 2. 调高泵排出油量减小	根据故障发生的部位进行正确处理，缺一项扣10分		
3	摇臂锁不住故障分析	20	1. 液力锁泄漏 2. 油缸活塞损坏	根据故障发生的部位进行正确处理，缺一项扣10分		
4	电控不能动作故障分析	20	1. 电磁阀电缆损坏 2. 换向电磁阀损坏	根据故障发生的部位进行正确处理，缺一项扣10分		
5	故障处理操作安全注意事项	10	按照操作要求安全操作	1. 不按操作规程操作扣5分 2. 没有按照教师指导操作扣5分		
6	安全文明生产	10	1. 遵守安全规程 2. 清理现场卫生	1. 不遵守安全规程扣5分 2. 不清理现场卫生扣5分		
	开始时间		学生姓名		考核成绩	
	结束时间		指导教师	（签字） 年 月 日		
	同组学生					

三、教师评价

教师评价表见表1-14。

表1-14 教师评价表

应知任务评价	应会任务评价

子任务6　采煤机的安装与调试

【学习目标】

（1）通过了解采煤机的安装，明确学习任务要求。

（2）根据任务要求和实际情况，合理制定工作（学习）计划。

（3）正确对采煤机进行安装。

（4）熟练掌握各部件安装的主要事项。

（5）正确调试采煤机。

（6）识别工作环境的安全标志。

（7）严格遵守安全规章制度，规范穿戴工装和劳动防护用品。

（8）主动获取有效信息、展示工作成果，对学习和工作进行总结与反思。

（9）能与他人合作，进行有效沟通。

【建议课时】

4课时。

【设备】

采煤机。

【学习任务】

当采煤机从地面运往工作面时，设备要拆开运送，运到指定地点后，必须对其进行安装和调试，才能保证其正常和安全地工作。通过该项目的训练掌握采煤机的基本结构，对采煤机能进行正确安装和调试。

学习活动1　明确工作任务

【学习目标】

（1）通过了解采煤机的安装和调试，明确学习任务、课时等要求。

（2）准确叙述采煤机的安装步骤和调试内容。

（3）准确说出各组成部分的安装顺序。

【建议学时】

2课时。

【工作任务】

在采煤工作中，为使设备能最有效地发挥其作用，采煤机的正确安装与调试是非常重要的。通过学习使学生掌握采煤机的安装与调试方法，达到会正确使用采煤机的目的。

学习活动2　工作前的准备

【学习目标】

（1）认真听讲解，做好笔记。

（2）通过阅读采煤机的安装步骤，掌握具体安装过程。

（3）掌握采煤机的调试内容。

（4）牢记安全注意事项，认识安全警示标志。

（5）按要求穿戴好劳保用品，戴好安全帽。

（6）做好操作前的准备工作。

一、工具材料

（1）撬棍。准备 3~4 根，长度 0.8 ~ -1.2 m。

（2）绳套。其直径一般为 12.5 mm、16 mm、18.5 mm，长度视工作面安装地点和条件而定。一般可准备 1 ~1.5 m 长的绳套 3 根、2 ~3 m 长的绳套 3 根及 0.5 m 长的短绳套若干根。

（3）万能套管。既有用于紧固各部螺栓（钉）的套管，又有拆装电动机侧板和接线柱的小套管。

（4）活扳手和专用扳手。同时要准备紧固对口螺钉的开口死扳手和加力套管。

（5）一般可准备 5 ~8 t 的液压千斤顶 2 ~3 台。

（6）其他工具。如手锤、扁铲、锉刀，常用的手钳、螺丝刀、小活扳手等。

（7）手动起吊葫芦。2.5 t 和 5 t 的各 2 台。

二、设备

采煤机实训设备。

三、安装前的场地准备

（1）开好机窝。一般机窝开在工作面上端头运料道口，长 15 ~20 m，深度不小于 1.5 m。

（2）确定工作面端部的支护方式，并维护好顶板。

（3）在对准机窝运料道上帮硐室中装一台回柱绞车，并在机窝上方的适当位置固定一个吊装机组部件的滑轮。

学习活动 3　现　场　施　工

【学习目标】

（1）熟练掌握安全知识，并能按照安全要求进行操作。

（2）正确拆装采煤机，通过操作使学生对采煤机的各组成部件和相互之间的关系有初步认识。

（3）通过现场操作采煤机，锻炼动手能力和独立分析问题、解决问题的能力，培养团队合作精神。

一、应知任务

1. 采煤机地面试车的操作步骤是什么？

2. 采煤机井下运输的注意事项有哪些?

3. 采煤机零部件装车的一般顺序是什么?

4. 采煤机井下安装的步骤有哪些?

5. 采煤机调试的注意事项有哪些?

二、应会任务

1. 安装程序

1）有底托架采煤机的安装程序

有底托架采煤机的安装程序：在刮板输送机上先安装底托架，然后在底托架上组装牵引部、电动机、电控箱、左右截割部，连接调高调斜千斤顶、油管、水管、电缆等附属装置，再安装滚筒和挡煤板，最后铺设和张紧牵引链，接通电源和水管等。

2）无底托架采煤机的安装程序

无底托架采煤机的安装程序如下：

（1）把完整的右（或左）截割部（不带滚筒和挡煤板）安装在刮板输送机上，并用木柱将其稳住，把滑行装置固定在刮板输送机导向管上。

（2）把牵引部和电动机的组合件置于右截割部组合面并用螺栓连接。

（3）固定滑行装置，将油管和水管与千斤顶与有关部位接通。

（4）将 2 个滚筒分别固定在左右摇臂上，装上挡煤板，铺设牵引链并锚固张紧，再接通电源、水源等。

2. 安装要求

1）安装采煤机的注意事项

（1）安装前必须有技术措施，并认真执行。

（2）准备现场条件和工具，准备不充分不许安装。

（3）部件安装要齐全，不合格的不安装，保证安装质量。

（4）碰伤的接合面必须进行修理，修理合格后方可安装，防止运转时漏油。

（5）安装销、轴时，要将其清洗干净，并涂一层油；严禁在不对中时用工具敲打，防止敲坏零部件。

（6）在对装花键时，一要清洗干净，二要对准槽，三要平稳地拉紧。

（7）要保护好电器元件和操作手柄、按钮，避免损坏；接合面要清理干净，确无问题后再带滚筒试车

（8）在起吊时，顶板、棚梁不牢固不能起吊。起吊时要直接起吊，不允许斜拉棚梁，以免拉倒而扎伤人员和设备。

（9）安装后，要先检查后试车。试车时必须把滚筒处的杂物清除干净，确认无问题后再试车。

2）采煤机的安装质量要求

零部件完整无损，螺栓齐全并紧固，手把和按钮动作要灵活、位置正确，电动机与牵引部及截割部的连接螺栓牢固，滚筒及挡板的螺钉（栓）齐全，紧固试验合格，工作可靠安全。

3）采煤机整机实验

（1）操作实验。操作各操作手把、控制按钮，准确、可靠，仪表显示正确。

（2）整机空载运转实验。牵引部手把放到最大牵引速度位置，合上截割部离合器手把，进行 2 h 原地整机空运转实验。其中：滚筒调到最高位置，牵引部正向牵引运转 1 h；滚筒调至最低位置，牵引部反向牵引运转 1 h。同时应满足如下要求：①运行正常，无异常噪声和振动，无异常升温，并测定滚筒转速和最大牵引速度；②所有管路系统和接合面密封处无渗漏现象，紧固件不松动；③测定空载电动机功率和液压系统压力。

（3）调高系统实验。操作调高手把，使摇臂升降，要求速度平稳。测量由最低位置到最高位置所需的时间和液压系统压力，其最大采高和挖底量应符合设计要求。最后将摇臂停在水平位置，持续 16 h 后其下降量不得大于 25 mm。

学习活动4 总结与评价

一、应知任务考核标准（满分100分）

1. 采煤机地面试车的操作步骤是什么？（20分）

2. 采煤机井下运输的注意事项有哪些？（20分）

3. 采煤机零部件装车的一般顺序是什么？（20分）

4. 采煤机井下安装的步骤有哪些？（20分）

5. 采煤机调试的注意事项有哪些？（20分）

二、应会任务考核标准（满分100分）

应会任务考核标准见表 1 – 15。

表 1-15 应 会 任 务 考 核 标 准

序号	考 核 内 容	配分	考 核 项 目	评 分 标 准	扣分	得分
1	有底托架采煤机的安装程序	20	安装步骤	根据要求正确安装，缺一项扣5分		
2	无底托架采煤机的安装程序	20	安装步骤	根据要求正确安装，缺一项扣5分		
3	采煤机的安装质量要求	20	螺栓齐全并紧固、零部件完整、手把灵活、紧固试验合格	根据故障发生的部位进行正确处理，缺一项扣5分		
4	采煤机的整机实验	20	1. 操作试验 2. 试运转试验	根据要求进行试验，缺一项扣10分		
5	故障处理操作安全注意事项	10	按照操作要求安全操作	1. 不按操作规程操作扣5分 2. 没有按照教师指导操作扣5分		
6	安全文明生产	10	1. 遵守安全规程 2. 清理现场卫生	1. 不遵守安全规程扣5分 2. 不清理现场卫生扣5分		
开始时间			学生姓名		考核成绩	
结束时间			指导教师	（签字）　　年 月 日		
同组学生						

三、教师评价

教师评价表见表1-16。

表 1-16 教 师 评 价 表

应知任务评价	应会任务评价

学习任务二　巷　道　掘　进　机

子任务1　掘进机的基本操作

【学习目标】

（1）通过了解掘进机的操作，明确学习任务要求。

（2）根据任务要求和实际情况，合理制定工作（学习）计划。

（3）正确认识掘进机的类型、组成、型号及主要参数。

（4）熟练掌握掘进机的具体操作。

（5）正确理解掘进机的应用。

（6）识别工作环境的安全标志。

（7）严格遵守安全规章制度，规范穿戴工装和劳动防护用品。

（8）主动获取有效信息、展示工作成果，对学习和工作进行总结与反思。

（9）能与他人合作，进行有效沟通。

【建议课时】

4课时。

【设备】

掘进机。

【学习任务描述】

随着采煤机械化和综合机械化的发展，各主要产煤国家大大提高了工作面的开采强度，工作面推进速度越来越快，这就要求加快掘进速度，以达到采掘平衡。为了加快巷道掘进速度，采用掘进机施工是一项有效措施。掘进机能够同时完成破落煤岩、装煤运输、喷雾灭尘和调动行走等操作，通过与后配套设备的配合，还能实现连续作业。

学习活动1　明确工作任务

【学习目标】

（1）通过了解掘进机的运行和操作，明确学习任务、课时等要求。

（2）准确叙述掘进机的结构。

（3）准确说出掘进机各组成部分的作用。

【工作任务】

掘进机具有掘进速度快，掘进巷道稳定，减少岩石冒落与瓦斯突出，减少巷道的超挖量和支护作业的充填量，改善劳动条件、减轻劳动强度等优点。因此，掘进机在与综采工作面配套使用中发挥着越来越大的作用。掘进机生产厂家较多，型号也各不相同，但其结构和工作原理基本相同，本文以上海创立 EBZ220 型掘进机为例，重点学习掘进机的主要技术参数、用途、型号、设备的组成及具体操作。

学习活动2　工作前的准备

【学习目标】

（1）认真听讲解，做好笔记。

（2）通过熟悉掘进机的操作规范，掌握掘进机的工作过程。

（3）掌握掘进机的操作步骤与注意事项。

（4）牢记安全注意事项，认识安全警示标志。

（5）按要求穿戴好劳保用品，戴好安全帽。

（6）做好操作前的准备工作。

一、工具材料

常用电工工具、密封胶、内六方扳手、锯条、钢刷、破布、柴油、半空油桶、大、小锤、轴承拆卸工具、助力器、拉拔器、液压爪拉拔器。

二、设备

（1）以悬臂式掘进机为例，讲述操作前的检查与运行步骤。

（2）掘进机实训设备。

三、开机前的检查及准备工作

1. 开机前的检查

（1）周围安全情况。

（2）巷道环境温度、有害气体等是否符合规定。

（3）润滑点是否注油，油箱油位是否合适。

（4）刮板链、履带链的松紧程度是否合适。

（5）电动机接线端子、进出电缆连接是否可靠，电缆是否吊挂合适。

（6）电控箱的紧固螺栓、垫圈是否齐全，隔爆面是否符合要求。

（7）机械、电气系统裸露部分是否有护罩，护罩是否安全可靠。

2. 运行前的准备

（1）开机前先鸣笛报警，打开照明灯。

（2）空载运行 3 min，观察各运动部件有无卡阻、噪声。

（3）先启动后续运输系统。

学习活动3　现　场　施　工

【学习目标】

（1）熟练掌握安全知识，并能按照安全要求进行操作。

（2）正确操作掘进机，通过操作使学生对设备的组成和工作原理有初步认识。

（3）通过操作设备，锻炼动手能力和独立分析问题、解决问题的能力，培养团队合作精神。

一、应知任务

1. 简述掘进机的特点、分类和基本参数。

2. 部分断面掘进机的主要特点有哪些？

3. 全断面掘进机的工作过程如何？

4. 掘进机的主要组成部分及其作用是什么？

5. 简述掘进机的操作过程。

二、应会任务

1. 岗位描述

1）自我状态描述

我是×××队综掘机司机×××，属于特殊工种，已从事本工种××年，现我队施工的巷道为×××巷道，为综合机械化掘进工作面。

2）岗位安全责任描述

综掘机司机必须熟悉机器的结构、性能和动作原理，能熟练、准确地操作机器，并懂得一般性维护保养故障处理、综掘机操作规程及本工作面作业规程。在操作综掘机时要保证巷道成型质量，保证自身和其他人员安全。

3）规程对本岗位标准描述

开机前，对综掘机必须进行以下检查：各操作闸把、按钮、各部件螺丝、螺栓、液压油箱油位、电缆、油管水电闭锁、截齿、综掘机内外喷雾、油缸等是否完好，发现问题时严禁开机作业。检查完毕后开动综掘机前，必须发出警报。只有在铲板前方和截割臂附近无人时，方可开动综掘机。停止工作和检修以及交班时，必须将切割头落地，并断开综掘机上的电源开关和磁力启动器的隔离开关。

4）工艺流程

现场交接班→操作准备→启动综掘机各系统→截割→停机。

5）岗位危险源辨别描述

活矸、危岩、片帮伤人，敲帮问顶可预防；顶板漏顶、冒顶伤人，临时支护可预防；截割臂摇摆伤人，人员站位可预防；二运掉道伤人，认真看护可预防。

2. 工作现场"手指口述"安全操作确认

1）综掘机开机前

（1）综掘机各部件螺丝、螺栓齐全完整、紧固可靠，各销、轴完好。确认完毕！

（2）液压油箱、各减速器油位符合要求。确认完毕！

（3）电缆、油管无挤压现象，摆放位置得当，油管无漏油现象。确认完毕！

（4）液压控制部分各操作阀及电控部分各旋钮灵敏可靠。确认完毕！

（5）截齿齐全完整。确认完毕！

（6）内外喷雾、溜尾转载点的喷雾和后部桥式皮带转载点的喷雾能正常使用。确认完毕！

（7）除尘风机运转正常，除尘机内喷雾能正常使用。确认完毕！

（8）已发出警报，铲板前方无工作人员，可以开机。确认完毕！

2）综掘机开机过程中

（1）已按正常启动顺序（液压泵→转载输送机→刮板输送机→截割部）启动综掘机，现在准备割煤。确认完毕！

（2）综掘机内外喷雾已打开，已启动截割头，现在开始割煤。确认完毕！

（3）现在开始割煤，看好巷道的截割尺寸。确认完毕！

（4）截割完毕，巷道的宽度、高度符合规程要求，可以倒机。确认完毕！

3）综掘机倒机及停机时

（1）综掘机后无人，电缆吊挂位置正确，可以倒机。确认完毕！

（2）综掘机已到合理位置，现在准备停机。确认完毕！

（3）已按规程操作顺序（截割部→刮板输送机→转载输送机→液压泵）停机，铲板已落至底板上，截割头已缩回。确认完毕！

（4）所有的操作阀、按钮已置零位，电源已切断，水门已关闭，电缆和水管已吊挂整齐。确认完毕！

（5）各部件及各种安全保护装置完好。确认完毕！

3. 操作流程

1）启动顺序

（1）启动顺序：打开外来水阀门（机器后侧）→预警→打开内喷雾水阀门（司机席右侧）→油泵电机→转载机→中间运输机→星轮→截割电机。

（2）无须启动装载时，在启动油泵电机后，可直接启动截割电机。

注意：装载作业时，必须先启动转载机，否则会在中间运输机与转载机的搭接处造成堆积和落料现象。

2）截割过程

通过截割头旋转，截割臂升、降、回转运动，进行截割作业，可形成矩形、梯形及拱形顶断面，同时完成打柱窝作业，若截割断面与实际所需要的形状、尺寸有差别可进行二次修整，以达到断面尺寸要求。

（1）截割作业尽可能采用自下而上、逆铣法方式，如图 2-1 所示。

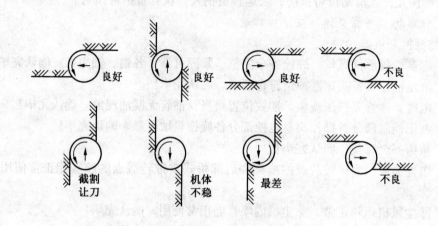

图 2-1　截割方式

（2）截割较软的煤壁时，宜采用左右循环向上的截割路线，如图 2-2 所示。

（3）截割稍硬岩石时，宜采用自下而上左右截割的路线。

（4）遇有硬岩状况，避免强行截割，应先截割其周围部分，使其坠落，并对大块坠落体采用适当方法破碎，然后再装载。

（5）割柱窝时，应将铲板降到最低位置，然后向下，并需人工清理柱窝。

注意：掘进较软煤壁时，掘出断面容易超过理论断面尺寸，而掘进较硬煤岩壁时，所掘断面容易小于理论断面尺寸。因此，在掘进过程中应不断积累经验，掌握让刀、超进给的规律，熟练操作掘进机。

3）喷雾

（1）内、外喷雾同时使用。

（2）开始截割前，先启动灭尘水系统。

（3）内喷雾喷嘴易堵塞，应经常检查维护。

注意：在掘进过程中，控制粉尘非常重要。

图 2-2　掘进机截割路线

4）输料衔接

（1）启动机器运输系统前，应确认后续搭接送料系统是否启动。

（2）适时调整转载机与后续搭接送料系统的搭接长度。

学习活动4 总结与评价

一、应知任务考核标准（满分100分）

1. 简述掘进机的特点、分类和基本参数。（20分）

2. 部分断面掘进机的主要特点有哪些？（20分）

3. 全断面掘进机的工作过程如何？（20分）

4. 掘进机的主要组成部分及其作用是什么？（20分）

5. 简述掘进机的操作过程。（20分）

二、应会任务考核标准（满分100分）

应会任务考核标准见表2-1。

表2-1 应会任务考核标准

序号	考核内容	配分	考核项目	评分标准	扣分	得分
1	岗位描述操作	20	1. 自我状态描述 2. 岗位职责描述	缺一项扣10分		
2	"手指口述"安全操作确认	15	1. 操作前安全检查 2. 操作中安全检查 3. 停机时安全检查	分析有误或表达不完整，每处扣5分		
3	掘进机操作流程	40	1. 启动顺序 2. 截割过程 3. 喷雾 4. 输料衔接	1. 启动顺序操作不正确扣10分 2. 截割操作不正确扣10分 3. 喷雾操作不正确扣10分 4. 输料衔接操作不正确扣10分		
4	操作安全注意事项	15	按照操作要求安全操作	1. 不按操作规程操作扣5分 2. 截割过程不按要求操作扣5分 3. 调整后续设备不到位扣5分		
5	安全文明生产	10	1. 遵守安全规程 2. 清理现场卫生	1. 不遵守安全规程扣5分 2. 不清理现场卫生扣5分		
开始时间			学生姓名		考核成绩	
结束时间			指导教师	（签字） 年 月 日		
同组学生						

三、教师评价

教师评价表见表2-2。

表2-2 教师评价表

应知任务评价	应会任务评价

子任务2 掘进机的使用与维护

【学习目标】

（1）通过了解掘进机的使用和维护，明确学习任务要求。

（2）根据任务要求和实际情况，合理制定工作（学习）计划。

（3）掌握正确检修和维护掘进机的方法。

（4）熟悉掘进机的常见故障。

（5）学会掘进机的故障处理方法。

（6）识别工作环境的安全标志。

（7）严格遵守安全规章制度，规范穿戴工装和劳动防护用品。

（8）主动获取有效信息，展示工作成果，对学习和工作进行总结与反思。

（9）能与他人合作，进行有效沟通。

【建议课时】

6学时。

【学习任务】

掘进机安全作业和良好的备用状态在于严格遵守操作规程，做好日常维护和保养工作。为了延长掘进机的使用寿命，减少故障，在使用过程中应按检修程序进行维护和保养，做到勤检查、勤注油、勤检修，发现零部件损坏要及时汇报并修理。

学习活动1 明确工作任务

【学习目标】

（1）通过了解掘进机的运行和操作，明确学习任务、课时等要求。

（2）准确叙述掘进机的结构。

（3）准确说出掘进机的各组成部分的作用。

【工作任务】

减少掘进机停机时间的最重要的因素就是对设备进行正确的维护和保养，润滑充分，调试得当，正确对设备进行维护才能使其服务寿命更长，大修间隔周期更长，作业效率更高。掘进机的维护检修，应该贯彻"预防为主"方针，及时消除故障隐患，在故障发生前采取有效措施，才能降低设备的发病率，使机器的潜力得到充分发挥。

学习活动 2　工 作 前 的 准 备

【学习目标】

（1）认真听讲解，做好笔记。

（2）通过阅读掘进机说明书，掌握掘进机的使用和维护方法。

（3）掌握掘进机的常见故障及其处理方法。

（4）牢记安全注意事项，认识安全警示标志。

（5）按要求穿戴好劳保用品，戴好安全帽。

（6）做好操作前的准备工作。

一、工具资料

掘进机说明书。

二、设备

掘进机实训设备。

学习活动 3　现　场　施　工

【学习目标】

（1）熟练掌握安全知识，并能按照安全要求进行操作。

（2）正确维护掘进机，通过操作使学生对掘进机的检修和维护内容有初步认识。

（3）通过操作掘进机，锻炼动手能力和独立分析问题、解决问题的能力，培养团队合作精神。

一、应知任务

1. EBZ220 掘进机的主要组成部分有哪些？

2. EBZ220 掘进机各组成部分是如何工作的？

3. 掘进机电气部分的日常维护内容有哪些？

4. 掘进机机械部分的日常维护内容有哪些?

5. 掘进机液压、喷雾除尘系统的日常维护内容有哪些?

6. 简述掘进机的常见故障及处理方法。

二、应会任务

1. 掘进机的定期检查按检查周期可分为周检、月检、季检和半年检。分析其检查内容，填好表2-3。

表2-3　掘进机的定期检查内容

序号	检查部位	检 查 内 容	周检	月检	季检	半年检
1	截割头	1. 修补截割头的耐磨焊道 2. 更换磨损的截齿座 3. 检查凸起部分的磨损				
2	伸缩部	1. 拆卸、检查 2. 检查伸缩筒的磨损				
3	截割减速箱	1. 分解、检查 2. 换油 3. 加注黄油 4. 检查螺栓有无松动				
4	铲板部	1. 检查耙爪圆盘的密封 2. 检查衬套类有无松动 3. 修补耙爪的磨损部位 4. 检查轴承的油量 5. 检查铲板上盖板的磨损				
5	铲板减速箱	1. 检查中间轴和联轴节 2. 分解检查内部 3. 换油				
6	本体部	1. 回转轴承紧固螺栓有无松动现象 2. 机架的紧固螺栓有无松动现象 3. 向回转轴承加注黄油				

表2-3（续）

序号	检查部位	检查内容	周检	月检	季检	半年检
7	履带部	1. 检查履带板 2. 检查张紧装置的动作情况 3. 拆卸检查张紧装置 4. 调整履带的紧张程度 5. 拆卸检查驱动轮 6. 拆卸检查支重轮并加油 7. 检查上、下转轮并加油				
8	行走减速箱	1. 分解、检查 2. 换油				
9	中部输送机	1. 检查链轮的磨损 2. 检查溜槽底板的磨损及修补 3. 检查刮板的磨损 4. 检查从动轮及加油				
10	输送机减速箱	1. 分解、检查 2. 换油				
11	喷雾系统	1. 更换喷雾泵的油 2. 调整喷雾泵溢流阀 3. 调整减压阀的压力 4. 检查是否有漏水 5. 清理过滤器 6. 检查各处螺栓是否松动				
12	液压系统	1. 检查液压电机联轴节 2. 更换液压油 3. 清洗和更换滤芯（使用初期1个月后） 4. 调整各换向阀的溢流阀压力				
13	液压缸	1. 检查密封 2. 检查缸盖有无松动 3. 检查衬套有无松动 4. 检查缸内有无划伤、生锈				
14	电气部分	1. 检查电机的绝缘阻抗 2. 检查控制箱内电气元件的绝缘阻抗 3. 检查电源电缆有无损伤 4. 检查紧固各部螺栓				

2. 训练步骤

（1）由教师设置"截割部"的检查点，由学生分析检查内容，并在教师指导下确定检查方式。

（2）由教师设置"行走部"的检查点，由学生分析检查内容，并在教师指导下确定检查方式。

（3）由教师设置"液压系统"的检查，由学生分析检查内容，并在教师指导下确定检查方式。

（4）由教师设置"电气系统"的检查，由学生分析检查内容，并在教师指导下确定检查方式。

以上操作均要模拟生产现场环境。

学习活动4 总结与评价

一、应知任务考核标准（满分100分）

1. EBZ220掘进机主要组成部分有哪些？（10分）
2. EBZ220掘进机各组成部分是如何工作的？（10分）
3. 掘进机电气部分日常维护内容有哪些？（20分）
4. 掘进机机械部分的日常维护内容有哪些？（20分）
5. 掘进机液压、喷雾除尘系统的日常维护内容有哪些？（20分）
6. 简述掘进机的常见故障及处理方法。（20分）

二、应会任务考核标准（满分100分）

应会任务考核标准见表2-4。

表2-4 应会任务考核标准

序号	考核内容	配分	考核项目	评分标准	扣分	得分
1	截割部定期检查	15	1. 截割头 2. 伸缩部 3. 截割减速箱	根据检查部位选择正确的检查周期，缺一项扣5分		
2	行走部定期检查	15	1. 铲板部 2. 履带部 3. 行走减速箱	根据检查部位选择正确的检查周期，缺一项扣5分		
3	液压系统定期检查	15	1. 液压电机 2. 更换液压油 3. 液压缸	根据检查部位选择正确的检查周期，缺一项扣5分		
4	电气系统定期检查	20	1. 电机绝缘 2. 控制箱 3. 电缆 4. 螺栓紧固	根据检查部位选择正确的检查周期，缺一项扣5分		
5	定期检查安全注意事项	20	按照操作要求安全操作	1. 不按操作规程操作扣10分 2. 没有按照教师指导操作扣10分		
6	安全文明生产	15	1. 遵守安全规程 2. 清理现场卫生	1. 不遵守安全规程扣8分 2. 不清理现场卫生扣7分		
	开始时间		学生姓名		考核成绩	
	结束时间		指导教师	（签字） 年 月 日		
	同组学生					

三、教师评价

教师评价表见表2-5。

表2-5 教师评价表

应知任务评价	应会任务评价

子任务3 掘进机的安装与调试

【学习目标】

(1) 通过了解掘进机的安装, 明确学习任务要求。

(2) 根据任务要求和实际情况, 合理制定工作 (学习) 计划。

(3) 正确对掘进机进行安装。

(4) 熟练掌握各部件安装的主要事项。

(5) 正确调试掘进机。

(6) 识别工作环境的安全标志。

(7) 严格遵守安全规章制度, 规范穿戴工装和劳动防护用品。

(8) 主动获取有效信息, 展示工作成果, 对学习和工作进行总结与反思。

(9) 能与他人合作, 进行有效沟通。

【建议课时】

4课时。

【设备】

掘进机。

【学习任务】

当掘进机从地面运往工作面或综掘机械搬家时, 设备要拆开运送, 运到指定地点后, 必须对其进行安装和调试, 才能保证其正常和安全地工作。通过训练要求学生掌握掘进机的基本结构, 对掘进机能进行正确安装和调试。

学习活动1 明确工作任务

【学习目标】

(1) 通过了解掘进机的安装和调试, 明确学习任务、课时等要求。

(2) 准确叙述掘进机的安装步骤和调试内容。

(3) 准确说出各组成部分的安装顺序。

【工作任务】

在掘进机的安装过程中，要按照一定的安装顺序进行操作，否则可能出现运转不良甚至不能运转等问题。对掘进机的调试也非常重要，它可以提前发现问题、解决问题，为以后掘进机的正常运行奠定良好的基础。

学习活动 2　工作前的准备

【学习目标】

(1) 认真听讲解，做好笔记。

(2) 通过阅读掘进机的安装步骤，掌握具体安装过程。

(3) 掌握掘进机的调试内容。

(4) 牢记安全注意事项，认识安全警示标志。

(5) 按要求穿戴好劳保用品，戴好安全帽。

(6) 做好操作前的准备工作。

一、工具材料

常用电工工具、密封胶、内六方扳手、锯条、钢刷、破布、柴油、半空油桶、销子、垫圈、螺栓和螺母、大、小锤、轴承拆卸工具、助力器、拉拔器、液压爪拉拔器。

二、设备

掘进机实训设备。

三、安装前的准备

1. 安装硐室

(1) 在使用本机组的巷道始端，应根据机器的最大尺寸、部件的最大重量，准备安装硐室，硐室应具备电源、通风、照明条件。

(2) 建议该机组安装硐室规格（长×宽×高）：40 m×5.5 m×4 m。

2. 准备工作

(1) JM-14 型回柱绞车 1 台，须安装固定牢靠，严防放在浮煤浮矸上。

(2) 在顶板岩层中牢固安装两组滑轮，滑轮架用双螺帽拧紧。

(3) 将硐室杂物清理干净。

(4) 准备鸭子咀、吊环、螺丝、吊绳等吊挂用具。

(5) 准备方木、垫板。

(6) 准备扳手、铜棒、撬杠等安装工具。

(7) 若使用手动葫芦，须确认，吨位是否合适，大小轮逆止装置是否可靠。

学习活动 3　现　场　施　工

【学习目标】

(1) 熟练掌握安全知识，并能按照安全要求进行操作。

（2）正确拆装掘进机，通过操作使学生对掘进机的各组成部件和相互之间的关系有初步认识。

（3）通过现场操作掘进机，锻炼动手能力和独立分析问题、解决问题的能力，培养团队合作精神。

一、应知任务

1. 掘进机安装前需要做哪些准备工作？

2. 简述掘进机的安装过程。

3. 掘进机的安装注意事项有哪些？

4. 掘进机调试前需要做哪些准备工作？

5. 掘进机是如何调试的？

二、应会任务

1. 掘进机拆卸的准备工作
（1）确定负责人并组织学习。
（2）拆卸材料和专用工具的准备。
（3）地面试运转并准备配电。
（4）准备装载运输车辆并排序。

（5）准备装车捆绑材料。

2. 掘进机的拆卸与运输

（1）根据需要通过的巷道断面尺寸（宽和高）大小，提升罐笼容积大小，决定其设备的分解程度和数量。

（2）拆卸时对配合较紧的零部件，必须使用专用工具，不得用大锤强行敲打，以避免损伤零部件，造成安装困难。

（3）充分考虑到用台车运输时，其台车的承重能力和运输中货物的窜动，以及用钢丝绳紧固时防止设备带来的不利因素等。

（4）吊装有机加工面的部件时，钢丝绳不得与机加工面直接接触，必须加垫木板。

（5）拆卸液压系统高压胶管时，不必将两端都拆开，只将与液压缸或马达连接的段拆开并用塑料袋布包扎好，然后卷捆在液压操作台上，以利于安装。

（6）解体后的各种销子、螺栓、挡板与垫圈等小件物品，应用箱子装好，以免丢失。

（7）电气缆线也不需两端全部拆开，只需将与动力部连接的接头拆开，随电源箱一起运输。

（8）拆卸与安装应保持一组人员，特别是指挥人员不得随意更换，以便熟悉机器的结构，提高操作水平。

3. 掘进机安装前的准备工作

（1）工具和材料的准备。

（2）工作负责人交代安装注意事项。

（3）检查现场安全情况。

（4）布置吊装设施。

（5）方木与钢管的准备。

4. 掘进机的安装

（1）安装工作由专人负责，统一指挥。

（2）须按使用维护说明书指定顺序安装。

（3）采用谁拆卸谁安装的方式。

（4）起吊操作由专职人员进行，严禁无证上岗。

（5）须按吊孔和吊环的位置挂绳锁。

（6）部件起吊时，先慢慢试吊，观测各吊绳是否牢靠、受力是否均匀。

（7）部件起吊后，严禁在下面站人或进行其他作业。确须进行部件的摆动、旋转等工作时，应使用绳拉或长柄工具推。

（8）吊起的部件安装时，司机必须压好闸，严防松动。对于大型部件，除用闸控制外，还须用手动葫芦协助受力，以确保安全组装。

（9）吊起的部件安装时，若须人员进入下方安装，应使用方木打好木垛，确认安全可靠。

（10）液压、水系统各管路、接头须装前擦拭干净。

（11）各处螺栓应均匀紧固，防止紧固不均造成配合部件的偏斜、划伤，重要部位的紧固螺栓，其紧固力矩应符合设计要求。

（12）装销子前，须涂润滑脂，防止锈蚀后无法拆卸。装销子时，一边稍稍转动，一边插入，在有防尘圈的部位注意不要划伤防尘圈。

（13）所有零部件应安装齐全，严禁随意甩掉任何机构和保护装置。

（14）调整螺栓的露出部分应涂润滑脂，防止锈蚀。

（15）按油质要求加注润滑油和液压油。

（16）安装过程中严禁接通电源。

（17）初步完成调试后安装各部分盖板。

5. 安装后的检查事项

（1）各处螺栓是否紧固。

（2）油管、水管连接是否正确，各管路铺设是否整齐。

（3）销子卡板是否齐全。

（4）电动机接线端子、进出电缆连接是否可靠。

（5）电控箱的紧固螺栓、垫圈是否齐全，隔爆面是否符合要求。

（6）刮板链、履带链的松紧程度是否合适。

（7）油泵电机、截割电机转向是否正确。

（8）对照操作指示牌操作各手柄，观察各执行元件动作是否正确。

（9）内、外喷雾是否畅通，水压能否达到规定值。

6. 掘进机的调试

1）机械传动系统的调试

（1）第一运输机链条的调试。

（2）履带的张紧调试。

（3）第二运输机的调试。

2）液压系统的调试

（1）液压的调试。

（2）动作方向的调试。

3）电气系统的调试

（1）电动机转向的调试。

（2）电动机掉电的调试。

学习活动4　总结与评价

一、应知任务考核标准（满分100分）

1. 掘进机安装前需要做哪些准备工作？（20分）

2. 简述掘进机的安装过程。（20分）

3. 掘进机的安装注意事项有哪些？（20分）

4. 掘进机调试前需要做哪些准备工作？（20分）

5. 掘进机是如何调试的？（20分）

二、应会任务考核标准（满分100分）

应会任务考核标准见表2-6。

表2-6 应会任务考核标准

序号	考核内容	配分	考核项目	评分标准	扣分	得分
1	掘进机的拆卸与运输操作	30	1. 拆卸前的准备工作 2. 拆卸 3. 运输	根据操作要求选择正确的操作方法，缺一项扣10分		
2	掘进机的安装	30	1. 安装前的准备工作 2. 安装 3. 安装后的检查事项	根据操作要求选择正确的操作方法，缺一项扣10分		
3	掘进机的调试	30	1. 机械传动系统的调试 2. 液压系统的调试 3. 电气系统的调试	根据调试要求选择正确的调试方法，缺一项扣10分		
4	定期检查安全注意事项	20	按照操作要求安全操作	1. 不按操作规程操作扣10分 2. 没有按照教师指导操作扣10分		
5	安全文明生产	20	1. 遵守安全规程 2. 清理现场卫生	1. 不遵守安全规程扣10分 2. 不清理现场卫生扣10分		
开始时间			学生姓名		考核成绩	
结束时间			指导教师	（签字）　　年　月　日		
同组学生						

三、教师评价

教师评价表见表2-7。

表2-7 教师评价表

应知任务评价	应会任务评价

学习任务三　刮板输送机

子任务1　刮板输送机的基本操作

【学习目标】

(1) 通过了解刮板输送机的操作，明确学习任务要求。

(2) 根据任务要求和实际情况，合理制定工作（学习）计划。

(3) 正确认识刮板输送机的类型、组成、型号及主要参数。

(4) 熟练掌握刮板输送机的具体操作。

(5) 正确理解刮板输送机的应用。

(6) 识别工作环境的安全标志。

(7) 严格遵守安全规章制度，规范穿戴工装和劳动防护用品。

(8) 主动获取有效信息、展示工作成果，对学习和工作进行总结与反思。

(9) 能与他人合作，进行有效沟通。

【建议课时】

4课时。

【设备】

刮板输送机。

【学习任务】

刮板输送机除了运送煤炭外，还兼作采煤机运行轨道、液压支架移动的支点，固定采煤机有链牵引的拉紧装置或无链牵引的齿轨（销轨和链轨），并具有清理工作面浮煤，放置电缆、水管、乳化液胶管等功能。因此其性能、可靠程度和寿命是综采工作面正常生产和取得良好技术经济效果的重要保证。那么怎样做到这些呢？那就要先掌握刮板输送机的结构组成、工作原理及类型等。

学习活动1　明确工作任务

【学习目标】

(1) 通过了解刮板输送机的具体操作，明确学习任务、课时等要求。

(2) 准确叙述刮板输送机的运行与操作步骤。

(3) 详细叙述刮板输送机的操作过程。

【工作任务】

为了能够正确操作刮板输送机，保证刮板输送机安全、有效地运行，能够真正使其起到运输煤炭的作用，就要对刮板输送机的整体结构进行了解。要求根据刮板输送机的应用，结合现场实物，认识和熟悉整机的结构，明确各个组成部件的外形、结构特点、功用和工作原理，熟悉刮板输送机操作前的准备与检查、启动、运行、停止等操作技能。

学习活动2 工作前的准备

【学习目标】

(1) 认真听讲解，做好笔记。

(2) 通过熟悉刮板输送机的操作规范，掌握刮板输送机的工作过程。

(3) 掌握刮板输送机的操作步骤与注意事项。

(4) 牢记安全注意事项，认识安全警示标志。

(5) 按要求穿戴好劳保用品，戴好安全帽。

(6) 做好操作前的准备工作。

一、工具材料

钢丝钳、活扳手和专用扳手、旋具、铁板等。

二、设备

刮板输送机实训设备。

三、安装前的检查及准备工作

(1) 检查传动装置、机头部、机尾部及各部位螺栓是否齐全、紧固;冷却系统是否完好。

(2) 检查各中部槽的螺栓、哑铃销连接是否完好。

(3) 检查减速器及各润滑部位油量是否符合规定。

(4) 检查电缆及各连接处是否完好，确保无失爆。

(5) 检查通信信号系统是否畅通，操作按钮是否灵活、可靠。

(6) 开动刮板输送机，试转一周，细听各部位声音是否正常，检查链条松紧程度，刮板螺栓有无丢失或松动。

(7) 以上各项检查完好后方可进行操作。

学习活动3 现 场 施 工

【学习目标】

(1) 熟练掌握安全知识，并能按照安全要求进行操作。

(2) 正确操作刮板输送机，通过操作使学生对刮板输送机的组成和工作原理有初步认识。

(3) 通过操作刮板输送机，锻炼动手能力和独立分析问题、解决问题的能力，培养团队合作精神。

一、应知任务

1. 刮板输送机由哪几部分组成?

2. 简述刮板输送机的工作原理。

3. 简述刮板输送机的分类、型号和适用范围。

4. 刮板输送机的安全操作规程有哪些?

5. 刮板输送机操作前需要做哪些检查?

6. 刮板输送机的操作步骤有哪些?

7. 刮板输送机操作需要注意哪些方面?

二、应会任务

1. 《操作规程》的具体要求

1) 准备工作

(1) 认真检查传动装置、机头部螺栓是否齐全紧固。

(2) 检查通信信号系统是否畅通,操作按钮是否灵活可靠。

(3) 检查减速箱油量是否符合规定,检查液力偶合器水介质及减速箱有无渗漏现象。

(4) 点开输送机,无问题后试转一圈,细听各部声音是否正常,检查所有链条、刮板连接螺栓有无丢失或松动和弯曲过大等现象,如有应立即补齐、拧紧或更换。

(5) 检查文明生产情况。

2) 运行中的注意事项

(1) 细听信号,信号不清不准操作。

(2) 经常注意电动机、减速箱的运转声音,如发现异常响声,应立即停机检查,处理后方准重新开动。

(3) 经常观察链条、连接环、托叉、护板等状态,发现问题及时处理。

(4) 液力偶合器的易熔塞不准使用其他材料代替或堵死。

(5) 利用输送机运大件时,必须按矿总工程师批准的安全技术措施执行,严禁损坏设备或伤人。

3) 停机

（1）应把溜槽中的煤炭输送完毕后再停机。

（2）清理机头各部，不得压埋电动机、减速箱，保持良好的文明生产环境。

（3）认真填写工作日志，把当班输送机的运转情况向接班人交代清楚。

2. 刮板输送机司机手指口述

1）岗位职责描述

（1）检查和操作刮板输送机，负责刮板输送机的运行。

（2）检查安全设施是否完好，保证工作面煤的正常运出。

（3）遵守安全技术操作规程，处理运行过程中的异常情况。

（4）负责本岗位设备的整洁和管辖范围内的工业卫生，负责机头喷雾消尘装置开、停和维护。

（5）负责日常保养维护设备。

（6）协助其他运输岗位处理故障。

2）安全操作要领

（1）熟悉本岗位工作标准及操作顺序，并严格对照执行；与采煤工作面其余工种团结协作，完成好生产任务。

（2）按时上下班，现场交接班；坚守岗位，不脱岗、串岗、睡岗，班中不干私活。

（3）严格按规程、措施及操作标准和程序施工，杜绝违章，确保安全。

（4）对责任范围内的安全隐患及时排查，积极汇报处理，并做好记录。

3）危险源辨识

（1）电气设备触电会伤人，不擅自接触电气设备可预防。

（2）外露转动和传动部分易夹伤，加装防护可预防。

（3）刮板输送机上的物料顶伤或挤伤，站位正确可预防。

（4）刮板链断裂易打伤，认真检查及时更换可预防。

（5）加油烧伤，停机冷却后加油可预防。

4）岗位手指口述安全确认

（1）班前：

① 机头、机尾支护完好可靠，附近 5 m 范围无杂物、浮煤、积水，洒水设施齐全。确认完毕！

② 瓦斯浓度符合规定。确认完毕！

③ 各传动部位、减速器、推移装置齐全、完整、紧固、无渗漏。确认完毕！

④ 信号闭锁装置灵敏可靠。确认完毕！

⑤ 刮板、链条、连接环螺栓无缺失、变形、松动。确认完毕！

⑥ 与转载机搭接正常。确认完毕！

⑦ 机头防尘设施、冷却系统完好。确认完毕！

⑧ 试运转监听无异常声音，可以开机。确认完毕！

（2）班中：

设备运行正常（声音、温度、震动）、链条无卡链、跳链等现象，安全保护装置完好。确认完毕！

（3）班后：

① 控制开关零位已闭锁。确认完毕！

② 设备周边环境已清理。确认完毕！

③ 可以进行交接。确认完毕！

学习活动 4 总结与评价

一、应知任务考核标准（满分 100 分）

1. 刮板输送机由哪几部分组成？（20 分）
2. 简述刮板输送机的工作原理。（10 分）
3. 简述刮板输送机的分类、型号和适用范围。（10 分）
4. 刮板输送机的安全操作规程有哪些？（20 分）
5. 刮板输送机操作前需要做哪些检查？（10 分）
6. 刮板输送机的操作步骤有哪些？（20 分）
7. 刮板输送机操作需要注意哪些方面？（10 分）

二、应会任务考核标准（满分 100 分）

应会任务考核标准见表 3-1。

表 3-1 应会任务考核标准

序号	考核内容	配分	考核项目	评分标准	扣分	得分
1	刮板输送机操作规程要求	30	1. 准备工作 2. 运行操作 3. 停机操作	根据操作要求选择正确的操作方法，缺一项扣 10 分		
2	刮板输送机司机手指口述	30	1. 岗位职责描述 2. 安全操作要领 3. 岗位手指口述安全确认	根据操作要求正确描述，缺一项扣 10 分		
3	危险源辨识	30	1. 不擅自接触电气设备 2. 传动部分加防护 3. 防止断链	根据要求识别危险源，缺一项扣 10 分		
4	定期检查安全注意事项	20	按照操作要求安全操作	1. 不按操作规程操作扣 10 分 2. 没有按照教师指导操作扣 10 分		
5	安全文明生产	20	1. 遵守安全规程 2. 清理现场卫生	1. 不遵守安全规程扣 10 分 2. 不清理现场卫生扣 10 分		
	开始时间		学生姓名		考核成绩	
	结束时间		指导教师	（签字） 年 月 日		
	同组学生					

三、教师评价

教师评价表见表3-2。

表3-2 教师评价表

应知任务评价	应会任务评价

子任务2 刮板输送机的使用与维护

【学习目标】

(1) 通过了解刮板输送机的维护和检修，明确学习任务要求。

(2) 根据任务要求和实际情况，合理制定工作（学习）计划。

(3) 掌握正确检修和维护刮板输送机的方法。

(4) 熟悉刮板输送机的常见故障。

(5) 学会刮板输送机的故障处理方法。

(6) 识别工作环境的安全标志。

(7) 严格遵守安全规章制度，规范穿戴工装和劳动防护用品。

(8) 主动获取有效信息，展示工作成果，对学习和工作进行总结与反思。

(9) 能与他人合作，进行有效沟通。

【建议课时】

6学时。

【学习任务】

刮板输送机在运行过程中，随着使用时间的推移，其零部件不断受到摩擦、冲击等因素的影响，必然要发生零部件的磨损，导致零件的精度及其使用性能丧失。当这种情况超过一定的限度时，必将缩短设备的使用寿命，严重时还会出现机械事故和人身事故。因此，对刮板输送机加强日常维护，坚持预防性检修，就能使刮板输送机不出或者少出故障。

学习活动1 明确工作任务

【学习目标】

(1) 通过了解刮板输送机的运行和操作，明确学习任务、课时等要求。

(2) 准确叙述刮板输送机的结构。

（3）准确说出刮板输送机各组成部分的作用。

【工作任务】

　　机械磨损会使刮板输送机的性能随着使用时间的延长而逐渐变差。对刮板输送机进行日常维护就是要利用检修手段，有计划地事先补偿设备磨损，恢复设备性能，及时处理设备运行中经常出现的不正常状态，保证设备的正常运行。维护工作做得好，设备使用的时间就长。对刮板输送机要合理地使用，有目地进行维护和检修，就能把可能发生的故障及时消除，保证刮板输送机安全可靠运转。

学习活动2　工作前的准备

【学习目标】

　　（1）认真听讲解，做好笔记。
　　（2）通过阅读刮板输送机说明书，掌握它的使用和维护方法。
　　（3）掌握刮板输送机的常见故障及处理方法。
　　（4）牢记安全注意事项，认识安全警示标志。
　　（5）按要求穿戴好劳保用品，戴好安全帽。
　　（6）做好操作前的准备工作。

一、工具资料

扳手、钳子、螺丝刀等专用拆卸工具；刮板输送机说明书。

二、设备

SGW–250型刮板输送机实训设备。

学习活动3　现　场　施　工

【学习目标】

　　（1）熟练掌握安全知识，并能按照安全要求进行操作。
　　（2）正确维护刮板输送机，通过操作使学生对刮板输送机的检修和维护内容有初步认识。
　　（3）通过操作刮板输送机，锻炼动手能力和独立分析问题、解决问题的能力，培养团队合作精神。

一、应知任务

1. 刮板输送机的结构主要包括哪几部分？

2. 刮板输送机机头的布置方式有哪几种？

3. 刮板输送机机头部各组成部分的作用是什么？

4. 液力偶合器的工作原理是什么？

5. 刮板输送机机尾部由哪几部分组成？

6. 简述中间部溜槽的作用。

7. 简述刮板输送机的刮板链的类型及特点。

二、应会任务

1. 分析刮板输送机的常见故障，并提出正确的处理方法。填好表 3 - 3。

表 3 - 3　刮板输送机的故障分析及处理方法

类型	故 障 现 象	分析原因	造成的危害	处理方法	备注
电动机部分	电动机启动不起来				
	电动机发热				
	电动机声音不正常				
液力偶合器部分	液力偶合器打滑				
	液力偶合器温度过高				
	液力偶合器漏油				
	液力偶合器打滑，温度超过 120 ~ 140 ℃，但熔合金不熔化				
减速器部分	减速器声音不正常				
	减速器油温过高				
	减速器漏油				
	盲轴轴承温度过高				
刮板链部分	刮板链在链轮处跳牙				
	刮板链卡在链轮上				
	刮板链掉道				
	刮板链过度振动				

2. 训练步骤

（1）由教师设置"电动机部分"的故障点，由学生分析故障原因，并在教师指导下进行故障处理。

（2）由教师设置"液力偶合器部分"的故障点，由学生分析故障原因，并在教师指导下进行故障处理。

（3）由教师设置"减速器部分"的故障点，由学生分析故障原因，并在教师指导下进行故障处理。

（4）由教师设置"刮板链部分"的故障点，由学生分析故障原因，并在教师指导下进行故障处理。

以上操作均要模拟生产现场环境。

学习活动4　总结与评价

一、应知任务考核标准（满分100分）

1. 刮板输送机的结构主要包括哪几部分？（10分）

2. 刮板输送机的机头的布置方式有哪几种？（20分）

3. 刮板输送机的机头部各组成部分的作用是什么？（10分）

4. 液力偶合器的工作原理是什么？（10分）

5. 刮板输送机的机尾部由哪几部分组成？（20分）

6. 简述中间部溜槽的作用。（10分）

7. 简述刮板输送机的刮板链的类型及特点。（20分）

二、应会任务考核标准（满分100分）

应会任务考核标准见表3-4。

表3-4　应会任务考核标准

序号	考核内容	配分	考核项目	评分标准	扣分	得分
1	刮板输送机电动机部分故障分析	15	1. 电动机启动不起来 2. 电动机发热 3. 电动机声音不正常	根据故障现象分析处理方法，缺一项扣5分		
2	液力偶合器部分故障分析	20	1. 液力偶合器打滑 2. 液力偶合器温度过高 3. 液力偶合器漏油 4. 温度过高但熔合金不熔化	根据故障现象分析处理方法，缺一项扣5分		
3	减速器部分故障分析	20	1. 减速器声音不正常 2. 减速器油温过高 3. 减速器漏油 4. 盲轴轴承温度过高	根据故障现象分析处理方法，缺一项扣5分		

表 3-4（续）

序号	考核内容	配分	考 核 项 目	评 分 标 准	扣分	得分
4	刮板链部分故障分析	20	1. 刮板链跳牙 2. 刮板链卡链 3. 刮板链掉道 4. 刮板链过度振动	根据故障现象分析处理方法，缺一项扣5分		
5	定期检查安全注意事项	15	按照操作要求安全操作	1. 不按操作规程操作扣7分 2. 没有按照教师指导操作扣8分		
6	安全文明生产	10	1. 遵守安全规程 2. 清理现场卫生	1. 不遵守安全规程扣5分 2. 不清理现场卫生扣5分		
	开始时间		学生姓名		考核成绩	
	结束时间		指导教师	（签字） 年 月 日		
	同组学生					

三、教师评价

教师评价表见表 3-5。

表 3-5 教 师 评 价 表

应知任务评价	应会任务评价

子任务 3   刮板输送机的安装与调试

【学习目标】

（1）通过了解刮板输送机的安装，明确学习任务要求。

（2）根据任务要求和实际情况，合理制定工作（学习）计划。

（3）正确对刮板输送机进行安装。

（4）熟练掌握各部件安装的主要事项。

（5）正确调试刮板输送机。

（6）识别工作环境的安全标志。

（7）严格遵守安全规章制度，规范穿戴工装和劳动防护用品。

（8）主动获取有效信息，展示工作成果，对学习和工作进行总结与反思。

（9）能与他人合作，进行有效沟通。

【建议课时】

4 课时。

【设备】

刮板输送机。

【学习任务】

刮板输送机的铺设和安装质量的好坏，对综采工作面的生产影响极大。因此，应对刮板输送机进行有计划的安装工作。在铺设安装时，应结合各矿井下条件和工作面特点制定切实可行的安装程序，按规定要求把好安装质量关。

学习活动 1　明确工作任务

【学习目标】

（1）通过了解刮板输送机的安装和调试，明确学习任务、课时等要求。

（2）准确叙述刮板输送机的安装步骤和调试内容。

（3）准确说出各组成部分的安装顺序。

【工作任务】

刮板输送机的安装是指将各部件按照应有的关系进行组合的操作，也指完成这种操作的过程。不论是使用，还是检修，安装都是保证设备质量的最终环节。正确的安装可以保持以前的工序效果，发挥设备的作用。

学习活动 2　工作前的准备

【学习目标】

（1）认真听讲解，做好笔记。

（2）通过阅读刮板输送机的安装步骤，掌握具体安装过程。

（3）掌握刮板输送机的调试内容。

（4）牢记安全注意事项，认识安全警示标志。

（5）按要求穿戴好劳保用品，戴好安全帽。

（6）做好操作前的准备工作。

一、工具材料

（1）撬棍。准备 3～4 根，长度 0.8～1.2 m。

（2）绳套。其直径一般为 12.5 mm、16 mm、18.5 mm，长度视工作面安装地点和条件而定。一般可准备 1～1.5 m 长的绳套 3 根、2～3 m 长的绳套 3 根及 0.5 m 长的短绳套若干根。

（3）万能套管。既有用于紧固各部螺栓（钉）的套管，又有拆装电动机侧板和接线柱的小套管。

（4）活扳手和专用扳手。同时要准备紧固对口螺钉的开口死扳手和加力套管。

（5）一般可准备5~8 t的液压千斤顶2~3台。

（6）其他工具。如手锤、扁铲、锉刀，常用的手钳、螺丝刀、小活扳手等。

（7）手动起吊葫芦。2.5 t和5 t的各2台。

二、设备

（1）以SGZ630/264刮板输送机为例，指导学生正确安装。

（2）刮板输送机实训设备。

三、安装前的检查及准备工作

1. 熟悉设备型号的含义

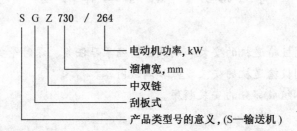

2. 掌握设备的结构（图3-1）

图3-1 刮板输送机的结构

3. 设备安装工作程序

（1）做好安装前的准备工作。设备、场地、工具材料、工作人员的组织。

（2）刮板输送机的安装操作。设备的运送、安装和调试。

（3）刮板输送机试运转。试运转和设备验收。

4. 设备安装质量要求

（1）机头必须摆好放正，稳固垫实不晃动。

（2）中部槽的铺设要平、稳、直，铺设方向必须正确，即每节的搭接板必须向着机头。

（3）挡煤板与槽帮之间要靠紧，贴严无缝隙。

（4）铲煤板与槽帮之间要靠紧，贴严无缝隙。

（5）圆环链焊口不得朝向中板，不得拧链。双链刮板间各段链环数量必须相等。使用旧链时，长度不得超限，两边长度必须相等。刮板的方向不得装错，水平方向连接刮板的螺栓头部必须朝运行方向，垂直方向连接刮板的螺栓头部必须朝中板。

（6）沿刮板输送机安装的信号装置要符合规定要求。

学习活动 3　现　场　施　工

【学习目标】

（1）熟练掌握安全知识，并能按照安全要求进行操作。

（2）正确安装刮板输送机，通过操作使学生对刮板输送机的各组成部件和相互之间的关系有初步认识。

（3）通过操作刮板输送机，锻炼动手能力和独立分析问题、解决问题的能力，培养团队合作精神。

一、应知任务

1. 刮板输送机安装前需要做哪些准备工作？

2. 刮板输送机安装的一般步骤有哪些？

3. 刮板输送机的安装要求有哪些？

4. 刮板输送机试运转需要做哪些工作？

5. 刮板输送机与配套设备联合运转需要注意什么？

二、应会任务

1. 安装前的准备工作

（1）按照发货明细对各零部件、附件、专用工具等进行核对。安装前应对各部件进行检查，如有碰伤、变形，应予以修复、校正。

（2）为使操作人员掌握输送机的结构，熟悉安装顺序，应在地面进行铺设和调试。

（3）熟悉并准备现场条件，保证工作面的直线性，同时维护好顶板，底板必须清理，若发现有底鼓，安装前应找平。

（4）准备好安装工具及润滑油、润滑脂。

（5）装车、编号、标注运输方向，按照现场安装顺序，依次入井。严禁随意改动顺序和方向。

（6）设备运至工作面按指定的位置放好，并检查设备的完好情况。

2. 安装工作过程

1）安装机头架

输送机的安装应该由机头向机尾依次进行，保证机头与转载机尾部相互位置合理。一般要求机头链轮轴线垂直开切眼中线，并与转载机机尾槽侧帮相重合。

2）安装中部槽和铺底链

（1）从上顺槽运输中部槽和刮板链到预定地点。

（2）将刮板链穿过机头并绕过链轮固定在机头架上。

（3）把刮板链由机头侧向机尾侧穿过第一节过渡槽的下槽后，通过工字型连接块将第一节过渡槽与机头架连接。

（4）用同样的方法安装第二节过渡槽、第一节变线槽、第二节变线槽、中部溜槽，直到机尾部。

注意：中部溜槽安装时每隔 10 节安装 1 节带有开窗口的。

3）安装机尾

机尾部的位置应与工作面的长度相一致，将底链绕过机尾链轮。

4）铺上链

将机尾下部的刮板链绕过机尾轮，放在溜槽的中板上，继续接下一段刮板链；再将接好的刮板链的刮板倾斜，使 2 根链环都进入溜槽内，然后拉直，直至机头。

5）安装机头、机尾传动装置

（略）

6）装刮板

先安装上部刮板，刮板的间距为 $108 \times 10 = 1080$ mm，刮板大弧面侧朝向运送方向。电动机下链翻到上部时再安装刮板。

7）安装辅助装置

（1）安装电缆槽及过渡挡板、电缆槽夹板。

（2）在机头尾挡板上安装机头、机尾远程注油装置。

（3）机头挡板处安装液压马达控制系统。

（4）安装机头机尾传动部冷却系统。

（5）安装液控系统。

（6）安装电控系统。

8）紧链操作

（1）切断刮板输送机供电电源，并闭锁。

（2）安装阻链器。把阻链器放在过渡槽中板上，并使键插入键槽的中板上，将阻链器上的支撑板卡在上翼板内。启动低速液压紧链器PTU，直到刮板链适度张紧。将液压控制阀扳到空挡位（止动位置），断开液压以防反转，便可增加或拆掉链环。

（3）重新连接好刮板链后，可反向启动PTU，取下阻链器。脱开PTU，在无矿料的情况下接通电源，启动电动机，运转5 min，均衡链条预张紧力（注意：执行紧链操作时，必须注意安全，防止意外事故），观察刮板链的松紧程度是否合适。输送机在满负荷运转时，机头链轮处有1~2个松弛环是合适的。同时也可用液压张紧装置来调节刮板链的张紧力。链条的松紧状况要经常检查，一般安装后半月内要紧3~5次。生产过程中发现链条松，要及时紧链。

3. 安装后的检查要点

（1）检查所有的紧固件是否松动。

（2）检查减速器、液力偶合器等润滑部位的油量是否充足。

（3）检查刮板链是否有扭绕不正的情况，以及各部件的安装是否正确。

（4）检查控制系统和信号系统是否符合要求。

（5）进行空运转试验，开始时断续启动，开、停试运转，当刮板链转过一个循环后再正式启动。

4. 刮板输送机试运转

1）试运转的方法

（1）检查后进行空运转试验，断续启动，开、停试运转。

（2）运转1~2个循环。

（3）空转1~2 h。

2）检查的内容

（1）检查机头机尾轴的运转方向是否正确，有无异常声响，电动机、减速器温升是否正常。

（2）检查各部件有无挤卡现象。

（3）检查两根链松紧是否一致以及刮板链的张紧程度是否适当。

（4）检查各部件是否齐全紧固。

（5）检查铲煤板、挡煤板是否紧固。

（6）达到正常运转。

学习活动4 总 结 与 评 价

一、应知任务考核标准（满分100分）

1. 刮板输送机安装前需要做哪些准备工作？（20分）

2. 刮板输送机安装的一般步骤有哪些?(20分)

3. 刮板输送机的安装要求有哪些?(20分)

4. 刮板输送机试运转需要做哪些工作?(20分)

5. 刮板输送机与配套设备联合运转需要注意什么?(20分)

二、应会任务考核标准(满分100分)

应会任务考核标准见表3-6。

表3-6 应会任务考核标准

序号	考核内容	配分	考核项目	评分标准	扣分	得分
1	刮板输送机安装前的准备工作	20	1. 熟悉型号 2. 掌握结构 3. 设备安装工作程序 4. 安装质量要求	根据要求做好准备工作,缺一项扣5分		
2	刮板输送机的安装过程	20	1. 安装机头架 2. 安装中部槽 3. 安装机尾 4. 紧链操作	根据操作要求选择正确的安装方法,缺一项扣5分		
3	安装后的检查	20	1. 检查紧固件 2. 检查润滑情况 3. 检查刮板链 4. 检查控制系统	根据安装要求进行正确的检查,缺一项扣5分		
4	试运转	20	1. 试运转方法 2. 检查内容	进行试运转,缺一项扣10分		
5	定期检查安全注意事项	10	按照操作要求安全操作	1. 不按操作规程操作扣5分 2. 没有按照教师指导操作扣5分		
6	安全文明生产	10	1. 遵守安全规程 2. 清理现场卫生	1. 不遵守安全规程扣5分 2. 不清理现场卫生扣5分		
	开始时间		学生姓名		考核成绩	
	结束时间		指导教师	(签字) 年 月 日		
	同组学生					

三、教师评价

教师评价表见表3-7。

表3-7 教 师 评 价 表

应知任务评价	应会任务评价

学习任务四　带式输送机

子任务 1　带式输送机的基本操作

【学习目标】

(1) 通过了解带式输送机的操作，明确学习任务要求。

(2) 根据任务要求和实际情况，合理制定工作（学习）计划。

(3) 正确认识带式输送机的类型、组成、型号及主要参数。

(4) 熟练掌握带式输送机的具体操作。

(5) 正确理解带式输送机的应用。

(6) 识别工作环境的安全标志。

(7) 严格遵守安全规章制度，规范穿戴工装和劳动防护用品。

(8) 主动获取有效信息，展示工作成果，对学习和工作进行总结与反思。

(9) 能与他人合作，进行有效沟通。

【建议课时】

4 课时。

【设备】

带式输送机。

【学习任务】

带式输送机是以输送带兼作牵引机构和承载机构的一种连续运输设备。在煤矿井上、井下和其他许多方面得到了广泛的应用。由于其运输能力大、运距长、工作阻力小、耗电量小，而且运输过程中抛撒煤炭少、破碎性小，降低了煤尘和能耗，因而被广泛应用于煤矿井下的工作面顺槽以及主要运输巷道中。

学习活动 1　明确工作任务

【学习目标】

(1) 通过了解带式输送机的具体操作，明确学习任务、课时等要求。

(2) 准确叙述带式输送机的运行与操作步骤。

(3) 详细叙述带式输送机的操作过程。

【工作任务】

带式输送机既是综采工作面巷道的主要运输设备，也是井下上山、下山、运输大巷、副井运煤的主要设备，在煤矿井上、井下和其他许多地方得到广泛的应用。因此，正确操作带式输送机对提高矿井的产量至关重要。

学习活动2　工作前的准备

【学习目标】

(1) 认真听讲解，做好笔记。

(2) 通过熟悉带式输送机的操作规范，掌握带式输送机的工作过程。

(3) 掌握带式输送机的操作步骤与注意事项。

(4) 牢记安全注意事项，认识安全警示标志。

(5) 按要求穿戴好劳保用品，戴好安全帽。

(6) 做好操作前的准备工作。

一、工具资料

带式输送机说明书。

二、设备

带式输送机实训设备。

学习活动3　现　场　施　工

【学习目标】

(1) 熟练掌握安全知识，并能按照安全要求进行操作。

(2) 正确操作带式输送机，通过操作使学生对带式输送机的组成和工作原理有初步认识。

(3) 通过操作带式输送机，锻炼动手能力和独立分析问题、解决问题的能力，培养团队合作精神。

一、应知任务

1. 带式输送机的结构包括哪几部分?

2. 带式输送机的工作原理是什么?

3. 简述带式输送机的适用条件和特点。

4. 带式输送机的类型有哪些?

5. 带式输送机的操作步骤有哪些?

二、应会任务

1. 岗位描述

1) 强力带式输送机司机岗位责任

(1) 强力带式输送机司机应熟悉的构造、性能及工作原理。

(2) 强力带式输送机司机必须经过专门培训后持证上岗。

(3) 负责设备、工具、器材等齐全完好，保持机房及设备整洁、卫生，做到文明生产。

2) 设备性能

我矿使用的是大倾角强力带式输送机，型号为×××，最大输送量为×××，最大输送速度为×××，输送带宽度为×××，倾角为×××，整部皮带机总长×××m。

使用两台型号为 YKK400－4 的电机，额定电压为 6 kV，功率为 450 kW。配备两台弗兰德减速器，最大额定功率为 360 kW。使用一台自冷盘式制动装置，型号为 KPZY－6－9，液压站额定压力 6 MPa，额定流量 9 L/min，整机功率 4 kW。

2. 操作前安全检查

(1) 外露的转动和传动部位易绞伤。加装护罩或遮拦等防护设施，停止运行闭锁开关可预防。

(2) 输送带上的"四超"物料碰伤或挤伤。立即停机，去除"四超"物料可预防。

(3) 带电的设备触电伤人。严格按规程操作，不擅自接触电气设备可预防。

(4) 电气火灾烧伤。保持消防设施齐全、完好、有效可预防。

3. 现场手指口述安全确认

1) 开车前手指口述

(1) 高压柜工作正常，仪表指示正确（不允许高出正常电压值的＋10%、－5%）。确认完毕！

(2) 高压变频柜工作正常，仪表、指示灯指示正确。确认完毕！

(3) 经仔细检查，电动机完好、联轴器完好、各部滚筒完好、减速器完好、清扫装置完好、液压制动系统完好、逆止器完好，机头溜槽无杂物。确认完毕！

(4) 带式输送机各保护装置：堆煤保护完好，烟雾保护完好，跑偏保护完好，纵撕保护完好，急停拉线保护完好，各种保护齐全完好。确认完毕！

(5) 消防器材齐全，消防锹完好，灭火器完好。确认完毕！

(6) 电脑数据正确，信号装置完好。确认完毕！

(7) 运行记录填写齐全，真实有效。确认完毕！

2) 开车顺序

(1) 首先与给煤机司机进行联系准备开车，然后再向前一级生产系统各带式输送机发出开车信号。

(2) 待前一级生产系统各岗位回复正常后，逐级启动生产系统带式输送机，然后启动强力带式输送机，带式输送机正常运转后，最后启动给煤机。

带式输送机正常启动，无异常。确认完毕!

3）运行中检查内容

（1）司机每2h巡回检查一次，检查高开柜及变频柜各指示灯指示正确，电动机及轴承、减速器、各部滚筒、制动器、逆止器无振动现象，用手触摸各装置温度正常，倾听各部位运转声音正常。

（2）输送带运行中，司机接到停机信号或不明信号，均应以停机信号处理，立即停车。

（3）输送带运行中，司机不得在转动部位清理浮煤，不得直接或间接接触任何转动部位。

输送带运行无异常。确认完毕!

4）停机

（1）正常停机。接到停机命令后，先停给煤机，使输送带上的煤拉空后，按规定操作停车。

带式输送机正常停机。确认完毕!

（2）紧急停机。遇到紧急情况，可使用紧急停车按钮停机，并向上级领导汇报停机原因，及时通知维修工处理。

带式输送机紧急停车，已汇报队部。确认完毕!

学习活动4 总结与评价

一、应知任务考核标准（满分100分）

1. 带式输送机的结构包括哪几部分？（20分）
2. 带式输送机的工作原理是什么？（20分）
3. 简述带式输送机的适用条件和特点。（20分）
4. 带式输送机的类型有哪些？（20分）
5. 带式输送机的操作步骤有哪些？（20分）

二、应会任务考核标准（满分100分）

应会任务考核标准见表4-1。

表4-1 应会任务考核标准

序号	考核内容	配分	考核项目	评分标准	扣分	得分
1	岗位描述操作	30	1. 强力带式输送机司机岗位职责 2. 设备性能描述	缺一项扣15分		
2	操作前安全检查	20	1. 传动部位检查 2. "四超"物料检查	缺一项扣10分		

表4-1（续）

序号	考核内容	配分	考核项目	评分标准	扣分	得分
3	"手指口述"安全操作确认	30	1. 开车前手指口述 2. 开车顺序 3. 停机时安全检查	分析有误或表达不完整，每处扣10分		
4	操作安全注意事项	10	按照操作要求安全操作	1. 不按操作规程操作扣5分 2. 没有按照教师指导操作扣5分		
5	安全文明生产	10	1. 遵守安全规程 2. 清理现场卫生	1. 不遵守安全规程扣5分 2. 不清理现场卫生扣5分		
	开始时间		学生姓名		考核成绩	
	结束时间		指导教师	（签字）　　年　月　日		
	同组学生					

三、教师评价

教师评价表见表4-2。

表4-2　教师评价表

应知任务评价	应会任务评价

子任务2　带式输送机的使用与维护

【学习目标】

（1）通过了解带式输送机的使用和维护，明确学习任务要求。

（2）根据任务要求和实际情况，合理制定工作（学习）计划。

（3）掌握正确检修和维护带式输送机的方法。

（4）熟悉带式输送机的常见故障。

（5）学会带式输送机的故障处理方法。

（6）识别工作环境的安全标志。

(7) 严格遵守安全规章制度, 规范穿戴工装和劳动防护用品。

(8) 主动获取有效信息, 展示工作成果, 对学习和工作进行总结与反思。

(9) 能与他人合作, 进行有效沟通。

【建议课时】

6 学时。

【学习任务】

对带式输送机定期进行检查与维护, 是保证输送机的安全运转、减少维修费用和停机损失、提高设备的有效利用率, 以及保证生产顺利进行的有效措施。因此, 在设备使用过程中, 应根据输送机结构原理及设备的完好标准, 做好设备的日常维护工作, 坚持每天进行巡视, 发现问题及时处理。

学习活动1　明确工作任务

【学习目标】

(1) 通过了解带式输送机的运行和操作, 明确学习任务、课时等要求。

(2) 准确叙述带式输送机的结构。

(3) 准确说出带式输送机各组成部分的作用。

【工作任务】

井下带式输送机工作环境恶劣, 载荷分布不均且波动大, 加之使用管理等原因, 在长距离运行过程中, 输送机就会出现输送带跑偏、纵撕、打滑、断带、堆煤等故障。严重的故障就是事故, 会对生产人员及设备造成安全威胁, 甚至影响整个矿井的正常生产。本任务就是分析常见故障出现的原因, 及时采取处理措施, 避免发生更大的生产事故, 保证生产顺利进行。

学习活动2　工作前的准备

【学习目标】

(1) 认真听讲解, 做好笔记。

(2) 通过阅读带式输送机说明书, 掌握带式输送机的使用和维护方法。

(3) 掌握带式输送机的常见故障及处理方法。

(4) 牢记安全注意事项, 认识安全警示标志。

(5) 按要求穿戴好劳保用品, 戴好安全帽。

(6) 做好操作前的准备工作。

一、工具资料

扳手、钳子、螺丝刀; 带式输送机说明书。

二、设备

带式输送机实训设备。

学习活动 3   现　场　施　工

【学习目标】

（1）熟练掌握安全知识，并能按照安全要求进行操作。

（2）正确维护带式输送机，通过操作使学生对带式输送机的检修和维护内容有初步认识。

（3）通过操作带式输送机，锻炼动手能力和独立分析问题、解决问题的能力，培养团队合作精神。

一、应知任务

1. 带式输送机的结构包括哪几部分？

2. 三种类型的带式输送机各有什么特点？

3. 输送带的连接方法有哪几种？

4. 托辊按用途不同可分为哪几种？用途如何？

5. 驱动装置的组成包括几部分？

6. 拉紧装置的作用有哪些？

7. 两种制动装置各适用于什么场合？

8. 带式输送机检查维护的部位主要有哪些？

9. 带式输送机常见故障有哪些？如何处理？

二、应会任务

1. 日常检查与维护的内容

运行中的带式输送机每日最少要有 2～4 h 的集中检查维修时间，日常检查和维护的内容包括：

（1）输送带的运行是否正常，有无卡、磨、偏等不正常现象，输送带接头是否平直良好。

（2）上、下托辊是否齐全，转动是否灵活。

（3）输送机各零部件是否齐全，螺栓是否紧固、可靠。

（4）减速器、联轴器、电动机及滚筒的温度是否正常，有无异响。

（5）减速器和液力偶合器是否有泄漏现象，油位是否正常。

（6）输送带张紧装置是否处于完好状态。

（7）各部位清扫器的工作状况是否正常。

（8）检查、试验各项安全保护装置。

（9）检查有关电气设备（包括电缆等）是否完好。

（10）认真填写日检记录。

上述检查若出现异常情况应立即安排检修，及时排除故障。

2. 司机巡回检查的内容

司机的巡回检查是一项重要的制度，巡回检查的重点内容包括：

（1）各发热部位温度是否超过规定要求。

（2）制动系统是否工作正常，间隙是否符合要求。

（3）电动机和减速器运转有无异响。

（4）输送带张紧力是否适当。

（5）输送带在运行中是否有异常跑偏。

（6）安全保护装置是否动作可靠。

（7）消防水路是否畅通。

（8）信号装置是否正常。

3. 检修、维护带式输送机时的注意事项

（1）带式输送机驱动装置、液力偶合器、传动滚筒、尾部滚筒等转动部位要设置保护罩和保护栏杆，防止发生绞人事故。

（2）在带式输送机运行中，禁止用铁锹和其他工具刮输送带上的煤泥或用工具拨正跑偏的输送带，以免发生人身事故。

（3）输送机停运后，必须切断电源。不切断电源，不准检修。挂有"有人工作、禁止送电"标志牌时，任何人不准送电开机。

（4）在对输送带做接头时，必须远离机头转动装置5 m以外，并派专人停机、停电、挂停电牌后，方可作业。

（5）在清扫滚筒上粘煤时，必须先停机，后清理，严禁边运行边清理。

（6）在检修输送机时，应制订专门措施。在实施中，工作人员严禁站在机头、尾架、传动滚筒及输送带等运转部位上方工作。

（7）带式输送机司机检查减速器内润滑油是否需要补充或更换。

（8）带式输送机司机对滚筒轴承进行注油。

（9）带式输送机司机对输送带进行维护和保养。

（10）带式输送机司机正确维护和使用带式输送机。

学习活动4　总　结　与　评　价

一、应知任务考核标准（满分100分）

1. 带式输送机的结构包括哪几部分？（15分）

2. 三种类型的带式输送机各有什么特点？（10分）

3. 输送带的连接方法有哪几种？（10分）

4. 托辊按用途不同可分为哪几种？用途如何？（10分）

5. 驱动装置的组成包括几部分？（15分）

6. 拉紧装置的作用有哪些？（10分）

7. 两种制动装置各适用于什么场合？（10分）

8. 带式输送机检查维护的部位主要有哪些？（10分）

9. 带式输送机常见故障有哪些？如何处理？（10分）

二、应会任务考核标准（满分100分）

应会任务考核标准见表4-3。

表4-3　应会任务考核标准

序号	考核内容	配分	考核项目	评分标准	扣分	得分
1	带式输送机日常检查维护的内容	20	检查维护输送带接头、托辊、螺栓、滚筒温度等	检查维护各部位工作可靠情况，缺一项扣2分		
2	司机巡回检查的内容	40	检查各部位温度、制动系统、电动机、减速器、输送带等	检查维护各部位工作可靠情况，缺一项扣5分		

表4-3（续）

序号	考核内容	配分	考核项目	评分标准	扣分	得分
3	检查维护的注意事项	20	检查驱动装置、标志牌、润滑情况等	检查维护重点部位，缺一项扣2分		
4	定期检查安全注意事项	10	按照操作要求安全操作	1. 不按操作规程操作扣5分 2. 没有按照教师指导操作扣5分		
5	安全文明生产	10	1. 遵守安全规程 2. 清理现场卫生	1. 不遵守安全规程扣5分 2. 不清理现场卫生扣5分		
	开始时间		学生姓名		考核成绩	
	结束时间		指导教师		（签字） 年 月 日	
	同组学生					

三、教师评价

教师评价表见表4-4。

表4-4 教师评价表

应知任务评价	应会任务评价

子任务3 带式输送机的安装与调试

【学习目标】

（1）通过了解带式输送机的安装，明确学习任务要求。

（2）根据任务要求和实际情况，合理制定工作（学习）计划。

（3）正确对带式输送机进行安装。

（4）熟练掌握各部件安装的主要事项。

（5）正确调试带式输送机。

（6）识别工作环境的安全标志。

（7）严格遵守安全规章制度，规范穿戴工装和劳动防护用品。

（8）主动获取有效信息，展示工作成果，对学习和工作进行总结与反思。

（9）能与他人合作，进行有效沟通。

【建议课时】

4 课时。

【设备】

带式输送机。

【学习任务】

带式输送机从地面运往工作面时，输送机要拆开运送。运到指定地点后，必须对其进行安装和调试，才能保证其正常工作和安全运行。所以在工作面上的安装是一项非常重要、技术性要求比较高的工作，要按照一定的顺序进行，以保证安装工作快速、高效、优质。本任务主要是根据可伸缩带式输送机的基本结构，对输送机进行安装，培养学生的动手能力。

学习活动1 明确工作任务

【学习目标】

（1）通过了解带式输送机的安装和调试，明确学习任务、课时等要求。

（2）准确叙述带式输送机的安装步骤和调试内容。

（3）准确说出各组成部分的安装顺序。

【工作任务】

在可伸缩带式输送机的安装过程中，首先要进行技术准备，其次要按照一定的安装顺序进行操作，否则将影响安装进度和安装质量。对整机的安装要求是做到"横平、竖直"。安装质量将会直接影响整机的正常运行和使用寿命。

学习活动2 工作前的准备

【学习目标】

（1）认真听讲解，做好笔记。

（2）通过阅读带式输送机的安装步骤，掌握具体安装过程。

（3）掌握带式输送机的调试内容。

（4）牢记安全注意事项，认识安全警示标志。

（5）按要求穿戴好劳保用品，戴好安全帽。

（6）做好操作前的准备工作。

一、工具

YL-235A 光机电一体化实训装置中的带式输送机采用内六角头螺栓做紧固零件，因此在拆卸带式输送机时，应使用内六角扳手，如图 4-1 所示。该套内六角扳手为 YL-235A 光机电一体化实训装置自带工具。除了工具之外，还要准备一个存放拆卸下来的零件、元件和部件的容器，以免丢失。

二、设备

YL-235A 光机电一体化实训装置。

图4-1 带式输送机的实训工具

三、安装前的检查及准备工作

输送机是使用非常广泛的机电设备，带式输送机在物料输送，产品生产线、物件分拣中是不可缺少的设备。带式输送机的主要结构如图4-2所示，主要由机架、输送带、皮带辊筒、张紧装置、主轴和传动装置等组成。机身采用优质钢材连接而成，由前后支腿形成机架，机架上装有皮带辊筒、托辊等，用于带动和支撑输送带。

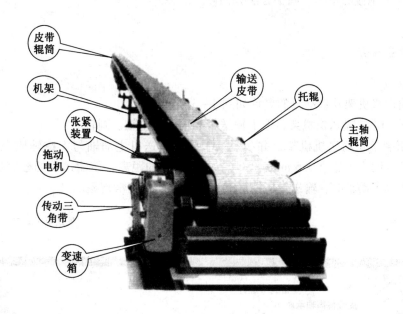

图4-2 带式输送机的结构

通过完成带式输送机机架的拆装和安装与调整两个工作任务，了解带式输送机的基本结构，学会式带输送机的安装。

学习活动 3　现　场　施　工

【学习目标】

（1）熟练掌握安全知识，并能按照安全要求进行操作。

（2）正确拆装带式输送机机架，通过操作使学生对带式输送机的各组成部件和相互之间的关系有初步认识。

（3）通过操作带式输送机，锻炼动手能力和独立分析问题、解决问题的能力，培养团队合作精神。

一、应知任务

1. 带式输送机的安装要求有哪些？

2. 带式输送机的安装步骤有哪些？

3. 带式输送机试运转的准备工作如何？

4. 带式输送机的空载试运行内容有哪些？

5. 输送带跑偏的原因和调整方法如何？

二、应会任务

1. 拆装要求

带式输送机机架及各部分的名称如图4-3所示。

（1）拆卸带式输送机机架，取下输送带和输送机主轴、副轴。

（2）组装带式输送机机架，并满足：①带式输送机主动轴与支撑轴应在同一平面，两轴的不平行度应不超过0.5 mm；②调节两轴之间的距离，使输送带的松紧适度；③转动带式输送机主动轴时，输送带应能运动，无卡阻、无打滑现象。

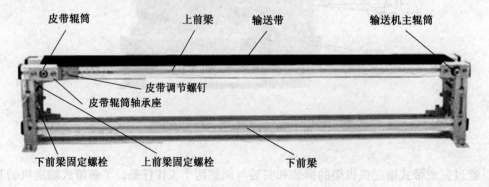

图4-3　带式输送机机架及部件名称

2. 拆装步骤

（1）拆卸带式输送机机架的方法和步骤如图4－4所示。

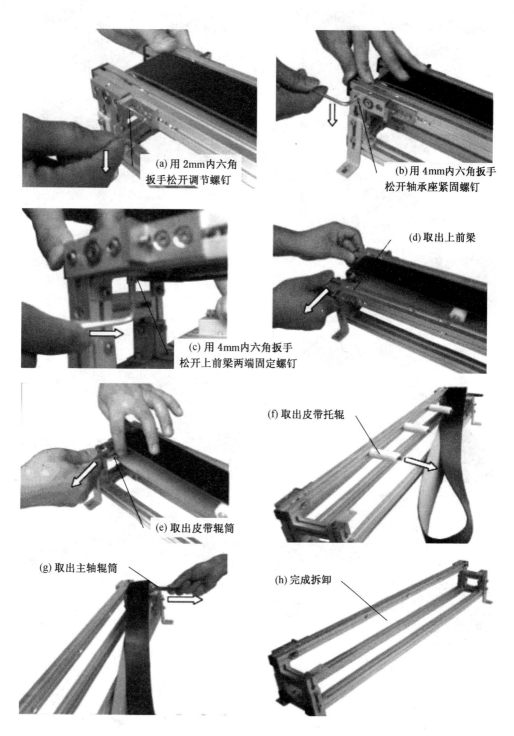

(a) 用2mm内六角扳手松开调节螺钉

(b) 用4mm内六角扳手松开轴承座紧固螺钉

(c) 用4mm内六角扳手松开上前梁两端固定螺钉

(d) 取出上前梁

(e) 取出皮带辊筒

(f) 取出皮带托辊

(g) 取出主轴辊筒

(h) 完成拆卸

图4－4　带式输送机的拆卸方法与步骤

（2）带式输送机机架组装的方法与步骤如图 4 – 5 所示。

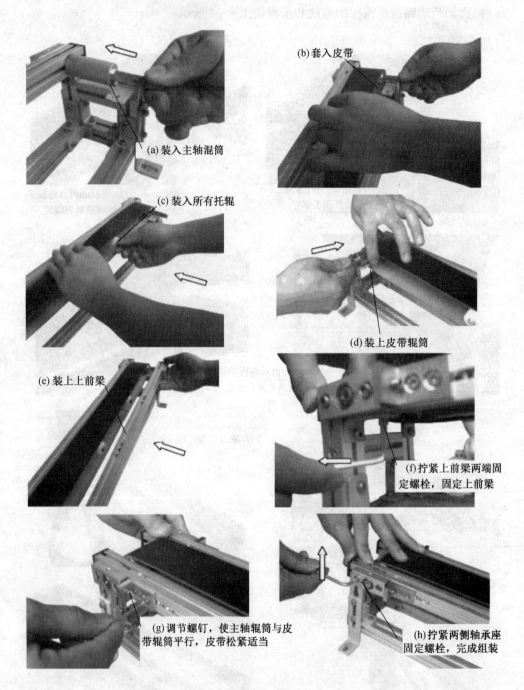

(a) 装入主轴滚筒

(b) 套入皮带

(c) 装入所有托辊

(d) 装上皮带辊筒

(e) 装上上前梁

(f) 拧紧上前梁两端固定螺栓，固定上前梁

(g) 调节螺钉，使主轴辊筒与皮带辊筒平行，皮带松紧适当

(h) 拧紧两侧轴承座固定螺栓，完成组装

图 4 – 5　带式输送机的组装方法与步骤

学习活动4　总结与评价

一、应知任务考核标准（满分100分）

1. 带式输送机的安装要求有哪些？（20分）
2. 带式输送机的安装步骤有哪些？（20分）
3. 带式输送机试运转的准备工作如何？（20分）
4. 带式输送机的空载试运行内容有哪些？（20分）
5. 输送带跑偏的原因和调整方法如何？（20分）

二、应会任务考核标准（满分100分）

应会任务考核标准见表4-5。

表4-5　应会任务考核标准

序号	考　核　内　容	配分	考　核　项　目	评　分　标　准	扣分	得分
1	带式输送机的基本结构	20	滚筒、输送带、托辊、机架、张紧装置等	熟悉各部分结构，缺一项扣2分		
2	带式输送机机架的结构	20	皮带滚筒、螺栓、轴承座、输送带等	熟悉机架的结构，缺一项扣2分		
3	拆卸带式输送机机架的步骤	20	具体操作步骤	根据安装步骤进行安装，缺一项扣2分		
4	安装带式输送机机架的步骤	20	具体操作步骤	根据安装步骤进行安装，缺一项扣2分		
5	检查拆装注意事项	10	按照操作要求安全操作	1. 不按操作规程操作扣5分 2. 没有按照教师指导操作扣5分		
6	安全文明生产	10	1. 遵守安全规程 2. 清理现场卫生	1. 不遵守安全规程扣5分 2. 不清理现场卫生扣5分		
开始时间			学生姓名		考核成绩	
结束时间			指导教师		（签字）　　年　月　日	
同组学生						

三、教师评价

教师评价表见表4-6。

表4-6 教师评价表

应知任务评价	应会任务评价

学习任务五 桥 式 转 载 机

子任务1 桥式转载机的基本操作

【学习目标】

(1) 通过了解桥式转载机的操作，明确学习任务要求。

(2) 根据任务要求和实际情况，合理制定工作（学习）计划。

(3) 正确认识桥式转载机的类型、组成、型号及主要参数。

(4) 熟练掌握桥式转载机的具体操作。

(5) 正确理解桥式转载机的应用。

(6) 识别工作环境的安全标志。

(7) 严格遵守安全规章制度，规范穿戴工装和劳动防护用品。

(8) 主动获取有效信息，展示工作成果，对学习和工作进行总结与反思。

(9) 能与他人合作，进行有效沟通。

【建议课时】

4课时。

【设备】

桥式转载机。

【学习任务】

桥式转载机是机械化采煤区内煤炭运输系统中普遍采用的一种中间转载输送设备。桥式转载机安装在采煤工作面运输平巷中，与可伸缩带式输送机配套使用，将工作面运出的煤转送到平巷带式输送机上去。

学习活动1 明 确 工 作 任 务

【学习目标】

(1) 通过了解桥式转载机的具体操作，明确学习任务、课时等要求。

(2) 准确叙述桥式转载机的运行与操作步骤。

(3) 详细叙述桥式转载机的操作过程。

【工作任务】

桥式转载机实际上是一种可以纵向整体移动的短的重型刮板输送机。它的长度小，便于随着采煤工作面的推进而整体移动，不必频繁地缩短带式输送机的长度，从而简化了工序提高了劳动生产率。本任务要求正确操作桥式转载机。

学习活动2　工作前的准备

【学习目标】

（1）认真听讲解，做好笔记。

（2）通过熟悉桥式转载机的操作规范，掌握桥式转载机的工作过程。

（3）掌握桥式转载机的操作步骤与注意事项。

（4）牢记安全注意事项，认识安全警示标志。

（5）按要求穿戴好劳保用品，戴好安全帽。

（6）做好操作前的准备工作。

一、工具材料

桥式转载机说明书。

二、设备

桥式转载机实训设备。

学习活动3　现　场　施　工

【学习目标】

（1）熟练掌握安全知识，并能按照安全要求进行操作。

（2）正确操作桥式转载机，通过操作使学生对桥式转载机的组成和工作原理有初步认识。

（3）通过操作桥式转载机，锻炼动手能力和独立分析问题、解决问题的能力，培养团队合作精神。

一、应知任务

1. 桥式转载机的作用有哪些？

2. 桥式转载机的组成包括哪几部分？

3. 桥式转载机的工作原理是什么？

4. 简述桥式转载机的特点、适用范围和型号含义。

5. 桥式转载机司机岗位职责是什么？

6. 桥式转载机操作规程有哪些？

二、应会任务

1. 桥式转载机司机岗位描述

1）岗位职责

（1）检查和操作转载机，负责转载机的运行。

（2）检查安全设施是否完好，保证工作面煤的正常运出。

（3）遵守安全技术操作规程，处理运行过程中的异常情况。

（4）负责本岗位设备的整洁和管辖范围内的工业卫生，负责机头喷雾灭尘装置开、停和维护。

（5）负责日常保养维护设备。

（6）协助其他运输岗位处理故障。

2）安全操作要领

（1）转载机、破碎机范围内，要保持卫生清洁，无杂物、无淤泥、无积水等，清理的杂物要及时运走并保持班班防尘。

（2）接班后认真检查，确保转载机、破碎机各部位螺栓紧固，电动机、减速器运转正常，信号按钮灵敏可靠。发现问题及时向班组长或工区值班汇报，并及时处理。

（3）按时上下班，现场交接班；坚守岗位，不脱岗、串岗、睡岗，班中不干私活。

（4）严格按规程、措施及操作标准和程序施工，杜绝违章，确保安全。

3）危险源辨识

（1）电气设备触电会伤人。不擅自接触电气设备可预防。

（2）外露转动和传动部分易夹伤。加装防护可预防。

（3）刮板输送机上的物料顶伤或挤伤。站位正确能预防。

（4）刮板链断裂易打伤。认真检查及时更换可预防。

（5）加油烧伤。停机冷却后加油可预防。

2. 岗位手指口述安全确认

1）班前

（1）工作面超前支护完好可靠，安全出口畅通。确认完毕！

（2）附近 20 m 内瓦斯浓度符合规定。确认完毕！

（3）电动机、减速器、推移装置、机头、机尾各部螺栓齐全、完整、紧固、无渗漏。确认完毕！

（4）信号闭锁装置灵敏可靠。确认完毕！

（5）溜槽封闭、连接装置完好。确认完毕！

（6）刮板、链条、连接环螺栓无缺失、变形、松动。确认完毕！

（7）与其他设备搭接合理可靠。确认完毕！

（8）机头防尘设施、冷却系统完好。确认完毕！

（9）试运转监听无异常声音，可以开机。确认完毕！

2）班中

设备运行正常（声音、温度、震动），链条无卡链、跳链、安全保护装置完好。确认完毕！

3）班末

（1）启动器开关已打到零位，设备已闭锁。确认完毕！

（2）工作区域环境已清理，可以进行交接班。确认完毕！

3. 桥式转载机的操作

（1）转载机的运转要遵守有关安全规程。

（2）开机或停机顺序要遵守工作面的操作规定。

（3）开机。桥式转载机与破碎机、刮板输送机配套使用时，一定要按照破碎机→桥式转载机→刮板输送机的顺序依次启动。

（4）停机。停机应按照刮板输送机→桥式转载机→破碎机的顺序进行操作。为了便于桥式转载机的启动，应首先使刮板输送机停车，待卸空转载机中部槽内存有的物料后，才能使转载机停车。

（5）合上磁力起动器手把，发出开机信号，确定机械运转部位处无人员后，先点动两次，再启动试运转，确认无误后进入正常运转。

（6）圆环链链条必须有适当的预紧力。一般机头链轮下链条的松弛量为圆环链节距的 2 倍为宜。

（7）当转载机中部槽内存有物料时，无特殊原因不能反转。

（8）发生故障后，必须及时停止桥式转载机。

4. 转载机正常运转时的注意事项

（1）在减速器、盲轴、液力偶合器和电动机等传动装置处，必须保持清洁，以防止过热，否则会引起轴承、齿轮和电动机等零部件损坏。

（2）链子必须有适当的张紧力，一般机头链轮下的松弛量为 2 倍圆环链节距为宜。

（3）机尾与工作面输送机的机头搭接位置应保持正确（侧卸输送机时应连接正确），拉移转载机，应保证行走部在带式输送机导轨上顺利移动，若歪斜则应及时调整。

（4）每次锚固柱时，必须选择在顶、底板坚固处，锚固必须牢固可靠。

（5）转载机应避免空负荷运转，无正当理出不应反转。

（6）转载机严禁运输材料。

5. 整体推移

（1）桥式转载机在采煤工作面使用时，可按照采煤工艺进行整体移动。当采空区运输巷进行沿空留巷时，在工作面推进 5 m 的过程中，不必移动转载机；当采空区运输巷随采煤而回撤时，转载机应与工作面输送机同步前进。

（2）转载机在采煤工作面平巷中使用时可以由绞车牵引移动，由液压支架的水平液压缸和专设推移液压缸推移。专设推移液压缸放置在平巷的适当地方，推移液压缸的活塞一端与转载机连接，另一端与固定在顶板和底板间的锚固座相连接。通过操纵推移液压缸可实现转载机的整体推移，同时可使伸缩带式输送机伸缩一次。

（3）转载机在掘进巷道中使用时，可用绞车牵引移动，也可用掘进机牵引。当转载机机头小车及传动装置移动到带式输送机处后，转载机才能继续移动。

学习活动4 总 结 与 评 价

一、应知任务考核标准（满分100分）

1. 桥式转载机的作用有哪些？（10分）

2. 桥式转载机的组成包括哪几部分？（20分）

3. 桥式转载机的工作原理是什么？（20分）

4. 简述桥式转载机的特点、适用范围和型号含义。（10分）

5. 桥式转载机司机岗位职责是什么？（20分）

6. 桥式转载机操作规程有哪些？（20分）

二、应会任务考核标准（满分100分）

应会任务考核标准见表5-1。

表5-1 应会任务考核标准

序号	考核内容	配分	考核项目	评分标准	扣分	得分
1	岗位描述操作	30	1. 岗位职责描述 2. 安全操作要领 3. 危险源辨识	缺一项扣10分		
2	手指口述安全确认	30	1. 班前 2. 班中 3. 班末	缺一项扣10分		
3	桥式转载机的操作	30	1. 操作步骤 2. 正常运转注意事项 3. 整体推移	操作不完整，每处扣10分		
4	操作安全注意事项	10	按照操作要求安全操作	1. 不按操作规程操作扣5分 2. 没有按照教师指导操作扣5分		
5	安全文明生产	10	1. 遵守安全规程 2. 清理现场卫生	1. 不遵守安全规程扣5分 2. 不清理现场卫生扣5分		
	开始时间		学生姓名		考核成绩	
	结束时间		指导教师	（签字） 年 月 日		
	同组学生					

三、教师评价

教师评价表见表5-2。

表5-2 教师评价表

应知任务评价	应会任务评价

子任务2 桥式转载机的使用与维护

【学习目标】

(1) 通过了解桥式转载机的维护和检修，明确学习任务要求。

(2) 根据任务要求和实际情况，合理制定工作（学习）计划。

(3) 掌握正确检修和维护桥式转载机的方法。

(4) 熟悉桥式转载机的常见故障。

(5) 学会桥式转载机的故障处理方法。

(6) 能识别工作环境的安全标志。

(7) 严格遵守安全规章制度，规范穿戴工装和劳动防护用品。

(8) 主动获取有效信息，展示工作成果，对学习和工作进行总结与反思。

(9) 能与他人合作，进行有效沟通。

【建议课时】

6学时。

【学习任务】

桥式转载机在采煤工作面担负着煤炭转载运输任务，要保证其正常运转，就必须对其进行维护，并严格按照操作规程的规定使用，这样就能保证其安全、经济、可靠、有效地运行。

学习活动1 明确工作任务

【学习目标】

(1) 通过了解桥式转载机的运行和操作，明确学习任务、课时等要求。

(2) 准确叙述桥式转载机的结构。

(3) 准确说出桥式转载机各组成部分的作用。

【工作任务】

在生产实际中，只有保证正确地维护和使用桥式转载机，才能及时发现故障，消除故障隐患，使其在良好状态下运行。维护工作做好了，就能在设备运转时发现问题并及时排除，提高运行效率，延长设备的使用寿命。

学习活动2 工作前的准备

【学习目标】

（1）认真听讲解，做好笔记。

（2）通过阅读桥式转载机说明书，掌握桥式转载机的使用和维护方法。

（3）掌握桥式转载机的常见故障及处理方法。

（4）牢记安全注意事项，认识安全警示标志。

（5）按要求穿戴好劳保用品，戴好安全帽。

（6）做好操作前的准备工作。

一、工具资料

扳手、钳子、螺丝刀等专用拆卸工具；桥式转载机说明书。

二、设备

桥式转载机实训设备。

学习活动3 现场施工

【学习目标】

（1）熟练掌握安全知识，并能按照安全要求进行操作。

（2）正确维护桥式转载机，通过操作使学生对桥式转载机的检修和维护内容有初步认识。

（3）通过操作桥式转载机，锻炼动手能力和独立分析问题、解决问题的能力，培养团队合作精神。

一、应知任务

1. 桥式转载机的结构包括几部分？

2. 减速器的结构和工作原理如何？

3. 阻链器的紧链步骤有哪些？

4. 溜槽包括哪几部分？

5. 桥式转载机的维护包括哪些？

6. 桥式转载机常见故障有哪些？处理方法是什么？

二、应会任务

1. 分析桥式转载机的常见故障，并提出正确的处理方法。填好表 5-3。

表5-3　桥式转载机的故障分析及处理方法

类型	故 障 现 象	分析原因	造成的危害	处理方法	备注
电动机部分	电动机启动不起来				
	电动机启动后又缓慢停转				
	电动机发热				
液力偶合器部分	液力偶合器满载时不能传递转矩				
	液力偶合器发热				
	液力偶合器易熔塞熔化				
减速器部分	减速器油温高				
刮板链部分	刮板链突然卡住				
	刮板链卡住向前向后能动很短距离				
	刮板链在链轮处跳牙				
	刮板链跳出溜槽				
	刮板链断链				

2. 训练步骤

（1）由教师设置"电动机部分"的故障点，由学生分析故障原因，并在教师指导下进行故障处理。

（2）由教师设置"液力偶合器部分"的故障点，由学生分析故障原因，并在教师指导下进行故障处理。

（3）由教师设置"减速器部分"的故障点，由学生分析故障原因，并在教师指导下进行故障处理。

（4）由教师设置"刮板链部分"的故障点，由学生分析故障原因，并在教师指导下进行故障处理。

学习活动4 总结与评价

一、应知任务考核标准（满分100分）

1. 桥式转载机的结构包括几部分？（20分）
2. 减速器的结构和工作原理如何？（20分）
3. 阻链器的紧链步骤有哪些？（10分）
4. 溜槽包括哪几部分？（10分）
5. 桥式转载机的维护包括哪些？（20分）
6. 桥式转载机常见故障有哪些？处理方法是什么？（20分）

二、应会任务考核标准（满分100分）

应会任务考核标准见表5-4。

表5-4 应会任务考核标准

序号	考核内容	配分	考核项目	评分标准	扣分	得分
1	电动机部分故障分析	15	1. 电动机启动不起来 2. 电动机启动后又停转 3. 电动机发热	根据故障现象分析处理方法，缺一项扣5分		
2	液力偶合器部分故障分析	15	1. 液力偶合器满载时不能传递转矩 2. 液力偶合器发热 3. 液力偶合器易熔塞熔化	根据故障现象分析处理方法，缺一项扣5分		
3	减速器部分故障分析	20	减速器油温过高	根据故障现象分析处理方法，缺一项扣5分		
4	刮板链部分故障分析	20	1. 刮板链卡住 2. 刮板链卡链能动很短距离 3. 刮板链跳牙 4. 刮板链断链	根据故障现象分析处理方法，缺一项扣5分		
5	定期检查安全注意事项	15	按照操作要求安全操作	1. 不按操作规程操作扣7分 2. 没有按照教师指导操作扣8分		
6	安全文明生产	15	1. 遵守安全规程 2. 清理现场卫生	1. 不遵守安全规程扣8分 2. 不清理现场卫生扣7分		
	开始时间		学生姓名		考核成绩	
	结束时间		指导教师	（签字）　年　月　日		
	同组学生					

三、教师评价

教师评价表见表5-5。

表5-5 教师评价表

应知任务评价	应会任务评价

子任务3 桥式转载机的安装与调试

【学习目标】

(1) 通过了解桥式转载机的安装,明确学习任务要求。

(2) 根据任务要求和实际情况,合理制定工作(学习)计划。

(3) 正确对桥式转载机进行安装。

(4) 熟练掌握各部件安装的主要事项。

(5) 正确调试桥式转载机。

(6) 识别工作环境的安全标志。

(7) 严格遵守安全规章制度,规范穿戴工装和劳动防护用品。

(8) 主动获取有效信息,展示工作成果,对学习和工作进行总结与反思。

(9) 能与他人合作,进行有效沟通。

【建议课时】

4课时。

【设备】

桥式转载机。

【学习任务】

桥式转载机是机械化采煤运输系统中普遍使用的一种中间转载设备,它随工作面的转移而移动,所以安装检修工作必不可少。本任务要求正确安装桥式转载机,使其能安全、正常、高效地运行,完成采煤工作面的生产运输任务。

学习活动1 明确工作任务

【学习目标】

(1) 通过了解桥式转载机的安装和调试,明确学习任务、课时等要求。

(2) 准确叙述桥式转载机的安装步骤和调试内容。

（3）准确说出各组成部分的安装顺序。

【工作任务】

桥式转载机的长度较短，便于随着采煤工作面的推进和带式输送机的伸缩而整体移动。在生产实际中，只有正确掌握整体安装程序，才能在最短的时间内顺利完成井下安装和使用任务。

学习活动2 工作前的准备

【学习目标】

（1）认真听讲解，做好笔记。

（2）通过阅读桥式转载机的安装步骤，掌握具体安装过程。

（3）掌握桥式转载机的调试内容。

（4）牢记安全注意事项，认识安全警示标志。

（5）按要求穿戴好劳保用品，戴好安全帽。

（6）做好操作前的准备工作。

一、工具资料

桥式转载机说明书。

二、设备

桥式转载机实训设备。

学习活动3 现 场 施 工

【学习目标】

（1）熟练掌握安全知识，并能按照安全要求进行操作。

（2）正确安装桥式转载机，通过操作使学生对桥式转载机的各组成部件和相互之间的关系有初步认识。

（3）通过操作桥式转载机，锻炼动手能力和独立分析问题、解决问题的能力，培养团队合作精神。

一、应知任务

1. 桥式转载机安装前的准备工作有哪些？

2. 桥式转载机的安装步骤有哪些？

3. 桥式转载机的安装注意事项有哪些？

4. 桥式转载机试运转前要检查哪些？

5. 桥式转载机空转试运转的检查包括哪些？

二、应会任务

1. 分析桥式转载机的安装标准及要求，提出合理的检查方法，填好表 5-6。

表 5-6 桥式转载机的安装标准及要求

序号	项目	标 准 及 要 求	检查方法	检查记录	备注
1	安装条件	1. 桥式转载机巷道有经过审查的设计，并按设计施工			
		2. 桥式转载机巷道施工完毕由矿分管领导组织验收，并有记录			
		3. 桥式转载机巷道高度不低于 2.4 m，输送机机头、机尾处与巷帮的距离不小于 1 m			
		4. 桥式转载机巷道平直			
		5. 司机有操作硐室，操作硐室设在机头的侧前方，严禁设在机头正前方			
		6. 桥式转载机配套的电气设备不得占用人行道，并且与巷帮的间隙不小于 0.5 m			
		7. 巷道内的积水点处必须有水仓			
		8. 桥式转载机的溜头与带式输送机机尾采用固定搭接方式，缩短输送带时必须整体牵移			
		9. 桥式转载机巷道的风速不低于 0.25 m/s，巷道温度不得超过 26 ℃			
		10. 桥式转载机机头、机尾处设有防尘灭火水管			
2	设备完好	符合《桥式转载机完好标准》			

表5-6（续）

序号	项目	标 准 及 要 求	检查方法	检查记录	备注
3	安装标准	1. 桥式转载机的选型符合设计要求			
		2. 安装后桥式转载机试运转			
		3. 机道有人横过的地方应设过桥且稳固可靠，过桥有扶手			
		4. 机头、机尾要安设带专用柱窝的底托梁，以便于打压杆			
		5. 各类电气设备上台上架、标志齐全			
		6. 信号畅通可靠。管线吊挂高度不得低于1.8 m			
		7. 每部桥式转载机链条、刮板的完好率不得低于95%			
		8. 溜槽挡板高度不低于400 mm，每节溜槽支撑辊不少于两件			
		9. 放顶煤转载机在破碎之前安装防人员进入保护装置			
4	其他	1. 机道清洁卫生，无淤泥积水杂物。			
		2. 备用设备、材料存放整齐，并挂牌管理。无闲置设备			
		3. 每条机道张挂机道示意图、岗位责任制、刮板输送机司机操作规程、岗位作业标准等牌板，吊挂高度1.5 m以上			
		4. 管线吊挂分开，高度不低于1.6 m；电缆悬挂间距不超过0.3 m，垂度不大于5%；2台以上小电机集中上板并吊挂			
		5. 机头、机尾安设照明灯			
		6. 有完整的设备安装验收报告			

2. 训练步骤

（1）教师指出"安装条件"的标准，提出安装要求，由学生分析检查方法，并在教师指导下进行记录。

（2）教师指出"设备完好"的标准，提出具体要求，由学生分析检查方法，并在教师指导下进行记录。

（3）教师指出"安装标准"的数据，提出安装要求，由学生分析检查方法，并在教师指导下进行记录。

（4）教师指出"其他方面"的标准，提出安装要求，由学生分析检查方法，并在教师指导下进行记录。

学习活动4 总结与评价

一、应知任务考核标准（满分100分）

1. 桥式转载机安装的准备工作有哪些？（20分）

2. 桥式转载机的安装步骤有哪些？（20分）

3. 桥式转载机的安装注意事项有哪些？（20分）

4. 桥式转载机试运转前要检查哪些？（20分）

5. 桥式转载机空转试运转的检查包括哪些？（20分）

二、应会任务考核标准（满分100分）

应会任务考核标准见表5-7。

表5-7 应会任务考核标准

序号	考核内容	配分	考核项目	评分标准	扣分	得分
1	桥式转载机的安装条件	20	审查环节、验收环节、巷道要求、操作硐室等	安装条件检查到位，缺一项扣2分		
2	桥式转载机的完好标准	20	熟悉《完好标准》	正确叙述，不完整扣5分		
3	安装标准	20	选型、过桥扶手、底托梁等	根据安装要求校对安装标准，缺一项扣2分		
4	其他方面安装注意事项	20	备用设备、操作规程、照明灯、验收报告等	逐项检查，缺一项扣4分		
5	定期检查安全注意事项	10	按照操作要求安全操作	1. 不按操作规程操作扣5分 2. 没有按照教师指导操作扣5分		
6	安全文明生产	10	1. 遵守安全规程 2. 清理现场卫生	1. 不遵守安全规程扣5分 2. 不清理现场卫生扣5分		
开始时间			学生姓名		考核成绩	
结束时间			指导教师	（签字）　年　月　日		
同组学生						

三、教师评价

教师评价表见表5-8。

表5-8 教师评价表

应知任务评价	应会任务评价